自然なきエコロジー

来たるべき環境哲学に向けて

ティモシー・モートン 著
篠原雅武 訳

以文社

自然なきエコロジー　目次

装幀：近藤みどり
装画：石井七歩「Body of the city」

凡例

一、傍点は原則として原文がイタリックであることを表す。
一、文中の〔 〕は著者自身の補足を表す。
一、文中の〔 〕内は訳者による補足を表す。
一、原注は＊1、＊2と表記した。
一、すでに翻訳のある著作の訳文を借用した場合には原注に邦訳文献とともに頁数を明記したが、頁数の明記がないものは原則、訳者による私訳である。また、既訳を借用した場合でも、訳者によって文脈に応じて適宜、訂正を行っている場合もある。

自然なきエコロジー

――来たるべき環境哲学に向けて

序論　エコロジカルな批評の理論に向かって

あなたが無意識のことを話題にするとき、誰もそれを好まない。そして最近では、環境を話題にするとき、ほとんどの人がそれを好まない。あなたは、退屈であるか、批判的であるか、ヒステリックであるか、もしくはそれらを混合させたもののように思われる危険を冒すことになろう。だが、より深刻な理由がある。あなたが無意識に言及するとき、誰もがそれを好まない。なぜか。隠されたままであるべき卑猥なことを指摘しているからではない。そういうことであれば、少なくともある程度は、人を楽しくさせてくれる。誰もがそれを好まないのは、あなたが無意識に言及するとき、それが意識化されるからだ。同様に、あなたが環境に言及するとき、あなたはそれを前景化する。言い換えると、それは環境であることをやめる。それは、私たちをとりまき私たちを支える、あちらのほうにある例のものであることをやめる。自分の排泄物がどこへといくかを考えるとき、世界は縮小し始める。これが環境正義をうったえる批評の根本的なねらいであり、本書の根本的なねらいである。

本書の中心的な主題は表題に示されている。『自然なきエコロジー』は、あまりにも多くの人が大切であると考えている「自然」の観念そのものが、人間社会が「エコロジカル」な状態になるなら消えることになると論じている。たとえ奇妙に思われるとしても、自然の観念は、文化や哲学や政治や芸術が厳密にエコロジカルな形態にふさわしくなるのを妨げている。本書は、なによりもまずは芸術を考察することでこの背理に取り組むが、というのも、私たちが自然にかんして抱くことになる幻想がかたちをなし、そして解体するのは、芸術においてだからである。とりわけ、決定的なまでに自然についてのものだと普通はみなされているロマン主義時代の文学が考察目標になるが、なぜならそれはエコロジカルな想像力が作動するやり方にいまだに影響しているからだ。

なにゆえにエコロジーは自然なきものでなければならないのか

自然にかんする政治理論の研究で、ジョン・マイヤーは、エコロジカルなことにかかわる著者たちが「新しくて包括的な世界観」[*1]をうみだすという「聖なる目標」にとらわれていると主張する。その内容がなんであれ、この世界観は、「人間の政治と社会を変革できるものとみなされている」[*2]。たとえばディープエコロジーは、私たちの考え方を人間中心主義的なものからエコ中心主義的なものへと変える必要があると主張する。考え方が世界を変えることができるという思想は、世界観（*Weltanschaung*）という考えと同じく、ロマン主義時代に深く根ざしている。新しい世界観の提案は、人間がいかにして世界においてみずからの場所を経験するかという問題にかかわる。それゆえに美学は、決定的な役割を果たし、この場所を感じ知覚する方法を確立することになる。エコロジカルな価値観にかんする論集で、テレ・スラッターフィールドとスコット・スロヴィックは、ユタ州の自然保護地域へのクリントン大統領の献辞をめぐる逸話について述べている。「新しい国定記念公園［グランドステアケース・エスカランテ］を顕彰する記念式典で、大統領［クリントン］は、テリー・テンペスト・ウィリアムスの『証言』の複写を手にしてこう述べた。「これが違いをつくりだした」[*3]。スラッターフィールドとスロヴィックは、物語がいかにして影響力のある政治的道具となるかを論証することを欲している。だが、かれらの論証はまた、政治を美的な領域に転じるものでもある。スラッターフィールドとスロヴィックにとって、物語は情動的なものの側にあり、そして彼らが「価値評定する枠組み」と呼称する科学は、物語を阻止するか、「沈黙」を決め込む[*4]。エコロジカルなものにかかわる著者たちは、ただ議論をつくりだすだけでなく、説得力のあるイメージ――つまりは世界についての考え方（*view*）――をつくりだす。これらのイメージは、自然への感触にもとづく。だが自然は、書き手からするりと逃げてしまう。そして自然は、あまりにも紛らわしくてイデオロギー的であるために、逆説的にも、地球との適切な関係を妨げるというだけでなく、さらには、倫理と科学を当然のこととしてともなっている諸々の生命形態との適切な関係をも妨げる。ネイチャーライティングそのものは、どのようにして自然が私たちからするりと逃げてしまうかを説明してきた。たとえば『故郷の山々を読む』で、ジョン・エルダーは、自然を愛でる物語が、「歴史的現実」への高まりつつある意識のせいでいかにややこしくなるかを論じている。*5『自然なきエコロジー』は、このややこしさを体系的に理論化しようと試みる。

これまでのエコクリティシズムは、あまりにも特定の主題にとらわれている。それはエコロジカルなものにかかわる著者たちを論評する。それは、動物や植物や天候といった、エコロジーの構成要素を探求する。それは、エコロジカルでエコクリティカルなさまざまな言語を研究する。『自然なきエコロジー』は、動物や植物や天候を論じている。さらに、特定の文章や著者、作曲家や芸術家をも論じる。空間と場所にかんするありとあらゆる種類の見解（グローバル、ローカル、コスモポリタン、リージョナリスト）を徹底的に探究する。これらの探究は、正当で重要ではあるが、この本の主要な論点ではない。その目標は、私たちが環境という言葉そのもので意味することにかんする議論を考え抜くことだ。

『自然なきエコロジー』の主張は、三つの段階で発展する。記述すること（*describing*）、文脈化すること（*contextualizing*）、政治化すること（*politicizing*）の三段階である。最初の段階は、環境芸術の探究である。第一章は、環境の形式の詩学を提示するアンガス・フレッチャーの『アメリカ詩の新理論』と、スーザン・スチュワートの『詩と感覚の運命』のような著作を踏まえ、環境芸術を解釈するための新しい用語を発展させる。それは、「環境的な」内容にただ言及するのにとどまらず、環境の形式という考え方へと向かう。その射程は広いが精確である。結果をはやまって決めつけることもせず、あるいは特定のお気に入りの主題に着目することもせず、芸術はいかにして空間と場所の感覚を伝達するかについて考えていく。第一章は、環境芸術が、その主題となる内容がいかなるものであろうとも、最終的には言語のもつなんらかの形式的な特質のせいで本領発揮できなくなるということを探究する。私は、環境文学にかんする文芸批評が、環境芸術の一例であると考えている。

第一章は、さまざまなメディアにおける作品を分析するための用語の見取り図を示す。私はいくつかの授業で、環境にかんするなんらかの考え方を話題とする文学作品のようなもののことを教えたが、そこでこれらの用語がとても重要であることが明らかになった。だがテクストを内在的に、その逆説と難問に着目しながら読み解く方法は、それが分析するテクストにみいだされる、特殊でユートピア的なプロジェクトに陥ることになるという危険にさらされている。私がかわりに提示するのは、これらの精読の方法は、エコロジカル・ライティングが生じさせるイデオロギー的な諸力から読者をさらに一歩先へと導くものとして使うこともできる、ということである。私は、アンビエント詩学（*ambient poetics*）の理論の概要を示す。すなわちテクストが記されている文字の空間――かりにそういうものがあるとしたら――、つまりは、言葉のあいだの空間、頁の余白、読者の物理的社会的空間をまさにそのテクストがいかにして書き記すかということに着目しながら読み解くという唯物論的な方法の概要を示す。これは、一八世紀後期のロマン主義の発生の源である感性の詩学と関係がある。環境美学は、必ずしも常にというのではないが、たいていはこの唯物論の形式の枠内にある。

第二章は、野生動物のカレンダーから実験的なノイズ音楽にいたる文化のあらゆる側面にみられる、近頃の環境への強迫観念を生じさせている概念と信念と実践の歴史とイデオロギーを研究する。『自然なきエコロジー』は、低級であろうと高級であろうと環境文化をまとめて語ろうとする数少ない研究のうちの一つである。さまざまな思想家を、いわゆる理論とエコクリティシズムとしてひとまとめにしたウィリアム・クロノンたちによる『偉大なる新たな原生自然《ウィルダネス》についての論争』のような著作が整備した道のりをたどっていこうとするものである。今日の環境主義はどのように現れたのか、それは芸術と文化にかんする私たちの考え方にどのようにして影響するのか。この章は、ロマン主義の時代を、今や地球を覆い尽くそうとしている資本主義が影響力を及ぼし始めた時期として分析する。この時期から始めることで、本書は、環境主義が直面している難問と逆説を理解するための方法を組み立てていく。第二章は、デイヴィッド・ハーヴェイの『正義・自然・差異の地理学』よりもやや総合的なやり方で、ロマン主義以後の著作物がなぜ空間と場所にこだわることになったかを説明する。それは、消費主義の歴史にかんする私自身の研究成果を活用するが、そこで私は、環境主義者の実践のような消費主義への反抗の諸形式すらもが消費主義の傘下にあるということを論証した。消費主義は同一性にかんする言説であるので、この章は、環境主義者の著書からの引用部分の詳細な読解を含むことになる。というのも、そこでは、「私」という語り手が彼自身ないしは彼女自身を環境の内に位置づけようと格闘しているからである。

第三章は、私たちはここからどこへ行くのかを問う。どのような政治的、社会的思考が、制作が、行動が可能であるのか。本書は、抽象的な議論から、社会的かつ政治的な動物としての私たちの環境芸術および文化への関係が何であるかを精確に規定するための一連の試みへと進んでいく。この章は、環境をめぐる争点への、さまざまな芸術的な立場を探究する。論拠として、ジョン・クレアとウィリアム・ブレイクを取りあげるが、彼らは主流のロマン主義の外側に自分たちの立場を定めた。第三章は、第一章で素描されるアンビエント詩学である風音（Aeolian）――物質的宇宙の振動を拾い上げ、高度な精度でそれらを記録する――が、必然的に主体を無視することになり、おそらくは私たちが動物として記述する他の存在者を含むというだけでなく、人間的でもある存在者において示されるエコロジーとは微妙に食い違ってしまうことを論じる。

第一章は、環境芸術の説明でありかつその批判的な考察でもある、環境芸術にかんする理論を提示する。第二章は、まさにこの環境芸術の「考え方」にかんする理論的な考察を提示する。そして第三章は、さらに進んだ考察である。この「理論にかんする理論」は政治的である。この部分は、「理論的な」抽象の高度な水準を実現するものでは断じてなく（抽象は決して理論的ではない）、具体性のいっそう高い水準にまで高められていく。『自然なきエコロジー』が、成層圏に向かって浮遊していくことはない。だからといってそれはただ地球へと降りていくのでもないが、というのも、私たちが議論を進めていくのにともなって、地球はまったく違うものとして見えるようになるからである。

エコロジカル・ライティングは、私たちが自然に「埋め込まれている」と主張しつづける。[*6] 自然は私たちの存在を支えるとりまく媒質（medium）である。とりまく媒質という観念を呼び起こす修辞のさまざまな特性ゆえに、エコロジカル・ライティングには、これが自然であることを適切に証明できず、さらには社会を変えることを意図する新しい世界観のための説得的で一貫した美学的基礎を提示することができない。それはドミノを倒すのと同じく、ちょっとした操作でしかない。私の読解は、包括的なものではなくて徴候的なものとなることを目指す。うまいこと選び出されたわずかな穴を広げることで、汚らしくごちゃごちゃしたものの全てが溢れ出し、解体していくことになるのを私は願う。

自然と呼ばれるものを玉座に据えて遠くから崇めることとは、家父長制が女性像に対してするのと同じことを、環境を相手にすることである。それは、サディスティックな崇拝という、逆説的な行為である。シモーヌ・ド・ボーヴォワールは、現実に存在している女性が物神的な対象に変えられてしまうことを、最初に理論化した者の一人である。[*7]『自然なきエコロジー』は、いかにして自然が超越論的な原則になってしまったかを詳細に検討する。副題にもあるように、この本はみずからを、環境美学を再考するものとして考えている。大衆的なものから高尚なもの、田舎風の低俗なものから都会的な粋なもの、ソローからソニック・ユース〔ニューヨークで結成されたロック・バンド。ノイズ音楽を取り入れた楽曲が特徴。代表作に「デイドリーム・ネイション」（一九八八年）などがある〕にまで及ぶ環境芸術は、自然の観念と戯れ、それを強化し、あるいは脱構築する。本書から現れてくるのは、環境芸術と批評のさまざまな可能性にかかわる広範な考え方であり、エコロジカルな文化の「拡大」版である。これは、差異や非同一的なものを恐れない。文章の用語においてであれ、人種や階級やジェンダーという観点においてであれ、恐れることはない。本当にテクスト批評にかかわる問題が、人種や階級やジェンダーから切り離されうるものだとしても、恐れることはない。エコクリティシズムは、アカデミズムでは特殊で孤立した場所に位置しているが、その理由は、そこへと押しつけられているイデオロギー的な負荷にある。私が意図するのは、この負荷を切り開き、押し広げることとである。シェークスピアのソネットが、ジェンダーに「かんする」もののようにははっきりと思われなくても、今日において私たちはいまだにそれがジェンダーとどう関連することになるかを問いたいと思っている。いかなるテクストについてであれ、「これは環境についてなにを述べているのか」と問うときが来るはずである。現状では、どのテクストについて問うことになるかを、私たちはすでに決めている。

私のことを「ポストモダンの理論家」だといって、そんなものには時間を無駄にしたくはないとはやくも決めてかかろうとしている読者もいるかもしれない。私は、珊瑚礁のようなものが存在しないとは、信じていない(ことによると、近代の産業化の過程は、私が信じているかどうかにはおかまいなく、珊瑚礁が存在しないということを確証しているかもしれない)。私はまた、環境芸術やエコクリティシズムが、完全なインチキであるとは信じていない。環境芸術やエコクリティシズムは批判的に論じられねばならないと私は信じているが、その理由はまさに、私たちがそれらを気遣い、地球を気遣い、そしてじつのところはこの惑星における生活形式の未来を気遣っているということにある。なぜなら人間は、これらを破壊するのに必要な道具のすべてをそろえてしまっているからである。音楽家のデヴィッド・バーンがかつて記したように、「核兵器には、それが適切に使用されるなら、地球上の生命を一掃することができる」。[*8] より一般的で幅広い観点から思考し、行動することが、私たちには重要である。セクト主義は、大いなる情念を奮い起こすことができるが、近視眼的なものにもなりかねない。たとえば英国での、風力発電に対する反対は、環境主義者を、鳥が風車の羽根に巻き込まれるかもしれないという考え方で立ち往生させようとするものであった。もちろん私たちは、「人間性」と「自然」についてのいっそう包括的な考え方を養う必要がある。ポストモダンのニヒリストだと糾弾される前に、私はこの本の真意を明らかにしたほうがいいと考えた。それは、かつてブレヒトが述べたように、古き良き日々に戻ろうとするよりはむしろ悪くて新しいものごとから始めようとする、ということである。私はエコクリティカルな思考を発展させたいと願うのであって、それを不可能にしたいなどとは思っていない。私の著書が言わんとするのは、エコロジーなどまったく存在しないということではなく、「来るべきエコロジー」にかかわるものである。それは、環境正義のエコクリティシズムのおかげで活発化した議論への一つの貢献――たとえそれが時間のかかるものではあるとしても――とみなされるべきものである。

　実際のところ、ポストモダニストたちは、期せずして不快に思うことになるだろう。私が論じることを実行するための「よりよい方法」が芸術的な作品メディアに存在するなどとは、私は考えていない。最近の芸術実践の多くは、事をなすのによりよい方法があるという想定にもとづいているが、そこに漂う上品なアウラは、他のあらゆる試みを洗練されていないといってけなしている。おそらくは、われわれは皆、ベートーベンの第六交響曲（田園）ではなくて、実験的なノイズ音楽を聞くようになったほうがいい。われわれはアルド・レオポルドではなくてジル・ドゥルーズとフェリックス・ガタリを読むようになったほうがいい。『自然なきエコロジー』の観点から言うと、ノイズ音楽とドゥルーズとガタリには違いはなく、むしろ似ている。

だが私は、文化的およびイデオロギー的形態としてのポストモダニズムと、脱構築を区別する。『自然なきエコロジー』は、脱構築が徹底的かつ華々しい激しさで意味の体系における矛盾と深刻なためらいの地点を探し求めてきた方法に、触発されている。エコロジカルな批評が、いっそう開かれた姿勢をもちつつ真剣に脱構築へとかかわっていくなら、敵よりもむしろ友をそこに見いだすだろう。エコロジカルな批評は、この潜在的な友を攻撃し、無視し、非難するのを常としている。ウォルター・ベン・マイケルズは、ディープエコロジーと脱構築を同罪として一掃した。[*9] ちょっとでもいいから耳を傾けてくれ。たしかに二つのあいだには関連性があるが、マイケルズとは反対に、私はその関連性を、本気で促進していきたいと願っている。ちょうどデリダが、差延がいかにしてロゴス中心主義を下支えすると同時に掘り崩すかを説明するのと同じく、私は、ネイチャーライティングの修辞的な戦術がエコロゴス中心主義とでも呼ぶことのできるものを掘り崩すのだと主張する。

『自然なきエコロジー』は、美的な享楽の特定の形式を発展させないようにする。これから本書が述べていく意味での批判性を芸術の諸形態には担うことできるかどうかを最後に検討することになるが、少なくともそのときまでは、そうしないようにするつもりである。いかなるたぐいの芸術も、完全には「正しく」はない。科学がその根拠を哲学にもとめ、人文学で発展してきた分析法に習熟することは、科学にとって有益であると私は考えている。だが一般的には、現代優勢なイデオロギーである科学主義（scientisms）は、その本性において懐疑主義的である科学的な実践よりはむしろ、人々の心臓の鼓動を高鳴らせ思考の過程を停止させる自然の観念に、つまりはふと思いついた事柄に対して即座に「ダメ」といってしまう観念に、多くを負っている。『タイム』や『ニューズウィーク』の最新号を一瞥するなら、主要な科学雑誌の一つである『ネイチャー』を、科学者よりも真剣に話題にしていることが見てとれるだろう。エコロジーの名のもとで、本書は、そもそも自然がその本質においてなんであるかを有意義に考えていく試みから私たちを遠ざけてしまうものを徹底的に批判する。すなわち、私たちとも同一でなく、私たちがあらかじめ形成している概念とも同一ではないものとして自然を考えることから遠ざけるものへの批判である。関連する理由のために、多くのエコロジカル・ライティングにある、人間中心主義や擬人化にかんするよくある議論を私は回避してきた。これらの言葉が重要でないというのではない。だがそれらは、なにが本当のところ人間として数え入れられ、なにが自然として数え入れられるのかという問いを避ける。私は、すでに形成されてしまった思考の断片をあれこれと使い回すのではなく、より根本的な水準で躊躇し、こういった分類のあいだにある亀裂へと批判を留まらせていくことを選択した。

本書をつうじて私はロマン主義の時代のテクストを読むが、なぜならこれらのテクストはまさにこの時代から生じる症候群と徴候を例証するというだけでなく、それらと一致しないからである。近代のエコロジーの軌道が現れようとしていたまさにそのとき、他の小道も可能になった。たとえ環境という観念が熱帯雨林や人間の肺のようなものとして自然を正確に意味するのではない場合であっても、私は環境の観念を相手とする多数の芸術形式を必要としてきた。本書のように短い本には幾千もの利用可能な事例の表面をわずかにひっかくくらいのことしかできない。私は、ここで選んだ事例が典型的なものであることを願い、環境の観念の理論的な探求に光明を投ずるものであることを願う。私は自分に馴染みのあるイギリス文学の著者を論じることを選択した。それは、ブレイク、コールリッジ、レヴァトフ、ワーズワース、メアリー・シェリー、ソロー、エドワード・トマスといった著者である。多くの人はこの人たちがエコロジカルな著者であることに同意するが、それでもその態度は、とりわけ私が引用する他の著者たちの文脈においては、単純でもなければ率直でもない。自説を述べることの手助けのために、私はさまざまな哲学者を活用している。私はマルクスとデリダからほとんど同じくらいに恩恵を受けているが、なぜなら彼らは分析を進めていくための枠組みをつくりだすのを可能にするからだ。さらにベンヤミン、フロイト、ハイデガー、ラカン、ラトゥール、ジジェクから恩恵を受け、ヘーゲルからも恩恵を受けているが、その「美しき魂」という観念は、本書ではもっとも重要なものの一つになっている。そしてテオドール・アドルノを活用するが、彼が書くものには、エコロジカルな趣が、強くしばしば明瞭に漂っている。アドルノの著書の大半は、近代社会が自然と呼ばれる「あちらのほうにある」例のものを打ち立て利用する支配の過程に関与しているという考えにもとづいている。核による殲滅という想念への彼の感受性は、エコロジカル・ライティングがグローバルな温暖化のような同じくらいに全面的な破局に抱く感受性と同方向的である。関連性がさほど明白でないところでも（たとえばデカルトやデリダやベンヤミンのような場合）、私が書くものは、なぜ特定の著者が現れてくるかを説明すると確信している。そしてこの研究は、何人かの著者を、環境的に書くことの実例として紹介する。そのうちの何人かが、デイヴィッド・エイブラム、ヴァル・プラムウッド、レスリー・マーモン・シルコ、そしてデイヴィッド・トゥープである。これらに、多くの芸術家と作曲家が付加される。ベートーベン、ライヒ、ケージ、アルヴィン・ルシエ、イヴ・クライン、エッシャーである。そしてその流れで私たちは、トールキン、ピンク・フロイド、ジ・オーブ〔イギリスのテクノ音楽グループ〕のような人たちによる多くの有名な作品と出会うことにもなるだろう。

『自然なきエコロジー』は、限られた紙幅のなかで広範な領域を扱う。自然の観念にかんする研究は、以前にも、何回も現れてきた。環境主義にかんする多数の記述とネイチャーライティングが出現してきた。そしてとりわけアカデミックな研究は、エコロジーをしばしばロマン主義から導き出してきた。『自然なきエコロジー』は、反省的で体系的な方法で、文化における環境主義の現象を説明するが、詩と散文の細部を探求しつつ全体像をつかむべく一歩下がるということをおこない、その一方で、「自然」がさまざまな水準で作動していることについての批判をおこなう。これらは主としてただ一つの圧点に立脚しながら展開するというようにしておこなわれていく。すなわち、それは「ネイチャーライティング」そのものであるが、あるいは本書が好む呼び名で言うと、エコミメーシスである。したがって本書は一方的で不完全なものとならざるをえない。たとえ包括的なものになろうとしても、そうなのである。だが、ほどよく簡潔な分量で私が語りたいと思う主題の全てをうまいこと一緒に論じるのにふさわしい方法を他に見いだすことができないのだ。読者が自分自身の事例を、たとえそのようなことが論じられていないところではあっても、本書における議論へと付加していくことはできると私は信じている。私自身の専門が、ロマン主義の研究や食の研究、そして文学と環境の研究にあるという事実ゆえに、私の事物への感覚がねじまげられているのは仕方のないことである。

環境的な反省

「エコロジカルな批評の理論」は、少なくとも二つのことを意味している。クリントンのような説明はさておき、それはなによりもまず、「の」によってなにを意味するのかにかかっている。一方で、この本は、エコロジカルな批評のための一連の理論的な道具を提供する。「エコロジカルな批評の理論」とは、エコクリティカルな理論である。他方では、この研究は、現にあるエコクリティシズムの特質を説明し、文脈化し、その逆説と難題と欠陥を考慮に入れていこうとする。「エコロジカルな批評の理論」とは、エコクリティシズムにかんする理論的な反省である。エコクリティックそのものの批評である。

したがって、『自然なきエコロジー』は、二つの立場のあいだをさまよう。それはエコクリティシズムの内側と外側の両方のあいだでゆれ動く（あとでまた理由を述べるが、私は、この本が同時に二つの立場に立脚すると言わずにいようと苦心している）。それは、文学と環境の研究を下支えする。つまり、政治的および哲学的な姿勢においては、心の底からエコロジカルである。にもかかわらず、現にあるエコクリティシズムを汚すものではない。それはエコクリティシズムの全体をひっくり返そうとはしない。「あちら側」にはなにもないと示唆しようとするのでもない。だが、『自然なきエコロジー』は、エコクリティシズムを根拠づけている想定に挑戦する。エコクリティシズムを終わらせるのではなく、それを開くことを目的にして、そうするのだ。

環境主義とは、人間とそれをとりまくものとの関係における危機への、文化的で政治的な一連の応答のことである。これらの応答は、科学的であったり、活動的であったり、芸術的であったりしうるし、あるいはそれらすべてが混在したものであるかもしれない。環境主義者は、原生自然地帯や「すばらしき自然美」を保全しようとする。彼らは核のテクノロジーと兵器のリスクをも含めた汚染に反対して戦っている。彼らは動物の権利のために戦い、狩猟と科学的ないしは商業的な動物実験に対抗する菜食主義のために戦う。彼らはグローバリゼーションとさまざまな生命体の専売特許化に反対する。

環境主義は広範で、一つにまとまることがない。共産主義的な環境主義者がいるかもしれないし、あるいはアメリカの「ワイズユース」派の共和主義者たちのように、資本主義的な環境主義者もいるだろう。もしくは、イギリスのウッドランド・トラストのような慈善団体に寄付金を送る「穏当な」自然保護主義者かもしれないし、あるいは森林伐採や道路建設を阻止するために木々に住まう「ガチガチの」自然保護主義者かもしれない。そしてもちろん、同時にそのいずれでもありうる。グローバルな温暖化についての科学論文を書いている人もいるかもしれないし、あるいは「エコクリティカルな」文学評論を書いているかもしれない。詩か環境彫刻、もしくはアンビエント音楽を創っているかもしれない。そして環境哲学（「エコゾフィ」）を実行し、われわれの環境との良好な関係を基盤にして、考えたり、感じたり、行動したりする方法を確立しようとしているかもしれない。

同じように、多くの種類のエコクリティシズムがある。エコフェミニズム的な批評は、家父長制が、環境悪化と破壊への責を負うべきであるというだけでなく、動物と生命一般、さらには物質を抑圧するのと同じようにして女性をも抑圧している自然世界観そのものを支えていることへの責をも負うべきであることを検証している。エコクリティシズムには、ジョナサン・ベイトやカール・クローバーやジェイムズ・マキュージックのような著者の仕事のような、ロマン主義の研究者から発生しているものも存在する。*10 それは批評的であるということを、刺激的で理解しやすいやり方で、アカデミックな読解へと差し戻していく。それ自体が、強力な情動的反応と斬新なものの見方を打ち出すことで世界を変えようとするロマン主義文学のプロジェクトの一側面の事例である。さらにまた環境正義のエコクリティシズムがあるが、これは環境の破壊と汚染がいかにして特定の階級と人種の抑圧と一緒になって進んでいくかを考えていく。*11

環境主義者の観点からいうと、今はいい時代ではない。ならば、なぜエコクリティシズムを徹底的に批判するなどというプロジェクトに着手するのか。なにゆえにエコロジカルな問題の眠りをさまたげようとするのか。これは倒錯的な冗談に聞こえる。空が墜ちてきて惑星は熱くなりオゾンホールは空いたままである。人びとは、放射性物質を始めとする有毒物質のせいで死んでいる。一年ごとに何千もの種が消されていく。サンゴ礁はほとんど全て消えようとしている。巨大なグローバル企業は水から公衆衛生にいたるまでの生活必需のものを狙っている。環境保護の法制は世界のいたるところで脅かされている。身を引いて、空間、主体性、環境、詩学といったものについて考えてみるためには完璧である。『自然なきエコロジー』は、エコロジカルな問題を考えるのに今ほどよい時代はないと主張する。

このような反省の要点はなにか。エコクリティシズムが必要とする「理論」なるものは、頭の中の通風口のようなものだと考える人もいるだろう。あるいは、この通気こそが、エコクリティシズムで必要とされるものであると考える人もいるかもしれない。エコクリティシズムそのものの名のもとに、学者はもっとも広い意味で反省し、理論化せねばならない。エコクリティシズムとエコロジカルな政治は別の種類の科学と政治と文化を組み立て始めているのだから、私たちは一歩身を引き、エコロジーのイデオロギー的な決定要素のいくつかを検討すべきである。これはジョン・ダニエルが世界を再活性化させることが必要であることについて述べたのとは正反対である。

空はおそらく墜ちてきている。グローバルな温暖化が発生している。だがどういうわけか、人びとに向かって一致団結し、なにが起こることになるかを知るようにと呼びかけるべく働きかけることにはならない。人びとはその生活において無価値になっていると感じたいとは思わないし、世界への責任を担おうと感じたいとも思わない。このことゆえに、子どもたちには熱帯雨林の陰惨な苦境について教えるべきではない。むしろ子どもたちを田舎の川のせせらぎに連れ出し、アメンボを見せるべきである。*12

このように言うことは、美的なものを麻酔剤としてもちいることである。

エコロジカルな観点を理論化するということはまた、思考を時代にあわせて更新することである。さまざまな種類のロマン主義と原始主義はたいてい、エコロジカルな闘争を、近代とポストモダンの「空間」が侵略してくることを相手とする「場所」の闘争として構築してきた。そして、社会構造と思考においては、場所が容赦なく空間によって腐食させられてきたと議論はつづく。確かなものはすべて雲散霧消する、というように。だが、そのことについてさらに考えないならば、「場所だ!」という叫びは空虚な空間で反響し、なんの効果ももたらさない。これは、「世界の再活性化」がただ見栄えのよい絵柄にしかならないと考えるか、あるいはそれが政治的な実践であるかにかかわる問題である。メキシコのチアパスのような革命運動は、グローバル経済による腐食から場所を取り戻すことに、部分的にしか成功していない。「第三世界」の環境主義はしばしばグローバリゼーションに対抗するローカルなものを熱烈に守ろうとする。[*13] だが、ローカルなものを抽象的にかもしくは美的にただ賛美するのは――たとえば、ローカルな詩をただそれがローカルだからという理由で絶賛したり、「小さなものは美しい」という美学化された倫理を提唱したりするのは――、たいていは解決の一部分というよりはむしろ問題の一部分である。われわれの場所の概念は、近代の腐食作用にまさしく規定されている事後的な幻想の構築物である。たとえ私たちが場所を、私たちが失ったなにものかとして断定するとしたところで、場所は失われていなかった。たとえ、実際に存在しているものとしての場所が、つまりは感覚能力のある存在者たちのあいだでの豊かな関係としての場所が（まだ）存在しないとしても、場所はまさしく今の私たちの世界像の一部分である。場所がまさにこの像の支えになっているのだとしたらどうだろうか。私たちの希望を溜めておくことのできる小さな場所をいくつか持つのでないかぎり、近代と対抗することはできない。

　本書の信条はここにあるのだが、このような観念について単刀直入に問う前に、ささやかな考察を数多く積み重ねていきたい。環境についてどうやって書くのかということにかんする注意事項にはいくつもの問題がある。この注意事項のいくつかを強調するからといって、より大きな問題を追いやることにはならず、むしろ有用な出発点になる。アメリカの市場と学問において「ネイチャーライティング」と呼ばれるものが最初の焦点である。この横断幕のもとに、エコクリティズムそのもののほとんどを並べていくが、それはネイチャーライティングの完全なる事例ではないにしても、そのジャンルのわかりやすい例を含んでいる。これはネイチャーライティングが街中で行われている唯一のゲームであるということを示唆するのではない。それはただ、このような著作物が、広い意味でのエコロジカル・ライティングにおけるありとあらゆる問題を具体化する、重要な芸術的かつ哲学的な解決を提示する、ということである。本書はさらに探求をつづけていく。哲学、文学、音楽、ヴィジュアル・アート、マルチメディアを、批判的分析の拡張していく円錐体において、探求していく。

エコクリティーク

環境をもっているためには、そのための空間をもつことが求められる。環境という観念をもっているためには、空間（そして場所）という観念をもつことが求められる。自然にかんする観念を、性急に導入するのではなくてしばらくのあいだ保留しておくならば――なぜならそれらはいずれにせよわれわれを興奮状態にしておくので――、「環境」の観念がそもそもいったいなんであるかにかかわるよりはっきりとした映像が現れてくるだろう。これは、ウサギと木と高層ビルを取り除いていけば環境と呼ばれる何ものかが残されると示唆するものではない。このような思考は本書からするとあまりにも性急すぎる。事物の一覧をひとくくりにしてそれを「自然」と呼称するのではなく、減速しそして一覧をバラバラにして、一覧を作成するという考え方そのものを疑問に付すのが目標である。『自然なきエコロジー』は、本当に理論的な反省が可能になるのは思考が遅くなるときだけであるという考えを真面目に受け取る。思考の減速は、麻痺したり愚かになったりするのとは同じではない。それは、異常なもの、逆説、難問を、円滑にみえる観念の流れの中に見出していくことである。

この減速の過程はしばしば美学化されてきた。それが「精読（close reading）」と呼ばれるとき、ちょうど瞑想のようなありとあらゆる健全な効果を読者におよぼすと考えられている。多くの他の批評形式と同じく、エコクリティシズムには、他のものよりもいっそう治癒的効果の高い規範的な作品がある。たとえ『自然なきエコロジー』が、環境文学にかんする私たちの見解を拡張し、規範的ではない文章をも内包することになるとしても、それが別のやり方で治癒的な方法を提唱できるということはありうる。読むという過程そのものは、その素材がなんであれ、治癒効果のある香油《ヒーリングバーム》として考えられる。だが最終的には、理論（そしてついでにいうと瞑想）があなたをいかなる意味でも「よりよい人」にすることにはならない。それは偽善を暴露することになるが、あるいはお好みであれば、イデオロギー的な幻想がその支配力を維持するやり方を検証することになると言ってもいいかもしれない。したがって『自然なきエコロジー』は、精読の鈍亀の歩みを凌ぐべく、汝よりも遅くなろうとする試みではない。なんらかの「エコロジカルな自覚」と（誤って）結びつけられるような瞑想の静けさの美的状態に達せんとする逆向きの競争のようなものではない。これはとりわけ重要だが、なぜならエコロジカルな倫理は瞑想的な美的状態に立脚しうるからだ。たとえばミシェル・セールは、「情緒的な聴取」が「支配と所有」にとってかわるようになることを希望している。[*14] そしてこの美的なものの倫理は、たとえばエレーヌ・スカリーのような著者の最近の作品で、かなりの金を稼いでいる。[*15]

問題になるのは、なんらかの特別な心的状態に到達するということでは断じてない。むしろ、自然にかんする支配的で規範的な思想の残滓に対抗することだが、それを破局的な環境条件のもとで傷ついている、感覚能力のある存在の名の下で行う。私は、ディープエコロジストに十全たる敬意を払いつつこのように言うのだが、というのも彼らは、惑星におけるウィルス的な感染源でしかない人間が絶滅の波のなかでいずれ吹き飛ばされるだろうと考え、私たちにできるのはただ傍観して静かになってくつろいでいるか、もしくは私たち自身が死んでいくのを早めるか、もしくは私たちがどうなろうとかまわないといって行動するしかないと考えているからである。

本当に理論的な方法においては、それが考察している領域の外側で素知らぬ顔して座っているということなどは許されない。理論的な方法は、考察している領域と完全に混ざっていかねばならない。他の全てをなしですませる立場をとるのはものすごく簡単であるが、それは素朴に否定する批判であって、独特のやり方で偽装された立場でしかない。自分自身の欲望の決定要素を告白せずに他者の欲望についてとやかく言うのもいいだろう。これは知的というだけでなく政治的な立場でもあるが、つまり、エコロジカルな思考そのものが陥りやすい立場である。ヘーゲルにならって私はそれを美しき魂症候群と呼び、第二章で検討する。「美しき魂」は、腐敗した世界に触れてしまった彼もしくは彼女の手を洗浄し、いかにして彼か彼女がこの世界の創造にかかわっているかを、まさにその禁欲と嫌悪の中で認めまいとする。世界にうんざりした魂は、全ての信仰と思想を遠ざける。唯一の倫理的な選択肢は、そこへ身を投じることである。かくして本書は独自のエコロジーとエコクリティシズムの見解を提供するが、他の観点をひたすら批判するだけでなく、自分が信じるところに従いながらそうする。

ところどころで私は、ロマン主義以降の芸術は哲学に乗り越えられたというヘーゲルの思想に接近する。もしくは、私たちがどこにいるかを知らせてくれる最良の媒質は今においては批評そのものであるというオスカー・ワイルドの思想にも接近する。[*16] だが私はこのことにかんして絶対的に正しくあろうとすることには躊躇し、むしろそのかわりに、環境芸術と政治と哲学を思考し実行し実践する方法を示唆しようとする。エコクリティシズムは、あまりにもイデオロギーにまみれているので、有益な自然とはなんであるかにかんする固定観念を大量生産する。実際のところ、エコクリティシズムは、その対象であるネイチャーライティングからはほとんど区別されない。私は「適切な意味で批判的である」とはなにを意味するかという問いにかかわる思想を発展させたいと思う。

ティモシー・ルークは、エコクリティークという言葉を、左派のエコロジカルな批評の諸形態を説明するためにもちいる。[*17] 私はこの言葉をルークよりも自己反省的なやり方でもちいる。エコクリティークは批評的でありつつ自己批判的でもある。これはクリティークに特有の意味であり、自分に向けて折り曲げられる批評の弁証法的な形態である。クリティック（Kritik）にかんするこの概念を確立したのはフランクフルト学派であった。批評はただ社会へと高度に政治的なやり方で差し向けられるというだけでなく、みずからへと向けられている。さらに向かうべきところが常にある。エコクリティークは、人種や階級やジェンダーのような、人文学の他の領域にも共通の考察にまで及んでいるが、それらが環境の問題と深く絡み合っていることを知っている。エコクリティークは、「ポストモダン」の死せる馬に鞭打つといったありがちなことはせず、むしろエコロジーのために脱構築の思想を恐れることなく用いていく。エコクリティークはクィア理論に似ている。「自然」の考えのうちに私たちが価値あるものと考えるすべてのものの名の下に自然がいかにして超越論的で統一的で独立の範疇として設定されるかを検証する。エコロジーの名のもとに「自然をぶっつぶせ！」と言うのは逆説ではないとエコクリティークは考えている。

エコクリティークの指針となるのは、「非同一なものを恐れるな」というスローガンである。フランクフルト学派の一員でありこの研究を導く光源の一つでもあるテオドール・アドルノの議論を援用するなら、思考する過程はその本質において非同一なものと出会うことである。[*18] そうでないならば、それは既成の板のうえですでに定まっている破片を操作することでしかないだろう。これもまた、ヘーゲルがいかにして弁証法的な思考をたんなる論理学から区別したかということの問題でもある。[*19] 少なくとも、AからAではないものへの運動がなければならない。いつであれ、思考はかならずやその劈頭をおのれではないものにぶつけている。思考がはっきりと定まったところに行けるかどうかは運任せであるとはいえ、それは「どこかには行く」はずである。思考と非同一なものとの出会いは、しっかり考えられるなら、エコロジカルな思考と倫理と芸術に深く関係している。非同一なものはネイチャーライティングそのものの系統に連なっているが、このことゆえに私にはこの本を書くことができている。ピーター・フリッツェルは、素朴な模倣とネイチャーライティングの自己反省的な形態を区別した。後者では、「本当に自然らしいと見えていたもの」はしばしば、本当に自然らしく見えていたもの（あるいは、自然がまさにそうであるもの）ではない。[*20]

自然史の教訓

本当にエコロジカルな政治と倫理と哲学と芸術を阻む観念の一つが、自然の観念そのものである。事物の装いのもとにある、超越論的な用語である自然は、そこへとなだれ込んでくる他の用語の潜在的に無限な系列――それは換喩の一覧として知られることもあるだろう――の最後に位置している。魚、草、山風、チンパンジー、愛、ソーダ水、選択の自由、異性愛、自由市場、そして自然、というように。換喩の系列は隠喩になる。書くことは、このどうしようもないほどにまでとらえがたい用語を呼び寄せるのだが、この用語は、とらえがたさそのものにおいて、つまりはいかなる一貫性をも保つのを拒んでいることにおいて、あらゆるたぐいのイデオロギーにとって使い勝手がよい。[*21]だが首尾一貫性は、別の水準では、自然のすべてでもある。なにかが自然ではないということは規範に合わないということであるが、その場合、あるがままの事物の枠へとはめ込まれているときに「規範的」である、ということになる。したがって「自然」は、象徴的な言語の中で少なくとも三つの場所を占めている。第一に、自然は多くの他の概念と置き換え可能な単なる空虚の代用語である。第二に、自然には法則の力があり、それを参照することで逸脱を測定することが可能になる、規範性がある。第三に、「自然」はパンドラの箱であり、バラバラの幻想的な対象の潜在的に無限の系列を包み込む言葉である。本書が一番徹底的にかかわっていくのは、この第三の意味での、幻想としての自然である。私たちが普段詩と呼んでいる、他人の享楽にかんするロールシャッハ・テストに没頭する「学問分野」は、「自然」がいかにして感覚と信念を駆り立てるかということについての検討を始めるうえでの、最適な方法のように思われる。

自然は、神聖なものと物質的なもののあいだで揺れている。「自然なもの」そのものになるのではなく、事物のうえを亡霊のようにして漂っている。それは自然を喚起する事物の無限の一覧をごまかす。したがって自然は、宇宙全体のなかで己の反映物を探し求めてみたものの結局はなにをも見いだすことのない「主体」のようなものでなくもない。もしそれが至高の権威の別名であるとしたら、ただそれを神と呼んでもいいのではないか。だがもしもこの神が物質的な世界の外では無であるとしたら、ただ物質と呼んでもいいのではないか。これがスピノザと一八世紀の理神論者がそこで自分たち自身を見いだすことになった、政治的な難題であった。[*22]「隠し立てせずに」無神論者であることは一八世紀にはとても危険なことであったが、それはヒュームの謎めいた見解や、無神論についての文書を刊行したためにオックスフォードから追放されたパーシー・ビッシュ・シェリーのきわめて慎重な方法によってでも明らかである。神はしばしば国王の権威の側に現れ、擡頭するブルジョワジーとそれと連携する革命的な階級は権威的になるための別の方法を欲した。「自然なきエコロジー」は、ある程度は、自然という染みのついた高強度の観念のいくつかに直面しようとすることを意味している。

エコロジカル・ライティングは、神と物質、これとあれ、主体と客体のような両極化した項のあいだに存在しているなにかについての思想に魅了されている。エーテルの観念に対するジョン・ロックの批判がここでは役に立つのではないかと私は考えている。ロックの批判は、空間を点座標の空虚な集合として近代的に構築することの始まりに現れている。[*23] 唯物論的で原子論的な理論のなかにあるいくつもの穴が、何らかの元素的なものにより満たされていく。ニュートンの重力が働くのは、重い物体の諸特性を一瞬のうちに伝達するアンビエントなエーテルのせいであるが、それはちょうど、偏在する神への愛（あるいはその一側面）とよく似ている。[*24] もしもエーテルが、すべての粒子をとりまいていてそれらの「あいだ」に存在している「アンビエントな流れ」のようなものであるとしたら、何がアンビエントな流れの粒子そのものをとりまいているのか。[*25] もしも自然が神と物質のような用語のあいだにサンドイッチされているのだとしたら、自然な事物が一緒にサンドイッチされている状態を保つのはどのような媒質なのか。自然はレタスとマヨネーズの両方となって現れてくる。エコロジカル・ライティングは、主体と客体を後ろと前へとごちゃまぜにするが、そうすることで私たちは、これらが互いに解体されると考えることができるようになる。たとえ私たちがいつも行き着くことになるのは本書がアンビエンスと呼ぶことになるぼんやりしたものにしかならないとしても、そうである。

近代の時代の後期には、国民国家《ネイション・ステート》の観念が君主制の権威を乗り越えるものとして出現した。ネイションは大抵、自然の観念を喚起するのとまさしく同じ一覧にもとづいている。自然とネイションはきわめて密接に結びついている。私は、自然がかならずしも社会の外へと私たちを連れ出すのではなく実際はナショナリストの享楽の根底を形成するということを、エコクリティークがいかにして検討するかを示す。じつは中世においては悪と同義であった自然が、ロマン主義時代には社会的な善の基礎として考えられていた。ルソーのような多くの著者によると、社会契約の締結は自然状態において始まる。この状態は実際の歴史的状況である「コンクリート・ジャングル」とさほど違わないという事実は、注目されてしかるべきであった。

啓蒙時代には、自然は人種と性の同一性を確立する一手段で、科学はそれを証明する重要な手段であった。自然と不自然の座標に沿って、正常が病理とは違うものとして定められた。[*26] それまでには科学的な用語になっていた自然は、議論や合理的な探求を終わらせた。「要するに、それは私の本性に適う」。彼はイデオロギー的であなたは偏見にとらわれているが、私の思想は自然である、というわけだ。たとえば、チャールズ・ダーウィンの著作におけるトマス・マルサスの思想の隠喩的な使用は自然化されており、さらに、自由市場の「見えざる手」の作動と「適者生存」――それはつねに万人（労働者）に対する万人（所有者）の闘争である――を自然化し続けている。マルサスは自然を、彼の時代の政府のために刊行された文書の中で、初期近代の福祉が継続されることに反対するために使用した。悲しいことに、この思考そのものが今では、おそらくはエコロジカルな意識の高い人たちが「人口増加」（および移住）を相手に挑む戦いにおいて、貧困者をさらに悲惨な境遇へと追いやるためのものとして使用されている。換喩から隠喩への転換をつうじて間接的に実現される自然は、政治について語るための間接的な方法になっている。率直に、「気づかれることなく」、異論のないまま提示されるものが、歪められている。

自然をめぐる根本的な問題の一つは、それが実体として、ふわふわした物自体として考えられるか、もしくはそれが本質として、物質の領域だけでなく表象の領域をも超越する抽象的な原理として考えられている、ということである。エドマンド・バークは、崇高にかんする彼の著書で、実体を自然のものとして考えている。[*27] この「実体主義」は、崇高な質（広大であり、畏れおおく、荘厳である）を体現し実際に存在している事物が、少なくとも一つは存在すると主張する。実体主義は、主体が従うべきである外在的な事物が存在するという君主制的で権威主義的な考え方を広めることになりがちである。他方で本質主義の代弁者は、イマヌエル・カントに見いだされる。崇高な事物はある特定の宗教によっては表象できず、そう試みることは禁じられているとカントは述べている。この本質主義は、政治的には解放をもたらすものへと転じ、革命的な共和主義の側につくことになる。[28] 総体的には、ネイチャーライティングとその先駆者および類縁者——ほとんどが現象学的であるかもしくはロマン主義的な著作だが——は、著者が公然と示す政治的立場がなんであれ、自然は触ることができそこに存在しているというような、実体主義的な見解を好むことになりがちである。エコクリティークのさらなる著作は、ミルトンとシェリーのような著者に一貫している、共和主義的で非実体主義的な反伝統の試みを描き出すべきであるが、なぜなら彼らにとって自然は、人がその自律性と理性を捧げてしかるべき権威のために存在するのではないからだ。

　主体性のエコロジカルな諸形態は、集団の同一性と行動にかんする思想と決定を、必然的に含み持つ。主体性はたんなる個人的な現象ではないし、さらにただ個人主義的な現象でもない。それは集合的なものである。環境ライティングは、他者たちに、あるいはより抽象的に言うとするなら他性に、つまりは自分ではないなにものかにとりまかれているという感覚を書き記していくことである。たとえそれが実際の社会的な集散性を代替し、そのかわりに周囲の山並みについて書くのを選ぶとしても、このような代替はエコロジカル・ライティングが描き出す集散的な生活にかかわるなにかを語っている。フレデリック・ジェイムソンは、批評が集散性（collectivity）を考えることが必要であることを次のようにして素描している。

　共同体や集散体の根本的な価値を左派の観点から喚起しようとする人は、だれであれ、三つの問題に直面する。(1)いかにしてこの立場を共同体主義から絶対的に区別するのか。(2)いかにして集散体のプロジェクトをファシズムやナチズムから区別するのか。(3)いかにして社会的な水準と経済的な水準を関係づけるのか――すなわち、資本主義のシステムのなかでは社会的な解決が容易ではないということを証明するために資本主義にかんするマルクスの分析をいかにして活用するのか。集散的な同一性にかんしていうと、個々の人称の同一性が多数の主体の位置の脱中心化された場としてあからさまにされていく歴史的時点においては、集散的な水準でなにか同一性と類似したものが概念化されるのではないかと問うことであると言っても過言ではない。[*29]

多かれ少なかれ、環境の思想は、集団および集散的なものを考えようとするものである――つまり自然にとりかこまれているか、もしくは動物や植物のような他なる存在との連続の中にいる人間を考えようとするものである。それはともに存在すること（being-with）にかかわる。だがラトゥールが近ごろ指摘してきたように、実際の状況はこれよりもなおいっそう凄まじいくらいに集散的である。汚染物質から巻き貝にいたるありとあらゆる存在者は、私たちが、科学的、政治的、芸術的な観点から関心をもつことを求めている。そのことで「自然」という一枚岩の概念が破棄されることになっても、そうすることを求めている。[*30] エコロジーについて書くことは社会について書くことであるが、それはただエコロジーにかんする私たちの考えが社会的な構築物であるという弱い意味においてだけではない。歴史的な諸条件は、社会の理論が働きかけることのできる社会外的自然を消滅させたが、他方では同時に、この項目のもとに収まる存在者が社会へといっそう緊急事態的にぶつかっていくのをうながしていく。

環境についての異なった諸々のイメージが、やはり異なる種類の社会に対応している。触知できる明瞭なはっきりした「自然」が少なくとも一つの現存している現象に宿っているという実体論者のイメージは、集散的な組織の権威主義的な形態を発生させる。触知可能な実体として自然をとらえるディープエコロジーはこの方向に向かっている。自然をイメージとして描くことはできないと考える本質主義はより平等主義的な形態を支持してきた。エコクリティークが、自然には他の種類のモデルもあるということをはっきり認識するのであれば、それはとてもためになることだろう。たとえば、ミルトンのような作家や、イギリス革命におけるラディカルな環境主義の無視されてきた歴史から導き出される小文字の共和主義の詩学は、表象のまとまりのない諸形態を超越していく、環境の偶像破壊的な形象を伝えてくれる。[*31] 他の政治的な形態は、自然の偶像を禁止している。階級と伝統にかんするエドマンド・バークのイデオロギーから導き出される親愛の情にみちた有機体論とは反対に、私たちには環境を、より開かれていて理性的であり、違うかたちで感覚されるやり方で思考することができる。空間と世界にかんする偶像破壊的な表象の研究は、思考し創造することの新鮮な方法を再生する。自然の幻想的なイメージには、少なくとも異なるものが存在するということを証明するならば、環境にかかわる思考を刷新できる。だがエコクリティークは、ここで終わらない。

実体と本質は、お互いに奇妙なくらいに異なっている。同時に二つのものの代わりになりうる用語を発見する簡単な方法はない。もしも実体と本質が絶対的に異なっていると主張するのであれば、これは実体主義を支持することになるだろう――実体と本質は二つのまったく異なっている「実体」である、というように。この観点からいうと、本質と実体は、チョークとチーズのようなものであるか、リンゴとオレンジのようなものである。他方では、黒と白、上方と下方が違うのと同じく本質と実体は違っているというのであれば、本質主義の観点に近づくことになるだろう――実体と本質はまったく異なるのではなく、対立しながら関係させられている、というように。たとえば事物の実体は、この観点では、その原子構造やDNAコードにおける一変種でしかない。実体は少なくとも、一つの事物に具現化されるが、他の事物には具現化されない。本質は具現化され得ない。自然は同時に実体と本質の両方であろうとする。自然は、これらの用語のあいだの差異をはっきりさせ、そしてまさにこれらの差異そのものを同時に消し去る。それは木と木材である。そして、木の観念そのもの（ギリシャ語のhyle、すなわち物体であり、木材）である。

調べれば調べるほど、多くの違った人たちが多くの異なる意見を自然についてもっているという事実などお構いなく、自然そのものは事物のあいだで揺れ動いているということが私たちには理解できるようになる。自然は、それでありつつあれでもあるか、それでもなければあれでもない。この揺れ動きが、私たちが自然について書く手つきに影響を与える。自然は動物であり木であり天候であり、生態学的地域でありエコシステムである。自然は、集合でありつつ集合の構成部分である。それは、無限の系列の、けっして到来することのない終わりにおいて待ち受けている亡霊のようにして現れる。カニ、波、稲光、ウサギ、シリコン……そして自然、というように。すべての事物のうちでも、自然は自然であるべきである。だが私たちにはそれを指し示すことができない。私たちが普段把握するのは、なにものかを示唆するもののほとばしりであり、漂いである。「それは落日の光の中と、円き大洋と、生ける大気と、はた蒼き空と人間の心とを住家として[*32]」と、ワーズワースはものの見事に述べている。

自然は超自然的なものになる。それは、ジョン・ガッタが自然と原生自然にかんするピューリタンの思想史を論じたときに明瞭になった過程である(とはいえガッタは、土地私有制度の廃止を訴えたディガーズや、神秘主義者のヤコブ・ベーメ、菜食主義者のトマス・トライオンの、いっそう急進的なピューリタンの可能性については論じていないのだが)[*33]。あるいは自然は解体され、むき出しの物質が残存するということになり、スピノザのように徹底的な唯物論の哲学者におけるいくつかの重大な成果をともなう一連の思想だけが残されることになるだろう。私たちはここで、あいだになにかがあってほしいと思う。だがそれは自然なのか。それは超自然的なものではないのか。それは精霊——洗練された本質以上のものとしての——もしくは亡霊——より実体的で、おそらくは心霊体のようなものでできている——のように超自然的なのか。私たちにはさらに、無限に探求を進めていくことができる。中間への旅、あるいは「あいだ」の空間への旅というように、なんとでも呼ぶことはできるだろうが、この旅は二項的な組をさらに発生させていくことになる。そして私たちはつねにそのどちらかの側に横着し、まさにその中間を逃してしまう。これが唯物論的な精神性であるかそれとも精神的な唯物論であるかはどうでもいい。思考は、神秘の魅惑を維持している、「あちら」にあるなにものかを前提にしている。

ロマン主義の時代以来、自然は資本主義的な価値の理論を支え、そしてそれを掘り崩すものとして使われてきた。本来的に人間的であるものを指摘し、そして人間的なものを排除するために使われ、優しさと同情心を喚起し、そして競争と残酷さを正当化するために使われてきた。M・H・エイブラムズが『自然と超自然：ロマン主義理念の形成』という表題の、ロマン主義の詩にかんする著書をなぜ書いたのを理解するのは簡単である。要するに、自然はそれが発明されて以来、自然と超自然という等式の両側に位置づけられてきた。『自然なきエコロジー』は、文学的な著作物が自然を呼び出そうとする方法を探求することで、自然をこの等式から外そうとする。私たちは、自然を把握しようとするまさにその行為において、いかに自然がいつも手からすり抜けてしまうかを知ることになる。叙述されるのを待ち受けている強烈な現実を前にして文章が解体されていくまさにその瞬間、書くことは、それが描いているものを圧倒し、その不透明な表面の背後になにかを発見するのを不可能にする。たとえ主体と客体や内部と外部といった用語の「あいだの」中間点を確立できても、自然は誤つことなしになんらかの用語を排除し、内部と外部のあいだの差異を別のやりかたで再生産することになる。*34 私たちが人間ならざる「他なるもの」の近くへと連れていかれるまさにそのとき、自然は「私たち」と「彼ら」のあいだの心地よい距離を再設定する。このようなエコロジカルな友人がいるのであれば、いったい誰が敵を必要とするのか。

私をポストモダニストだといって糾弾する人もいるかもしれないが、そうすることで彼らは、私が世界はテクストでできていて、現実的なものなどなにもないと信じていると言おうとしている。自然の観念はものすごく現実的であり、ものすごく現実的な世界におけるものすごく現実的な信念・実践・決定に、ものすごく現実的な影響を与える。それは本当のことだ。もしも自然ということで、単一的で独立していて存続しつづけるなにかのことを意味するのであれば、自然のような「事物」は存在しないと私は主張するだろう。だが偽りの観念やイデオロギー的な固着状態が存在する。「自然」とは、私たちになんらかの態度をとるよう求めてくる、中心点である。イデオロギーは、この魅惑的な対象に対して私たちがとる態度に根ざしている。対象を解体することで、私たちはイデオロギー的な固着を作動しないようにする。少なくとも、これが本書の目論見である。「ポストモダニズム」をエコクリティカルに眺めること——そこで「理論」は試し言葉《シボレート》でしかないのだが——、これとフランス革命を嫌うイギリス人とのあいだには共通のことがある。実際、理論は多くの場合、フランス革命から導き出されているのだから[35]。よく言われるのは、「理論」は冷たくて抽象的で、近寄りがたい[36]。理論は有機的な形態を箱の中へと押し込めるが、箱はこれらの有機的形態をちゃんと評価しない。それはあまりにも計算づくで、合理的すぎる。「ポストモダニズム」はこの哀れな状態の最終版である。もちろん、フランスに対するイギリスの立場はそれ自体抽象的で、たとえば「清教徒革命における」チャールズ一世の処刑のようなすでに起きてしまった歴史をみずから無理して否定することでもある。

学者たちは、彼らが反知性主義的であるときにもまして知性的であることはない。自尊心のある農民たちはだれも、アルド・レオポルドやマルティン・ハイデガーのようにはふるまわない。社会的および主体的な観点を、ちょうど農民が行っているようにして反省的に選択している教授以上に、ポストモダンであることができるのか。素朴であるというどころかむしろ、この三〇年間の、とりわけエコフェミニズムや反人種主義や反ホモフォビアや脱構築といったすべての知の発展に意識して耳を傾けようとしないエコクリティシズムにもましてポストモダンであることができるのか。ちょうどレーガンとブッシュの行政官が、あたかも一九六〇年代など起こらなかったとでもいうかのようにして一九五〇年代の再演を試みたのと同じく、エコクリティシズムは過去の学問世界への回帰を約束している。それはポストモダンな懐古趣味の一形態である。

もしもエコクリティークの人たちが、私が言っていることを嫌うのであれば、ポスト構造主義の人たちもそうだろう。一九六〇年代がたしかに起こっていたとでもいうようにしてふるまう批評としてのポスト構造主義にはそれに固有の自然観があるのだが、はっきりと名指ししない。これらの自然観は、以前のよりもいっそう洗練されているように思われるというだけである。主体と客体や事実と価値といったカテゴリーの「あいだ」にあるなにものかへの根本的な探求はいまだにある。エコクリティカルな保守主義的読者の享楽の対象と、ポスト構造主義者の急進的な読者のそれとのあいだには、階級的な分裂がある。エコクリティークがアルド・レオポルドの気の利いた事例満載の盛りだくさんのスタイルを好むとしたら、ポスト構造主義者のほうはアンビエントなテクノＤＪ

による最新のコンピレーションアルバムを支持することになるだろう。それはベートーベンではないかもしれないが、カクテルパーティやアートイベントのオープニングでは少なくともなおも上品ではある。エコクリティークによると、レオポルドとジ・オーブは同じコインの両面である。芸術作品は、それがものすごく高尚なものであるか中程度のものであるか、インスタレーションであるか田園交響曲であるかといったこととはかかわりなく、私がエコミメーシスと呼ぶものを、つまりは第一章で詳細に描き出しさらに本書で一貫して探求していく修辞の形態を現している。サンダーバードもシャルドネも、レトロなものも未来主義的なものも、すべてが同じようにエコミメーシスである。

ポストモダニズムは美学主義というぬかるみにはまりこんでいる。それはアイロニーを美学的なポーズに氷結させる。私が自然の概念をやめてしまうことを提案するとき、安易な思いつきである「新たに改良された」解決法に飛びついたり新しい形態の広告言語に飛びついたりしようとするのではなく、本当にそれをやめてしまえと言っている。これが、本書の表題で「なき（without）」が意味していると考えるべきことにかかわってくる。否定神学にかんする著作において、デリダが、「ない」ということ、つまりはsansについて深く考えていたことに思い至る。脱構築は、なにかが存在するとただ言う以上のところにまで、存在を超えた超本質的なところにまで到達している。そして、事物は存在しないと言う以上のところにまで到達しているのだ。*37『自然なきエコロジー』は、なにか特別な新しいことをするというよりはむしろ、本質の執拗な問いなおしである。ときにダナ・ハラウェイのような著者のユートピア的な言語は「自然文化」のような急ごしらえの観念に飛びついてしまう。[*38] これらの自然ならざるものはいまだに自然であり、哲学と数学と人類学のような領域をまたがって現れつつあるのだがきわめて美学的なものに転じてしまう観念の希望にみちた解釈にもとづいている。第一章は、自然の伝統的な観念へのオルタナティブとなる一連の観念に着目するが、それらは、じつは自然のすぐ側にある。近頃自然そのものはあまりにもぼんやりしている標的になっていると仮定したうえで、自然の観念を、「アンビエンス」という一般的な表題のもとで、より大きく広くそしてよりよいやりかたで思考することの可能な方法を分析する。

ポストモダニズムの罠に陥らぬためにも、本当に批判的なエコクリティシズムは、しっかり理論にかかわっていくことになるだろう。もしも自然の神学的ではない意味を考えるのであれば、この言葉は永久的ではないことと歴史へと解体される。これらは同じことをいうための二つの方法である。生命形態は絶えまなく到来しては去り、変化して消滅していく。生命圏とエコシステムは、発生と停止に左右される。生きている存在者が形成するのは、人間の歴史がまさに展開されるための、有史以前からあるか非歴史的である定まった土台ではない。自然は均等でない歴史をうやむやにし、その闘争と痛みを見えにくくする。多くのエコクリティシズムとエコロジカルな文学が原始主義的であるとするなら、先住民の社会がしばしば自然を定まった土台というよりはむしろ形を変えるトリックスターととらえるのは皮肉である。自然史の最後の言葉は、自然は歴史である、というものだ。「自然の美は、それが称するところによると非歴史的だが、その根本においては歴史的である」。[*39]

なんのための自然なのか?

『自然なきエコロジー』は、いかにして芸術が環境を表象するかを詳細に検討するものとして始まっている。このおかげで私たちは、「自然」が恣意的な修辞的構築物であり、私たちがそれにかんして創造するテクストの背後にあるかもしくはそれを超えたところにある、独立していて本物の存在を欠いていることがわかるようになる。自然の修辞は、私がアンビエント詩学と定義する、周囲を取り巻く環境かもしくは世界の感覚を呼び覚ます方法のようなものに立脚している。私の議論は、新しく現れつつあるアメリカの環境詩学にかんする、アンガス・フレッチャーの最近の著作を踏まえている。[*40] ホイットマンと彼の継承者たちを貫く長くて曲がりくねった系譜は、地平線のほうに向かって伸びそれを越え、自然について決まった解答のない観念を創出する方法を確立しているというフレッチャーの考えは、詩学にかんする特定の形態についての貴重な説明である。彼にならって私はそれをポストモダンと脱構築の思考の発展へと結びつけていく。だが私は、この詩学のユートピア的な価値について、フレッチャーほどには自信がない。

第二章では、この詩学にはそれなりの歴史があり、時間をかけて人びとはそこにさまざまなイデオロギー的な意味を与えてきたことを検討していく。アンビエント詩学を歴史化するとき、私たちはこれも本質的な存在や価値を欠いていることを発見する。何人かの現代美術家は、自然表象の詩以外の形態にある低俗な質感と彼らがみなすものを乗り越えたところへと向かうべく、アンビエント詩学を活用する。だがそうすることで彼らは、彼らがもちいる修辞にあるイデオロギー的な性質のことを度外視する。彼らは自分たちが逃れようとしている低俗なものの「新たな改良」版をただつくりだすという危険を冒す。アンビエント詩学の歴史は同一性と主体性の特定の形式に立脚するが、第二章は、これらが歴史的であるということをも発見する。第三章はさらに先に行く。歴史化するということに甘んじるのではなくてむしろ環境芸術を政治化し始めるべきなのだけれども、これはそこにある操作にいっそう敏感になり始めることを意味している。私たち自身は、環境芸術の「新たな改良」版の定式化を試みるべきではない。これは私たちをなにか逆説めいたものに巻き込むことになるだろう。たとえば、低俗なものを逃れることができないからこそ、それを撃退する唯一の方法はそこに加担することである、というように。

私たちが自然と呼んでいる「もの」は、ロマン主義の時代とその後になると、近代の社会が損傷させたものを治癒する方法になる。[*41] 自然は、ロマン主義時代のもう一つの発明である、美的なものに似ている。損傷を受けることで、主体は客体から切り離されてしまうが、そのことで人間存在は世界から惨めなまでに疎外されてしまう。自然と接し、美的なものと接することで、主体と客体のあいだの橋は修繕されるだろう。ロマン主義は、橋が壊れていることを、哲学と社会生活の嘆かわしい事実と考えた。カント以後の哲学——ドイツのシェリングとヘーゲル、イギリスのコールリッジ——はしばしば主体と客体の融和を望む。もしも主体と客体がちゃんとした状況で出会うのであれば、仲良くやっていくだろう。主体と客体は、一緒になることのできる特定の環境を必要としている。かくして芸術と自然の特別な領域が誕生し、主体と客体がふたたび一緒になることのできる新しい世俗教会が誕生することになる。*42

これはすべて、主体と客体がそもそも互いに関係していたかどうかに左右される。そしてさらにいうと、主体と客体のようなものがあるのか、ユートピア的な環境芸術のいくつかの形態が提起する重大な難問へと私たちを導くようなものがあるのか、ということに左右される。もしも主体と客体がじつは存在しないのであれば、それらを融和しようと考えなくてもいいのではないか。あるいはもしもそれらが存在するのであれば、そのペアを新しく混交させていくことで、私たちのところに今あるものよりもよいものになるのはなぜか。この混交は、私たちの関心事である、主体と客体の二元論とは異なるもののように見えるだろうか。主体と客体の二元論への解決が私たちの心を変えるのと同じくらいに簡単であるとしたら、まさしくそれをやろうとしてきたいくつものテクストはなぜすでにそうしていないのか。もしも解決がなんらかの意味での環境であるとしたら、なんらかのものの「周囲」にあるもの以外のなんであるというのか。それは主体もしくは客体のいずれかへと合体していくのではないか。

これらの厄介な問いに目を向けるための方法としては、少なくとも二つの方法がある。第一は、私たちは「心構えを変える」必要があるという考え方の検討である。主体と客体の問題への解決を探し求めていくよりも、より逆説的な戦術のほうがふさわしい。これは問題そのものについてなにが問題になっているかを問うていく。そもそも問題などないのだとしたら、すなわち現実には、主体と客体にかんする物象化されて厳格で概念的な観念などは存在せず、境界も中心もなく相互に依存した無限の網の目のなかで私たちが共存しているのだとしたら、これらの全てをエコクリティカルな問題といって騒ぎ立てる必要があろうか。たしかにそうなると、大問題だといって騒ぐのは、そもそも存在しない痒さを掻こうとすることであり、そうすることで、痒さを存在させることになるだろう。この場合、本当の批評の標的の一つは、（エコ）クリティカルな言語そのものであろう。この言語は、失われた、疎外されざる状態への絶え間なき哀歌であり、倫理的で政治的な実践よりも美的な次元（実験的であるか知覚的な）への訴えかけであり、しばしば反知性的である。これがひそかなやり方であっても、痒さを維持している。

第二の方法は、問題が「私たちの頭の中」ではなくてむしろ社会的な現実という「外側」にあるのではないかと問うことである。恐るべき二元論のいくつかの主な特徴は、私たちがそれについてなにを考えていたとしても、私たちの世界へと組み入れられているのだとしたらどうだろうか。この場合、エコクリティークは、二元論への悲嘆をせいぜいのところ冗談半分で受けとめている。すなわち、エコクリティークは二元論を病状の徴候として知覚しているが、それは私たちの頭の中にある観念ではなく、世界が作動する仕方のイデオロギー的な特徴であった。

たしかにエコクリティークは批評だが、それは「エコ」でもある。私の目的はバラバラにできないものを一つにしようとする無駄な努力をあざ笑うことではないし、エコロジカルな思考を、よりヒッピー的な信念の形態である、なんでもありだなどというニヒリズム的な信条と置き換えようとすることでもない。むしろ、環境主義をしっかりとしたものにすることを目的とする。自然への訴えかけにはいまだに強い修辞的な効果がある。短期的にみて、どちらかといえば自然にはいまだにいくばくかの力がある。だが環境主義が、ただ短期的な観点のためだけに争点化されるということはありえない。そして自然が依然として効果的な標語であるということは、私たちがどれくらい遠くまで来たかということの徴候というよりはむしろ、私たちがどれくらい遠くまで来ていないかということの徴候である。

「自然なきエコロジー」は、「自然的なるものの概念なきエコロジー」を意味している。思考はそれがイデオロギー的になるとき概念へと固着することになるが、それにより、思考にとって「自然な」ことをすること、つまりは形をなしてしまったものであるならなんであれ解体するということがおろそかになる。固定化されることがなく、対象を特定のやり方で概念化して終えてしまうのではないエコロジカルな思考は、したがって「自然なき」ものである。エコクリティークをするためには、私たちは美的な次元を考えなくてはならないが、なぜなら美的なものは、非概念的な領域として、事物にかんする私たちの観念がなくなるような場所として設定されているからだ。アドルノの考えでは、「芸術作品から発される玉虫色の輝きは、今日においてはすべての肯定性をタブー化するが、それでもそこでは肯定的ないいわく言い難いものが現れ、存在していないものが、あたかも存在しているとでもいうようにして、生じている」[*43]。芸術は、非概念的なものに、形態の幻のような外観を与える。これが環境文学の目的である。本当は存在することのない自然のユートピア的なイメージをカプセルで包む。私たちは自然を破壊した。そのためにそれは、私たちの概念的な把握を超えている。他方で、非概念的なイメージは、強力な概念的体系つまりはイデオロギー的なシステムを発生させる有無を言わさぬ焦点になりうる。ネイチャーライティングの高密度なまでの無意味さが、体系を発生させる引力を生じさせる。

美的なものは距離の産物でもある。それは自然からの人間存在の距離であり、客体からの主体の距離であり、物体からの精神の距離である。それはむしろ、怪しいほどにまで反エコロジカルではないか。これはフランクフルト学派でも議論の俎上に載せられている。美的なアウラにかんするベンヤミンの有名な描写ではじつは環境のイメージが用いられている。*[44] ヘルベルト・マルクーゼは主張している。「美的宇宙は、自由の要求と能力が、そこにおいてこそ解放が約束される生の世界（*Lebenswelt*）である。それらの要求と能力は、攻撃的衝動によって、またそのためにかたちづくられた環境においては成長することができないし、新しい一組の社会制度の単なる結果として現れることもあり得ないのである。それらはある環境創造のための集団実践のなかにのみ現れることができる」。*[45] マルクーゼによると、最近の技術・産業的な世界においては、環境は死（タナトス）にもとづいて形成されているが、芸術はむしろ愛にもとづき環境を形成するので、エコロジーにとって救いになる。マルクーゼは ***Lebenswelt***（生の世界）という言葉を用いているが、これは精神世界に居場所をあたえる世界と環境のロマン主義的な構築に由来する現象学において発展してきた言葉である。第二章で見ていくように、この探求の道筋は環境と美学を連関させてきた。マルクーゼが美的なものを「次元」として考えているのは疑いようがない。彼は書いている。「芸術が開示する次元は他の経験では近づきえないものであり、その次元ではもはや人間、自然、諸事物が既成の現実原則の法則には支配されていない」[*46]。次元は、美的なものそのものと同じく、客観的な観念(たとえば数学におけるような)と主観的な経験のあいだのどこかに位置している。この研究が出会うことになる著者の多くは、美的なものと自然を、あたかも単一の統合された次元を含んできたとでもいうようにして論じている。だが、たとえ一つ以上の次元があるとしても、そもそも空間的な思考方法にかかわる問題をこれが解決することはない。どれだけ多くの次元があるとしても、次元は私たちがその中にいる——もしくはいない——なにかのことであり、これは内部と外部の二元論という、まだ明確に定められていないまさにそのものを前提としている。

アドルノは、マルクーゼにもまして躊躇している。アドルノの考えでは、美的なものは、私たちが近づくならば破壊することになりかねないものから私たちを首尾よく遠ざける。

美的な領域の、実践的な目的の領域からの距離は、美的なものそのものにおいては、美的な客体の、観察する主体からの距離として現れる。美的な客体へと芸術作品が介入できないのと同じく、美的な客体へと主体が介入することはできない。距離は、作品の内容への近さのための第一条件である。これは、カントの関心の欠如の概念にそれとはなしに含まれており、客体を把握することもむさぼることもしない美的な態度を要求する。[*47]

こうやって、美的なものは、自然への非暴力的なかかわりをうながしていく。芸術は肯定的で積極的な性質の空間（エロス）というよりはむしろ、否定的で消極的な性質の空間である。それは私たちに、たとえ一時的ではあっても、事物の破壊をやめさせる。他方でベンヤミンにとっては、美的なものは、その遠ざかりの作用において、世界から私たちを引き離す。私たちが必要とするのはある種の反美学的な戦略である。ベンヤミンはこのための手本を複製技術時代に見出しているが、そこで私たちはベートーベンの田園交響曲のＭＰ３データをダウンロードし、風景画の画像を拡散することができる。[*48]

美的なものは、私たちが解放的でエコロジカルな芸術実践を生成させるという名目で遠ざけるべきものなのか、それとも私たちがそれを取り逃がしてしまったと考えているまさにそのときいっそう密やかな装いのもとでふたたび現れてくる生活の必然的な事実であるのか、いまだにはっきりしない。美的なものと美学化のあいだには距離があると主張することは可能である。[*49]だがこれはどことなくロマン主義的である。それは「よい」ものと「悪い」ものを想い起こさせる。美的なものがよいものであるのはそれが客体化されたり商品に転化されてしまうのに抵抗するからだが、ただしそれがそうなのは、皮肉にも商品化の過程を内部化している場合にかぎられる。本書の最後の章（第三章）はこのロマン主義的な区別を完全には逃れていない。

美的なものを考えるのは重要だが、なぜならそれは周囲をとりまく環境や世界の観念と絡み合っているからだ。「よい」美的なものがあるという考えは、知覚には本来的なよさが、つまりは美学化の過程によって捕獲されたり曲解されたりすることのないよさが存在するという考えにもとづいている。ある意味では、これは本当でなければならない。そうでないならば、いかなる者の美的な構築物にも亀裂を見出していくのはほとんど不可能である。王様が裸であるということを見抜く澄んだ目が存在しないことになる。エコクリティークは、この明瞭な状態に名を与えようとしないが、これが人を盲目にする別の種類の芸術宗教になることを恐れているからである。アドルノは、その辛辣な否定性の外観にもかかわらず、じつのところはロマン主義者である。なぜなら彼は、物事は異なるものになりうると考え、芸術がこのように囁いていると考えているからである。芸術は政治的には妥協していると叫んでいるときであっても、彼はそう考えている。他方でベンヤミンは、美的なもののアウラに反対しているのにもかかわらず、特定の芸術実践が私たちをどこに導くことになるかを理解しようとしているようである。ゆえに彼は、美的なものを明示化されたアジェンダではなく政治的な「起動ディスク」であると考える、実験的で構成主義的な別の種類のロマン主義者である。[*50] この研究は、たとえメタクリティカルなところにあるとしても、それが記述しようと試みるロマン主義の内にとらわれている。ロマン主義のエコロジーで夢見られたこと以上のものが天と地に存在するかどうかがなおも考えられている。

出たいなら入らなければだめだ

エコロジカルな文化は柔らかくてオーガニックで古風で低俗なものであると思われているのに対し、テクノ文化は硬質で格好よくてエレクトロニックである。だが差し迫るエコロジカルな危機と仮想現実のあいだには驚くべき連関がある。この連関は内容ではなくて形式にかかわりがあり、認識論の問題を開く――私たちが知っているということをどうやって知るのか、そして私たちが知っていることの正しさをどうやって証明するのか。仮想現実とエコロジカルな混乱は、私たちの普通の参照点かもしくはそれにかんする幻影を失わせる、没入型の経験である。古い思考法など信じるに値しないと私たちは自分に言い聞かせる。とりあえず仮想現実とエコロジカルな混乱は、私たちがこの乱雑な状態に入っていくことの手助けになる。仮想現実においては、「距離」の概念を当てにするのが不可能になる。批判的であるための手がかりを手に入れることはできないが、幻覚的な非‐存在の精神病的な水族館のなかへと解体されていくのを私たちは感じている。そのパニックは、「メタ言語は存在しない」という信念――意味の体系の外部には、それにかんしてなにかを言うことの立脚点となるものが存在しないという信念――と折り合いをつけていくことから一部生じている。さらに言うと、この信念は意味の体系が可能にし、維持する幻想のうちの一つである。仮想現実とエコロジカルな緊急事態は、私たちはそもそもこの立場を保持したことがないという厳しい真実を突きつける。スラヴォイ・ジジェクは、少なくとも仮想現実について考えるときにはこの真実がもつことになる、ためになる効果を指摘していた。[*51] 私たちは今や、距離という安全網なしで事物を識別する方法を獲得しなくてはならなくなっている。つまりそれは、倫理的で政治的に事物を識別する方法と結びつく方法である。

私たちは、存在することのない物差しを、手放そうとしている。この徴候の一つが、私たちが「どれほどまでに深く」仮想現実やエコロジカルな危機へと入ってしまったかということについて考えることがもたらす、腐食的な作用である。破局は差し迫っているのか、あるいは私たちはすでに破局の「内に」いるのか。私たちは内にいるのかそれとも外にいるのかと心配することそのものが、私たちがすでにどれほどまでに内へと入ってしまったかを表す徴候になっている。つまり、内と外の区別そのものがこの思考方法によって蝕まれている。それだけではなく、発見や技術や分類といったものの近代的な様式の形姿をまとう幻影の物差しには、私たちを毒々しいパニックのなかへと沈めていくことへの、部分的な責任がある。量子理論のユートピア主義――ごらん、私の心が物質に影響を与えているよといった考え――は、支配する心が支配されている世界のなかに埋め込まれているというあまりにもまことしやかな事実の上澄みでしかない。私たちには私たちをこの埋め込まれている状態から解き放つことはできないといった考えは、かならずや幸せな自己愛の経験をもたらすどころか、状況への認識を恐ろしいほどにまで失わせていくことになりかねない。「おまえはそれを新聞で読んだり――ニュースで見てる。聞いているやからはわずかだ――見もせずに吐き出す」（パブリック・イメージ・リミテッド「ドント・アスク・ミー」）。*52

水銀で満たされている物質としての海と同じくらいに毒性のある認識論の海へと溺れていくと考えるのは、不快どころの話ではない。つまり私たちには、狂気が強いられているのか。ロマン主義の芸術は、没入と、自然と呼ばれる奇妙なものへと関与していくものであるため、手がかりをいくつか与えてくれる。ロマン主義のアイロニーの機能は、語り手がみずから語っていることから距離をおきつつも、それでもじつはその語りのなかでどれほどまでに徹底的に解体され、その一部になり、それと分離されなくなっているかを示す。本書が論じていくように、いくつかの決定的なあり方において私たちはいまだにロマン主義の時代にいるので、ロマン主義の詩が没入の観念といかにして取り組んでいたかを考えるのは、きわめて適切なことだと言える。

いわゆるエコロジカルな危機は、理性の危機でもあるのだが、私たちの身体的な生存にかかわるものとしてそれを考えることが、喫緊に求められている。それがただ仮想現実の問題であるというだけならば、少なくとも私たちは生きたままでいることができるし、最悪の場合でも精神的に病みつつ生きていることができると想像できる。没入している世界もまた毒性のものであるとき――それがじつはスクリーンに映される現象のようなものの問題ではなく私たちの細胞に侵入してくる化学物質の問題であるとき、いっそう厄介になる。これはまったくの馬鹿話ではないし、知的遊戯でもない。仮想現実における失見当識（私たちは、メタ言語のない世界のなかへとどれほどまでに没入しているかがわからなくなる）は、グローバルな温暖化における失見当識（そこでもまったく同じようにわからなくなるが、死と破壊がもれなくついてくる）と比べるならば別にたいしたことではない。すでに存在しつつあるエコロジカルな緊急事態が仮想現実についての不安に似ているのは――そのとき、私たちにはその両方を区別して話すことのできない精神的な病のスープに浸されていく――それがさらに私たち自身の死の可能性を含みこむ場合にかぎる。破局は差し迫っているところかむしろすでに起こってしまっていると考えることに慣れるのはとてもむずかしい。

急がば回れ、である。今は、デリダの勧めにしたがって速度を落としていくのには、理想的な時代である。つまり、（外に出て）行動するのではなく、明らかにテクノカルチャー的な美学の問題と明らかに湿っていてオーガニックな問題のあいだにある関連性を読み解くうえでは理想的な時代である。本書は、急ぎつつそれでもなにもしてはならないという命令を、真面目に問題化するだろう。恐ろしくも魅惑的なことへと没入していく美的なものの探求は、いかにして困惑を抜け出ていくかを問うことになる。私は、ソフトウェアや脳などの内容を論じるかわりに、形式の領域を探求していく。そうするのはなぜかというと、社会と政治の問題への純粋に美学的な解決策が存在するし、存在してきたと考えているからでは断じてない。むしろ、手元にある問題にある美的なものを検証するということそのものが批判的な洞察を始めることをうながしてくれる、というだけのことである。これは、一字一句を追うことと離れて読むということをつねに同時に試みてきた、精読《クロース・リーディング》にかかわる議論である。微妙なところでいうと、美的な次元をまったく忘れてしまうのは不可能であるかもしれず、その意味で私の方法は美的な解決の一種である。

このことがどれほどまでに逆説的であるかを明らかにするのは本書での難問の一つになるであろうが、なぜならそれは程よくゆっくり読んでいこうとするからである。遠さと近さは美学化された用語である。それらには知覚する主体と知覚される客体が含まれている。それらはイマニュエル・カントの美学の言語の一部分である。美的な鑑賞を得るためには、美的な「もの」への適度な距離を保持することが求められる。[*53] 私たちは、環境にかかわる出来事が問題になるとき、ただ座り見物人になることはもはやできないと聞かされてきた。仮想現実のそもそもの宣伝文は、そこに入って私たちの境界を解体しようというものであった。私は、遠さと近さの観念に、批判の照明をあてることで説明がうまくいくことになると考えてみたい。だからまずは、これらの用語と戯れている幾つかの美的な形式——それが明らかに「環境的」であるかどうかはともかくとして——を検討することから始めることにしよう。

第一章　環境の言語の技法——「私にはそれが自然でないとは信じられない！」

あなたが読んでいるとき、しろくまが、だるそうに
おしっこした、雪は
あざやかな紫の色で染まっていく

そして、あなたが読んでいるとき、たくさんの神様が
蔓草のなかに寝ころんでいる。黒曜石の目が
葉が生えてくるのを見ている。

そして、あなたが読んでいるとき
海がその暗黒のページをめくっていく
めくる
その暗黒のページを

——デニーズ・レヴァトフ「読者へ」

私がこれを書いているとき、私は海辺に座っている。折りたたみ椅子へと打ち寄せてくる波の心地よい音は、ラップトップパソコンで文字を入力している私の指の音と同時に生じている。頭上で

は、カモメの鳴く声が薄明の空の中を響き渡り、遥か遠くの感覚を呼び起こす。大型船が吐き出すたなびく煙は水平線の遥か彼方で消えている。とりまく空気は湿り気をおびていて海藻の匂いを発している。波が打ち寄せるとき海辺で小石がたてる音は、イギリスの石だらけの浜辺の夏の休日を思い出させる。

というのは、本当ではない。これは純粋なフィクションである。ちょっとしたいじわるでしかない。私がこれを書いているとき、西側にある雑木林のカケスが家の窓の外でうるさく鳴いているのだが、この紙片に文字を書き記していく私のペンが発する静かな音と波長を合わせている。居間のスピーカーからは、ドビュッシーの「フルート、ヴィオラとハープのためのソナタ」が聴こえ、私のまわりで穏やかに鳴り響いている。エアコンの涼風は、カリフォルニアの灼熱の暑さをほのめかしている。穀物に殺虫剤を撒き散らす飛行機が、頭上の低空で唸り声を立てている。

これもまたフィクションである。私がこれを書いているとき本当のところ起きているのは次のことだ。ロマン主義の詩の作品集を複写したものの上にデジタルカメラが静かに設置されている。リゲティの音楽が、ヘッドフォンの中で鳴り響いているが、皿洗い機からの信号音と一緒になっている。スイートピーの薫りを漂わせる泡風呂の匂いは、窓の外にある刈られたばかりの草とは対照的に、人工的なものに思われる。一匹の蟻が、コンピュータースクリーンの上を這っている。

この文章を書いている「私」がいるところを再現しようとすればするほど、それだけ多くの言い回しと修辞的表現を駆使しなくてはならなくなる。私は書くことの過程へと没頭せねばならない。

つまり、書くことが起こるところである環境を再現しているときの私が記述することのない、まさに書くということそのもののなかに没頭せねばならない。私が私をとりまくものを説得力のあるものとして描き出すなら、なおいっそう修辞的な言葉遣いに私は終始することになる。この頁の向う側にあるものを示そうとすれば、それだけ多くの頁を私はついやすことになる。そして私が「私」をフィクショナルなものにすればするほど――「私」は書いている私と書かれる私に分裂していく――私はいっそう説得力のないものに思われてくる。

　言語の魔力を破ろうという試みは、この魔力そのものへといっそうのめり込むことに帰結する。おそらくはこの環境の言語は、重要な問題からの脱線を引き起こす。あるいはおそらくはそれは、私が誠実であるということを、説得力をもって証明するか示唆するものである。書くことは、哲学や文学的なフィクションや詩の様式を外れて、具体的な日付や時間と署名の記載されているジャーナリズムの作風に推移し、それからそれがまさに逃れようとしたところへと戻っていく。[*1]多くの異なる文学の類型がそうしたことを試みている。チャールズ・ディケンズの『荒涼館』が、ミカエルマス開廷期と、あたり一面を覆い尽くすロンドンの霧の様子をジャーナリズムの作風で再現しようとすることで始まっていることを考えてみたらいい。[*2]

「私が書いているとき」という決まり文句は任意のもので、この修辞を語る様式にはほとんどいつも暗黙に含まれているが、そこには、決定的にエコロジカルな用法がある。[*3]だが、「私が書いているとき」という所作は、それを含む総称的な地平や修辞的な戦略をほのめかすものから完全に抜け出そうと試みるとき、逃れることの難しいの重力場へと入り込むことになる。それは書くことそのものから脱出するのに十分な速度を獲得することができない。語り手が、周囲をとりまく世界を再現すればするほど、不透明な走り書きと修辞と比喩的表現の潜在的に尽きることのない流れを読者はいっそう消費することになる。それはちょうど、ルイス・キャロルの『鏡の国のアリス』の中の家のようなものだ。アリスが前庭から出ていこうとすると彼女は正面玄関に戻ってしまう。デニーズ・レヴァトフの詩「読者へ」は、「私が書いているとき」を、「読者が読んでいるとき」へと転倒させる。だがその効果は同じであるか、後者のほうがいっそう強力である。なぜならちょうど広告の言葉のように、「あなた」は、実際の読者のために特別にデザインされた文章の中のニッチになるからだ。[*4]

この修辞的な戦略は、さまざまなエコロジーの文章の中に、ものすごく頻繁に表れている。自然の現実感を再現しようと試みる多くの文章は、しばしば明らかに、(1)この現実は固形的で真正で独立している（とりわけ書くという過程そのものにおいては）といい、さらに(2)読者はただそれについて読むだけでなくむしろそれを直接経験したほうがいいという。だが、これらの文章は、おのおのの主張を展開しつつ、それが述べていることをはっきり意味することもなければそれが意味していることをはっきりいうこともないという、つかみどころがなくてトリックスター的でもある性質をそなえた、書くことの軌道内へと戻っていく——「めくる、その暗黒のページを」。多くの文化にとって自然はトリックスターであり、書くことが呼び起こす幻想はその絶えず変化しとらえようのない「本質」をうまく召喚するということなど、気にしなくてもいい。修辞上の仕掛けは、多くの場合、あきらかにテクストの「外部」にあり、「本当に」起きていることを真正でありかつ真正にするものとしてはっきりさせるという役割を果たしている。

エコミメーシス——自然を書くこと《ネイチャーライティング》と、書くことにおける自然

私がエコミメーシスと呼ぶ仕掛けは、美的な次元を超えたところに行こうとする。それは普通の美的な枠組みを壊し、芸術を超えていく。『森の生活』の冒頭で、ソローは次のように書いている。「以下の頁、というよりもその大部分を書いたとき、私はどの隣人からも一マイル離れた森のなかにひとりで暮らしていた。マサチューセッツ州コンコードにあるウォールデン湖のほとりに自分で建てた小屋を住処とし、手を使った労働だけで生活の糧を得ていたのである」[*5]。フィクショナルに書くことの影響を否定的なかたちで知ることにもまして「文学的な」ことは存在しない。[*6] そしてそれは、他のものよりも洗練されているかどうかにかかわる問題ではない。自然をほどよく美的な（あるいは美的ではない）形式で伝えるための記録（年鑑）を書いていくアルド・レオポルドの通俗的な作品は、画廊の中になにも描かれていない額縁を置き周囲をとりまく枠のない状態で「素材」を積み上げていくといったミニマリストの画家の前衛的な戦略や、静寂やアンビエントなノイズから作曲するジョン・ケージの戦略と出会う。[*7] レオポルドの『野生のうたが聞こえる』は文学的

なものの引力を逃れていこうとするが、ちょうどアヴァンギャルド芸術が慣習的な美学を逃れていこうとするのと同じやり方で、そうするのである。レヴァトフの「読者へ」は、極度に文学的であるが、巨大な海の波を書物の頁をめくるのと比較するほどのところまでいく。ここには書くことにかんする罪の意識はない。レヴァトフは、頁の上にある単語という特定の出来事を超え、単語を詠唱する声を指し示す。だが、どういうわけか「読者へ」は、芸術的ではなくなることによってではなくむしろいっそう芸術的になることによって、周囲をとりまく環境の感覚を獲得している。この意識的で反省的でポストモダンな表現は、そのことゆえにいっそうエコミメーシス的である。

　現代アートは、絵を見るときの私たちの視界の中でしばしば除外されているものを再現する。それは絵をとりまく枠であり、ギャラリーの空間そのものであり、アートの制度である。これらの実験はきわめて環境的である。アカデミズムの趣味と習慣だけが、このような「洗練されている」と言われる芸術と「ネイチャーライティング」として知られる通俗的な読み物のあいだに関連性があることを知るのを妨げてきた。ロラン・バルトは、前衛的なエコミメーシスに関する一節で、枯れた川床を歩き回るという経験について書いている。彼はその経験が、彼がテクストと呼ぶもの――織り成されていく記号の無限の戯れ――の経験とよく似ていると書いている。

　「テクスト」の読者は、（自分のなかの想像的なものをすべて取り払った）無為な主体に比べられよう。適当に空虚なこの主体が、ワジ［北アフリカの水なし川］の流れる谷間の中腹（ワジがここに出てくるのは、ある種の異郷感を保証するためである）を散歩する（これはこの拙文の筆者にもあったことで、筆者が「テクスト」の生きた観念をつかんだのは、そうした場所においてである）。彼が知覚するのは、互いに異質でちぐはぐな実質や平面に由来する、多様で還元不可能なものである。光、色、草木、暑さ、大気、わきあがる小さな物音、かすかな鳥の鳴き声、谷間の向こう岸の子供たちの声、すぐ近くや非常に遠くを通りすぎる住民たちの往来、身振り、衣服。[*8]

私たちは普通、ネイチャーライティングを、たとえば湖水地方のようななにか特定の内容をもつものとして考えている。だがここには、非西洋の砂漠がある。これは非西洋的なエコミメーシスであり、おなじみのヨーロッパ中心主義的なものやアメリカ的なものとは正反対である。それは、外観上の違いにもかかわらず（一方は有機体論的だが他方は人工的であり、一方は「家にいる」ことにかんするものだが他方は「逃れていく」ことにかんするものであるといった違い）、前衛的なエコミメーシスがいかにして通俗的なたぐいのものと同じ布から切り出されているかをはっきりと論証している。ワジは不透明な異郷の土地を彷彿とさせるが、そこはバルトの言う「半ば同定可能な」意味で満ち溢れている。[*9] バルトは、アラビア語の言葉にあると考えられている奇妙な性質を説明するのではなくはっきり述べ立てていく言葉の連なりによって、この像を広げていく。言葉そのものが異国のものとして扱われるが、それが示す気候や環境も同様である。雨期と乾期、人びとが歩き回る川は、中世の反転世界を思い起こさせる。ここはあなたには住むことができないが、旅行者として訪問することのできる世界である。エコミメーシスのあらゆる特色がここにある。「これはこの拙文の筆者にもあったことで」という文は、本当にそれが起きたことを示唆するものだが、これが私たちを、読むことと語ることの、共有された潜在的な現在時へと導いてくれる。並列された一覧。語り手をとりまく離接的な現象の映像。聴く人と音の発生源のあいだの距離を喚起する「わきあがる小さな物音、かすかな鳥の鳴き声」の（無音ではないが、完全に音に満たされているのでもない）静寂。まさにここにおいて、ポスト構造主義と、まったきテクスト性の反自然性とみなされるものの福音そのものにおいて、エコミメーシスを私たちは見出す。バルトが私たちに提示するのは、雰囲気のはっきりとした再現である。

アンビエント詩学

強いエコミメーシスは、書くことがまさしく起こるところであることと今とを、再現しようとする。それは、「なんらかの状況のなかにいる」という修辞の、裏返しの形式である。（「高貴な出自をもつ若いポルトガル人のホットドッグの売り子としての」）「私がどこからきたのか」を描き出すのではなくてむしろ（「私がこれを書いているとき、ホットドッグの匂いがリスボンの夜の空気のなかを漂う」ときの）「私がどこにいるのか」を心に浮かび上がらせようとする。読者がここで垣間見るのは、人物よりむしろ環境である。だがその効果はほとんど同じである。この場合、エコミメーシスは、本物のように見せる手法である。弱いエコミメーシスは、書くことで環境が再現されるときには、いつも作用する。修辞は、この弱いエコミメーシスの形態のための用語の総体をそなえてきた。ジオグラフィア（地球や土地の記述）、トポグラフィア（場所の記述）、コログラフィア（国家の記述）、クロノグラフィア（時間の記述）、ハイドログラフィア（水の記述）、アネモグラフィア（風の記述）、デンドログラフィア（木々の記述）。[*10]（アンガス・フレッチャーは、まさに私がこの章で追求している「環境詩」を記述するためにクロノグラフィアを蘇らせた。[*11]）だが、なんらかの状況の中にいることを強調するのは、きわだっていて、現代的である。状況の中にいるというのは、デイヴィッド・シンプソンが、差し迫っていて「怖いくらいに無差別的である」エコロジカルな危機の脅威へと連関させてきた修辞である。彼は、危機的な状況が広まっているのは「誰もが今や根本的な危機を免れているとは考えていない」からであると論じている。[*12] 個別的なものは、一般的な凶兆の窮地の中で、孤高の声をあげている。

エコミメーシスは圧点である。自然世界についての考えの中にあるだけでなくその周囲にもある、信念と実践と過程の広範で複雑なイデオロギーのネットワークを結晶化させる圧点である。ローレンス・ビュエルの『環境の想像力』には、こう書かれている。「まさにこれが書かれているときに揺れているのは二次植生の松の木であるが、それは、ギザギザの円形をした萎びた松かさの上にある青と黄と緑の五葉松である」。[*13] あるいはジェイムス・マキューシックは次のように書いている。「これを書きながら、書斎の窓の外の広々とした野原や氷を頂いたふしくれだった木々に目を凝らす。木々の向こうには、乗用車やトラックが、混雑した州間高速自動車道を、先週の吹雪で積もった雪が解けはじめて黒く汚れているのを横目で見ながら、猛スピードで走っていくのが見える。ここは私が住んでいるボルティモア市である」[*14]。エコロジカルな批評が正しく批評的なものになるためには、エコミメーシスをしっかりと踏まえなくてはならない。エコミメーシスは、補説（excursus）と逸話（exemplum）の混合である。補説は「説明部分に続くもので、それに関する要点を詳論し強調する、小話や外挿される秘話」である。paradigma や paradiegesis として知られる逸話は「本当のものであれ、想像上のものであれ、傍証とされる実例」である[*15]。ではエコミメーシスに特有の性質とは何だろうか。paradiegesis は、とくに物語を意味している。だがエコミメーシスにある、記述にかかわりのある特性についてのさしあたっての見解は、以上で出揃ったと言える。

エコミメーシスには、アンビエンスの詩学が含まれている。アンビエンスは、周囲のもの、とりまくもの、世界の感覚を意味している。それは、なんとなく触れることのできないものでありながら、あたかも空間そのものに物質的な側面があるかのごとく——こう考えるのは、アインシュタインのあとには奇妙なものと思われるはずがない——、物質的であり物理的でもある。アンビエンスは、ラテン語の ambo「どちら側にもある」に由来する。アンビエント詩学は、書くことへと適用できるのと同じくらい容易に、音楽、彫刻、パフォーマンス・アートにも適用できる。（二つの）どちらの側をもとりまくものとなっているアンビエンスの例としては、頁の余白、音楽の前と後の沈黙、絵画の周囲の額縁と壁、建物の装飾空間（parergon）があるが、さらに彫刻のためのニッチ

――以前にエコロジカルな言語として取り上げられた言葉――もそこに含まれる。[16] アンビエンスはきわめて特殊な表現を生じさせるが、それはエコミメーシスによって演出された自然である。音楽の領域ではベートーベンの田園交響曲がアンビエントだが、レイフ・ヴォーン・ウィリアムズの交響曲第五番もそうである。だがブライアン・イーノの作品もそうである（あきらかにそうである）。イーノがアンビエンスを問題にするとき用いるのは、自然よりはむしろ人工的なものへと普通は結びつけられている考えであるが、たとえば音楽は匂いや「色調」のようになることができるといったことである。[17] だが、これまでに見てきたように、エコミメーシスはかならずしも自然の側にあるのではない。

アンビエンスの言葉を選ぶのは、一つには、環境の観念をよくわからないものにするためである。環境の観念は、特定の自然観とあまりにも頻繁に結びつけられてきた。西洋の哲学と文学において、アンビエンスにはきわめて長い歴史がある。レオ・スピッツァーは、アンビエンスの意味のジグザグとした進化を、ソクラテス以前の哲学者の時代からハイデガーとさらにその先にまで行くものとして辿っている。[18] この歴史の中で、環境は、手に触れることができそうでありながらも精妙で微妙な、周囲をとりまく雰囲気と関連させられてきた。この雰囲気の感覚を伝えるのが、エコミメーシスの役回りである。アンビエント詩学のもっとも顕著な特徴をざっと検討してみよう。

まずは六個の主要な要素がある。演出（*rendering*）、中間（*medial*）、音質（*timbral*）、風音（*Aeolion*）、トーン、そしてもっとも根本的なのが再-刻印（*re-mark*）である。これらの用語は重なり合うし、いくぶんか恣意的で曖昧である。演出はアンビエント詩学の結果であり、その完成である。トーンは、物性のある装飾のことである。中間、風音、そして音質は、技術的であるか「効率的な」過程であり、効果を意味している。私はこれらの用語を多くの種類のメディアから借用している。映画（演出）、音楽（風音、音質、トーン）、詩（風音）、絵画（再‐刻印）、そして書くこと（トーン）、というように。用語が多様な形式に由来するという事実は、アンビエント詩学の観念を喚起するうえでは一般的にはマルチメディアが重要であるがとくに共感覚が重要であるということを反映している。新しい種類の芸術と美学は、文学批評、美術史、音楽学に、環境の役割を認識するよう働きかけてきた。[*19]

アンビエント詩学のさまざまな要素は全て、ある程度は、エコミメーシスの中に存在している。サウンド・アートのように、形式的にはいっそう実験的なエコミメーシスは、これらの要素を、たんなる心象だけではない意味の層――リズム、線構造、印刷の仕上がりといったこと――へと影響をおよぼすために用いている。あまり実験的ではないエコミメーシスはただ心象にみずからを限定する。エコミメーシスを内包するリアリズム小説や哲学的エッセーは、（作品制作の過程で多くの単語を抹消していく）マラルメのような実験へと突然変異することはないだろうが、ジャック・デリダによるエッセーであればそうなるかもしれない。

演出

アンビエント詩学は、なによりもまずは演出である。私はこれについて、具体音楽の作曲家であり映画理論家でもあるミシェル・シオンが展開させた意味で論じている。[*20] 演出は、環境ないしは世界の、大なり小なり一貫して続く感覚を発生させるために、作家が映画に技術的に施す視覚効果と音響効果である。一つの場面が撮影された後、コンピューターと他の効果が映画へとほどこされると、撮影された映像全体が「演出される」が、そうなると映画の要素の全てが、熱帯の湿っぽい夜ではなくてむしろアルプスの晴天日を思わせるものになる。この演出は、ジャン・ボードリヤールのシミュラークルのように、オリジナルのないコピーに関連している。[*21]「本当の」晴天日はなかった。かくして演出が、映画の要素の全てを、晴天日の雰囲気の中へと浸すことになる。

演出は、重要な美的現象なのか。それとも、美的ならざるもの、美的なものに反する現象なのか。演出は、現実そのもののシミュレーションをつくろうとする。知覚する主体を客体から切り離す美的な遮蔽物を粉々にしようとする。それは、私たちの理解を超えたところで直接に知覚される現実つまりは生の世界を私たちは手にしている、という考え方である。エコミメーシスが環境を演出するとき、それは暗に次のように述べている。「この環境は現実である。ここに美的な枠組みが存在するとは考えなくていい」。私たちは構築された環境の中にいると示唆する信号の全てが最小限化されてしまった。そのかわりに、知覚する者が「シニカルな理性」によって実行しているときであっても、私たちは騙されているがそれでも私たちの疑念は意図的に中断されていることを知っている。あるいは私たちは演出を、あたかもそれらが人工的ではないとでもいうかのようにして、楽しんでいる。演出は私たちに、美学的な警戒心を一時休止するよううながす。だが、たとえそれが特殊効果であることを私たちが知っているときであっても、私たちは騙されていることを楽しむことを選択している。必然的に失敗するのにもかかわらず、語り手は直接性の感覚をなんとしてでも伝えようとする。スラッターフィールドとスロヴィックが、エコロジカルな物語の集成について語るとき、それは「語られた経験へと読者を内包していく物語の能力を高めるために、生きていて呼吸している語り手(一種の情動的な現前)を用いること」を求める。[*22] フランシス・ポンジュの適応(adaequatio、あとで述べるように、ハイデガーにとって重要な概念である)についての見解も同様である。ビュエルはこの観念を、言語には、それがどれほどまでに洗練されたものであろうと、現実の事物つまりはエコロジカルな事物に演出をほどこすことができるということを示唆するために用いた。[*23]

感性の時代以降の芸術は、この直接性を追求してきた。詩人が彼か彼女の脳をこすってその感触を私たちへと直接に伝達してくれさえすればいいのである。これがある種のロマン主義の論理であり、さらにリアリズム、自然主義、印象主義(さらに表現主義など)の論理であるということにも疑いの余地がない。私たちはただシュルレアリスムと自動書記のことを、無意識の過程の直接的な演出のことを考えるだけでいい。堂々としたキャンバスとともにある抽象的な表現主義のことを考えるだけでいい。具体音楽が、環境音をサンプリングしてつないでいくこと(たとえばリュック・フェラーリによる)を考えるだけでいい。あるいは、しばらくではあれ私たちが住まねばならないところである「空間」を創出する環境芸術のことを考えるだけでいい。ナム・ジュン・パイクのTVガーデン[*24]（一九八二年）は、テレビが映し出す飛び跳ねるダンサーのイメージを、花びらが開きつつある花へと転じていく。それは没入的だが、シェリングの言葉で言われるように、ナイーブというよりはむしろ感傷的なあり方で、ユーモラスでありアイロニカルである。

演出の実践は、躊躇《とまど》いとアイロニーの価値というロマン主義のもう一つの側面を、ともすれば忘れてしまう。それらはなぜワーズワースが詩はただ「力強い情感がおのずから溢れ出たもの」であるだけでなく「静かな気持ちでいるときに思い起こされた」ものでもあると強調したかを見過ごしている。「前に熟考の対象であった情緒に似た情緒が次第に生じてきて、実際に心のなかに存在するようになる」に至るまで、反省が静かな気持ちを消していくのであっても、その過程はかくして遅延され、媒介されるようになる。[*25] 私たちには、直接性というエコミメーシス的な幻想の中にある亀裂をみることがすでにできている。

中間的なもの——内容としての接触

中間的なものは、交話的な（Phatic）言明にかんする分析を行なっている、ロマーン・ヤコブソンの「言語学と詩学」における議論から導き出されている。[*26] ヤコブソンは、コミュニケーションの六つの側面とそれがもたらす文学的な効果を探求している。これらの効果は、コミュニケーションの諸側面のうちの一つを前景化することで達成される。六つの側面は、発信者、受信者、メッセージ、コード、接触、コンテクストである。発信者を重視するとき、メッセージの受け手の意図に直接に着目する、「動態的な（conative）」な言明が得られる。「あなたはヤコブソンのモデルが的確であると感じなくてはならない」。発信者を強調するとき、それは「心情的な（emotive）」言明に帰着する。「私がヤコブソンのことをどう感じているかあなたに話をさせてください」。メッセージそのものを前景化するとき、それは詩的な言明に帰着するが、なぜなら構造主義者であるヤコブソンは詩的言語がとりわけ自己言及的であると考えているからだ。コードが前景化されるのであれば、「メタ言語的な」言明が得られることになるだろう。「あなたにはそう言うことができない！ それは構造主義の言語理論では容認されていない」。コンテクストに着目する場合、「間説的な（referential）」な言明が得られる。「これはヤコブソンによる、コミュニケーションの六つの側面にかんするメッセージである」。

もしも接触を前景化するのであれば、交話的な言明が得られることになる（ギリシャ語のphasis、話すこと）。「このものすごく小さな活字を読むことはできますか？」。「この電話回線は雑音がひどい。あなたの話が聞き取れないので、五分後にかけなおしてくれませんか？」。「ただいまマイクのテスト中」。「現在検査中です」。「放送中です」。接触は、この言葉を文字通りに理解しようとするのであれば、コミュニケーションがまさしく起こることになる次元である。交話的な言明は、私たちのあいだにある実際の空気を意識させるし、録音された音楽を聴いたり映画を観たりすることを可能にする電磁場を意識させる。それらはメッセージの伝達が行われるところである雰囲気

(atmosphere)を指し示す。ヤコブソンは、人間の言葉を真似る鳥は、あらゆる異なるコミュニケーションの種類のうちでもこの機能だけを共有すると主張した。[*27] 未来のエコクリティシズムは言語の交話的な次元を考慮に入れなくてはならない。月という完全なまでに新しい環境を探索したときのアメリカ人宇宙飛行士とヒューストンのあいだで交わされた最初の言葉は交話的だった。「さあ、テレビ放送をはじめてもいいですよ。こちらはスタンバイオッケーです」であった。交話的なコミュニケーションの環境的な側面は、ラジオのトーク番組(「こんにちは。現在放送中です」)や電子化された電話での会話を含むさまざまな交話的な現象からつくられる、現代的なアンビエント電子音楽の盛況を説明するものになる。[*28]

私は交話的という言葉よりも中間的という言葉を好むが、なぜなら、媒質を前景化する言明がかならずや話すことそのものとかかわりをもつことになるいわれなどないと考えるからだ。中間的な本はたとえば言葉が書かれることになるページを明示するか、それらの言葉の構成元となる文字を明示することになる。中間的な言明は知覚される。普通私たちは、接触のことを蔑ろにして自分たちの生活を送っている。コミュニケーションの媒質が妨げられるか不明瞭になるとき、私たちはそれを意識する。ちょうど雪がふるとき私たちが歩くということそのものを苦痛とともに意識するように。構造主義の先駆者であるロシア・フォルマリストは、文学的なるものを、言語の正常な過程が妨げられることとして描き出している。ヴィクトル・シクロフスキーは宣言した。「芸術の技法は、対象を「馴染みのないもの」にすることであり、知覚における困難と時間のかかり具合を増大させていくことであるが、なぜなら知覚の過程は美的な目的そのものであり、長引かされなくてはならないからだ」。[*29] 電話がうまく機能しないとき、私たちはそれが伝達の媒質であることに気づく。その逆もまた真である。コミュニケーションが起きている媒質を指摘することは、コミュニケーションを中断させることである。〔本書を読んでいる最中のあなたは〕このページ上に記されている黒い印が、ページの縁辺から、白紙の余白で分離されていることに気づくだろうか。

エコミメーシスが環境を指し示すとき、それは内容の水準かもしくは形式の水準で、中間的な機能を果たす。接触が内容になる。エコミメーシスは、議論の流れや語られる出来事の連鎖の流れを中断し、行為の「まわりに」ある雰囲気や、哲学者が書いているところである環境か、書くことの対象となっている環境を、私たちに意識させる。内容としては直接にはエコロジカルではない前衛的で実験的な芸術作品は、形式において環境的だが、なぜならそれらには中間的な要素が含みこまれているからだ。即興音楽グループAMMのギタリストであるキース・ロウは、マーク・ロスコの絵画に「意図的ならざるもの」（静寂を言い表すための彼の術語）が含みこまれていることについて語っている。意図的ならざるものは、色の震えを漂わせているロスコの巨大な四角形をとりまくある種の雰囲気を発生させる。[*30] モーリス・ブランショは、芸術のこの特質がはじめて生じた瞬間を、ロマン主義の詩における *désœuvrement*（「無為（unworking）」）と彼が呼ぶものにまで探し求めた。[*31] この無活動状態は、アンビエントな詩の自動化された感覚を説明するものである。つまり、「発見された」質感であり、それは「ただそれだけで」作動するかもしくは「どこからともなく現れる」

という感覚である。

「私が書いているとき」（鳥が鳴いていて、草が生えている）は中間的な言明である。文字通りそうなのだが、中間的なものはつねにある程度は書かれたものであり、その次元は、私たちが読んでいるページである。こう考えることは、読むことの起こる次元は書かれることと同じであるという幻想を強化する。つまり、読者と著者は同じ次元に、同じ場所にいる、という幻想である。この次元を自覚できるようになるのは、その透明性が、くどくて途方もないエコミメーシスが論述へとつけ加えられることで妨げられたからである。「しているとき」は、「して以来」と「するとき」のあいだに位置する。すなわち、時間の区切りと論理的なアナロジーを指し示すもののあいだに位置するが、これが修辞の一つの水準から次の水準へと私たちを誘う。私たちはアンビエントなエコミメーシスという温かい湯の中に入る。

ここで拗れが起こる。中間的な言明によって指し示すことのできるメディアの一つが、声か書くことそれ自体の、まさにその媒質である。音楽の音は、たとえばバイオリンという媒質によって聴くことができるようになるので、中間的な音楽の一節を聴くとき私たちは音の「バイオリンらしさ」つまりは音質を意識するようになる。したがって中間的なメッセージの内容の一つは、この意味でいわれる媒質でありうる。これが、私たちが雰囲気もしくは環境としての媒質――背景もしくは「場」――と物質的な事物としての媒質――前景にあるなにものか――とのあいだに私たちが設ける通常の区別を掘り崩す。一般的にいうと、アンビエント詩学は、背景と前景のあいだの通常の区別を掘り崩す。

中間的な言明には、音質という意味でのメディアが含まれうる。このことゆえに私たちがノイズと考えるものと音楽と考えるもののあいだの境界をまさに無効にしようとする実験的なノイズ音楽は、音質（timbre）に関心を寄せる。ケージのプリペアド・ピアノは、ピアノの物質性に気づかせてくれる。すなわち、それは硬い木の箱の中でピンと張られた、振動する弦でできているという事実に気づかせてくれる。この機能を果たすのは、ピアノへと付加されるものとしてロマン主義時代に発明されたサスティーン・ペダルである。逆に、音の持続する振動や持続低音は、振動が起きているところである空間に気づかせてくれる。アンビエント・ミュージックには、音響効果（鳥の声や波）をもちいて環境の像を表現することや、持続低音や残響音や反響の鳴り響く中、私たちが座る空間を気づかせることができる。具体音楽の対象や素材は音質である。言語芸術にも同じことができる。レヴァトフの「読者へ」の最後になっても、「暗黒の頁」に何が書かれているのか、私たちにはわからない。それらは視覚的に暗いというだけでなく、不明瞭である。私たちは書物を、物質として、紙とページとして、ターンにある物質的なリズムとして、意識するようになる。ターン（イタリア語でいう*volta*）は、ソネット（一四行詩）における思考が転じ始める、ソネット上の瞬間である。それはまた比喩的表現であり、修辞的な転換でもある。それはルクレティウスのいうクリナーメンであり、世界の生成をもたらすことになる粒子の転換や逸脱である。レヴァトフの「転換」は、比喩表現をすることやターンの観念を物質化する比喩表現であり、ある観念から別の観念への変更、否定の観念を物質化する比喩表現である。
ソローの『森の生活』では、遠くで鳴り響く鐘の音が、それらが反響しているところである雰囲気を思い起こさせる。

あらゆる音は、最大限の距離をへだてて聞くと、まったくおなじ効果を生み、宇宙の竪琴《リラ》の振動音となる。これはそこに介在する大気が、遠くの山並みを空色に染めて、見る者を楽しませてくれるのに似ている。そのとき私に伝わってきたのは、大気に漉され、森のあらゆる木の葉や針葉とささやき交わしながら届いた旋律であり、自然の力がとりあげて、調子をととのえ、谷から谷へとひびかせてくれるあのこだまだったのだ。こだまとは、ある程度まで独自性を有する音であって、そこに魔力と魅力がある。それは鐘の音のなかでもくりかえす価値のある部分をくりかえしているだけではなくて、森の声——森の精が歌う、いつもの他愛ない歌詞や調べ——を含んでもいるのだ。[*32]

この注目すべき一節で、ソローはアンビエント詩学の中間的な性質を理論化している。「漉される」「大気」「旋律」といったことが全て音楽の同義語であることに注目されたい。ソローは音楽がいかにして「濾過される」かを描き出している——それは、音波を電気的に濾過するシンセサイザーの登場以来、常識になっている。こだまは、鐘と人間の耳のような事物のあいだに入ってくる空気のような媒質だけでなく、振動する木のような媒質が存在することの証拠である。だが私たちは、こだまする音の「根源的な」質に関して、ソローと同じほどには確信をもてないことを理解するだろう。こだまは、真正なものと現前するものについての考えを掘り崩す。

音質（The *Timbral*）

音質は、音の記号的な意味というよりはむしろ、物として発せられている音にかかわる。「timbral」はtimbreに由来する。すなわち、「音をつくりだす特定の声や楽器にもとづく、音楽や声が発する音の性格や質感（その揺れや強度とは区別される）である」[*33]。音質は、鳴子のないドラムや鐘のような特定の打楽器をそもそも意味したが（これと関連するのが「タンバリン」である）、後期ロマン主義とヴィクトリア朝時代あたりになると、音が私たちの耳にぶつかり耳を打つやり方を記述するようになった。音質は、ギリシャ語のtympanonに由来する。ドラムのピンと張られた膜、さらには鼓膜も、余白のようなものとして、内側を外側から分離し、叩かれるときには反響音を生じさせる。印刷機にあるチンパン（tympan）は、印字が正確に行われるのに十分なほどにまで紙が平坦であることを保証する。このドラム、この余白は、内にあるのか、それとも外にあるのか。デリダは、この示唆的な用語が、内側と外側を正確に区別することの難しさをいかにして示しているかを論じてきた[*34]。

音質のある声は、肺、喉、唾液、歯、頭蓋骨の反響音とともに明瞭になる。つまり、バルトのいう声の粒子である。[*35] デリダの理論でいわれる超越論的な「声」とは違い、この声は、それが物質的に具現化された状態を除外しない。ラカンのいうララング（llanguage, lalangue）は、おしゃべりで得られる享楽の、無意味な変動である。[*36] この無意味な変動は、完全なまでに物質的な空間（つまりは口）について私たちに考えさせる。[*37] 子守唄のおかげで赤ちゃんはなんらかの特定の言葉というよりはむしろ両親の声の音を聴くことができる。もっとも強力なアンビエントな効果のうちの一つが、この音質のある声の表現である。私たち自身の身体は、私たちに出会うことのできるもっとも不可解な現象の一つである。いちばん身近なものがいちばん不可解でもある。私たち自身の喉の見た目と音こそがそうである。したがって音質のある言明はきわめて中間的であり、それらを発する媒質を喚起する。そして中間的な言明には音質があり、言語の物体性と物質性を指し示す。これはきわめて環境的である。ギターの調べは、それが作り出されることの源にある、木のことを思い起こさせる。音質と中間的なものは同じことを記述する二つの方法である。この原則は、底においては前景と後景は絡まり合い以上のものになっていると主張する。

マルティン・ハイデガーは、私たちは音をけっして抽象的なものとして聴くことはないと主張している。そうではなく、私たちは物（ハイデガーにとってはきわめて含蓄のある言葉）が音を発するやり方を、動詞のほとんど能動的とでもいうべき意味において、聴いている。私たちは、「煙突のなかで暴風がひゅーひゅー鳴っているのを」聞き、ドアの中にある風の音を聞き、原野を横切って猟犬が哀れに吠えるのを聞く。[*38] ハイデガーにとって、「純粋な」トーンそのもののようなものは存在しない。ここに逆説がある。私たちが探求してきた知覚現象には、物質的な実在性がある。それらは、力の場をも含めた物からは切り離されない。正弦波のような、「純粋な」トーンとして考えられているものですら、物質（たとえば電気回路）から生じており、さまざまな物質とエネルギーの場によって増幅され伝達されている。ハイデガーにとって、「純粋な」音という観念は、感覚的なものの多数性としての物の観念（事物が感じられ、触られ、吟味されることの混合体）に由来する。「諸感覚によって受容可能なもの」としての「アイステートン」である。[*39] だがこのような考えると、主観的な経験以外にはなにもないと言ってしまいかねない。だが、現代の芸術と理論は、純粋なトーンを相手に実験している。私たちは、芸術におけるまったき音や色の使用を指摘することができる。イブ・クラインとデレク・ジャーマンの青の使用は極端な例である。クラインの純粋な青のキャンバスは多くのギャラリーで展示されている。彼はインターナショナル・クライン・ブルーについて、群青色の度外れな宙吊りについて書いている。「イブ・クライン・ブルー、それは物質における精神である」[*40]。私たちにはさらに、精神分析と文学理論におけるまったき音や色の解釈を引き合いに出すことができる。[*41]

私たちが自然を環境として考えようと、他のさまざまな存在者（動物、植物、その他）として考えようと、いずれにしても自然は、主体かもしくは客体へと分解されていく。自然をまさにそれが現れているところにおいて——あいだのどこかにおいて——維持するのは、きわめて困難であるというだけでなく、おそらくは不可能である。その困難は、元素というような観念によって解決されてきた。元素は、周期表の上で特定の原子になる以前には、私たちが通常「主体的なもの」と「客体的なもの」として分離しているものにある多様性を備えていた。元素の哲学は現象学ときわめて類似している。私たちはいまだに詩文を流体として描き、修辞を火や土のようなものとして描いている。元素的な用語で思考することは、事物にはなんらかの内的な質があると考えることである。水なるものは、水と呼ばれる事物の表面へと単に「塗られている」だけではない。水は徹底的に水のようなものである。これらの用語は、次第に純粋に主観的な意味を持つようになってきている（この部屋は乾燥しているように感じられる、私はアツくなりやすい）。音質とトーンのように、元素的なものは、「環境的」でもある「事物」を描くやり方である。それは実体的だが、周囲をとりまくものでもある。古代の元素（火、水、土、空気）は、身体にかかわるだけでなく、雰囲気にかかわるものでもあった。

風音（*Aeolian*）

風音は、アンビエント詩学が主体や作者がいなくても続く過程の感覚を定着させるのを、確実にする。風音にははっきりとした源はない。「どこからともなく聴こえてくる（acousmatic）」音はたとえば、見ることのできない源から生じてくる実体のない音である。それは「どこかわからないところ」からやってくるし、それが聴こえている空間と密接につながっている。映画のナレーションについて考えてみよう。それはスクリーンに映し出される像のどこかにおいて発生するのではない。

映画的な「演出」は、映画館内（とりまく音）を充たすために、どこからともなく聴こえてくる音をもちいる。まったくの沈黙よりはむしろ、特別な場所の特定の音の形態が再生産される。映画の表面には見えることのないジェット機が頭上を飛来するものとして現れてくる。登場人物が彼もしくは彼女の砂漠での経験を思い出すのを私たちが見るとき、揺れ動く砂の砂漠の、あたりをとりまく静寂が聞こえてくる。実験的な音楽は、大音量のスピーカーから発生する、どこからともなく聴こえる音の実例を含んでいる。録音された音を聴く日常的なテクノロジーもそうである。「録音機器の真の脅威は、声にとって代わるその性能ではなく、その人自身の声にとって代わるその性能に由来していた」[*42]。

詩では、語り手がコントロールしなくても、あるいはコントロールしているのにもかかわらず、イメージが発生しているように思われることもある。『カスカディア』の「地質学」と呼ばれている詩で、ブレンダ・ヒルマンは言語詩（L=A=N=G=U=A=G=E）の実験を試みるが、それは地質学的な時間をつうじたカリフォルニアの描写を依存症の克服の説明へとモンタージュしたものである。どの層が重要であるかを決定するのは不可能である。各々の層は、意識的な主体が入ってくる余地を最小化する。地質学と比較していうと、依存症とひきこもりは、長く続くことになるはずの強烈に物質的な過程である。詩の形態は、形態学的な配列と戯れることによって、その物質性の度合いを高めていく。余白ではしばしばなにかが進行していて、私たちの読む眼差しが及ぶのを逃れていく。一つの隠喩が別の隠喩へと、意表を突くように、語呂合わせのようにして混ざり合っていくが、そのために、地質学的な形象を用いて言うなら、そこでいかなる現実の水準が鉱床であるかを決定するのが不可能になる。

セレスト・ランガンが、ウォルター・スコットの長い物語詩である「最後の吟遊詩人の歌」に関して論じたように、私たちが詩を読むとき、一定の視聴覚的な幻覚が発生する。*43 風音の現象は必然的に共感覚的だが、共感覚が全体論的なパターンを現れさせることはないだろう。私たちには発生源を直接には知覚できないので、具現化されることのない出来事がかかわることのない私たちの感覚器官は、異なるさまざまな現象に占められることになる。これが現代のサウンド・アートの意味するものだが、つまり、通常の音楽とは異なるものと考えられる作品をつくっている。サウンド・アートはときどき、長らく視覚芸術のためのものとされてきた場所で演奏される。これらの環境では、音楽家や音楽はあまり重視されていない。どこからともなく聴こえてくる音は、美的な没頭よりはむしろ気散じの状態へと私たちを導いていく。これは不可避のものではない。共感覚からは、没入型のワーグナーの形式よりも魅力的な総合芸術の形式が発生しうる。

発生源が不在の音という考えは、音響のエコロジーの提唱者からの攻撃にさらされてきた。一九六七年にサウンドスケープという言葉をつくったR・M・シェーファーは、それをスキゾフレニアと呼んだ。音響のエコロジーは、身体性がなくなることを、現代の疎外の特徴とみなして批判する。他のロマン主義の形式と同じく、音響のエコロジーは、対面的な接触の有機的な世界を希求している。そこで事物の音は、それが感覚へと現れそして特定の自然の概念へと現れてくるやり方に対応している。風音は不安を喚起するが、なぜならそこにあるのは曖昧な発生源と完全に不在の発生源のあいだでの揺れ動きだからである。もし発生源が曖昧であるなら、現象は私たちの世界に存在している。私たちはそれをとらえるには、自分たちの知覚を拡張する必要がある。それはツヴェタン・トドロフが超自然的な不気味さと呼ぶもののようなものである。最終的には説明することのできる、普通ではない出来事である。[*44] だがもしも発生源がまったくないなら、現象は私たちの世界には存在しない。これはトドロフのいう超自然的な不思議と近似している。したがって私たちは、超越論的な経験と精神病的な経験のあいだでの選択に直面している。ほとんどのエコミメーシスは、発生源がただ曖昧であると私たちに納得させようとしている。そうであるならば、私たちはただ耳と目をさらに拡げていくべきであるということになろう。だがこの曖昧さは、つねによりいっそう恐るべき空虚に支えられている。なぜならまさにこの空虚が、エコミメーシスにその神聖なる強度を――「静かにして、聴きなさい」と勧告するときの口調を――授けるものだからである。演出の幻想のまさにその深奥でも、幻想そのものを私たちが受け入れることの支えとなる空無が存在している。

トーン――強度、静止、中断

アンビエンスは、芸術作品における、空間・時間の連続体の拡張である。この拡張は、時間が停止するところにまで及んでいく。これを探究するために、トーンの観念を、それがアメリカの高校で被っている無様な末路から救い出そう。トーンは、悪名高いほどにまで日常的な言葉である。そこにはどことなく低俗なものがある。それはあまりにも感情的で、即物的である。それを仔細に検討するとき、トーンはいっそう精妙なことを意味するようになる。それは振動（Vibration）の質感に関連する。トーンは、弦や筋組織（筋肉の調子）にある緊張や、一定の張りを意味している。それはさらに、意義深いことには、場所の観念に関連している。すなわち「エコトーン」であり、エコロジカルな移行の起こるゾーンである。美学においてそれと近似するものを求めるとしたら、たとえばアレクサンダー・フォン・フンボルトがいかにして異なる芸術が異なる気候から生じてくるかを記述するときに用い、イマヌエル・カントが崇高なものを分析したときに用いた、ドイツ語の「気分（*Stimmung*「気分」「適合」）」である。[*45] トーンは、このつかみどころのない言葉である雰囲気を、物のようなものとして説明する。マルチメディア、音楽、視覚芸術は、道具および素材としての雰囲気と戯れている。そこには、一八世紀における感性の文化にまで遡る環境にかかわる文章、さらには詩の諸形式との文字通りの類比関係がある。[*46]

トーンは便利な言葉だが、なぜならそれは身体と環境の両方を、曖昧に指し示すからである。というのも、「身体」（現代の芸術と理論でとても頻繁に呼び出されているものとしての身体）は、普通の通俗化されたデカルト哲学の意味で、環境であるからだ。人が家に住んでいるのと同じく、「私たちは身体に住んでいる」。環境芸術は私たちに、私たちの耳の存在を意識化させるだけでなく、雰囲気をも意識化させる。だがそうすることで、それは現象学の哲学のように、私たちを通俗的なデカルト主義から遠ざけていく。知覚するものと知覚されるものの連関は、モーリス・メルロ＝ポンティの哲学において重要な主題である。[*47] イギリスにもその系譜はある。ロックの経験論は、現実は知覚する人が異なれば異なるだろうと主張する。[*48] 一八世紀の後期には、真理を身体に宿らせた感情性の言説が、アダム・スミスの『道徳感情論』で倫理へと展開されたが、それは新しいものの進化を意味した。[*49] 共感覚的な芸術作品は、私たちが中心に位置づけられていて、特定の場所に位置していて、「身体」に住んでいるという感覚をまさにそのどまんなかから混乱させる。私たちの感覚は撹乱される。私たちは、私たちの眼差しが「あちら側」にあり、私たちの聴覚が私たちが座る部屋の「外側に」あることに気づく。

身体的な過程は循環的である。緊張と弛緩の高原状態と停滞状態が、時が経過する間に訪れる。エコミメーシスの物語的な側面は、トーンを発生させる。とりわけ、これはエクフラシス（descriptio、つまりははっきりとした描写）の強い形態である。語り手が「これを描き出す」と述べるとき、エクフラシスが存在する。それはしばしば視覚的な形をとるが、伝統的にはエクフラシスは感覚的入力をも具体化できるので、私たちのマルチメディア時代にふさわしいものになる。[*50] はっきりとした描写は、語りの時間を遅くするか中断する。時系列のなかにある語りの出来事である話の筋（plot）と、語り手が出来事を語るところの秩序のなかにある出来事としての物語（story）を区別しよう。話の筋では、出来事Bが、五秒の中断の後に出来事Aに続いて起こるが、物語では、『イリアス』の終わりでの戦争にかんする熱烈な記述がつづくところでホメロスがアキレスの盾に関しておこなう記述のように、エクフラシスが割り込むようにして挿まれ、読者はそれを読み通すのに何ページをも費やすことになる。読者に及ぶ効果は、語りの時間が停まった状態で保たれる、というものだ。語りでは、話の筋の時間（おそらくは「現実の時間」の中で起きていたときの出来事）が物語の時間（語られていたときの出来事）から大幅に逸れていくとき、中断が起こる。

一九世紀の二〇年代、トーマス・ラッフルズ卿は、インドネシアのガムランの反復的な音楽を満喫したが、レオンハルト・ホイジンガはのちに、「それは月光が農地へと溢れかえるような「状態」である」と宣言した。[*51] クロード・ドビュッシーのような作曲家たちは、パリの万国博覧会（一八八九年）での登場以来のガムランから学んだことをみずからの作曲に取り入れていったが、それにともない静止した音は当時の音楽の基本になった。静止は、音楽的な休止において、音の一つの層が別の層よりもゆっくり変化するところにおいて、聴かれるようになる。ディスコの音楽が踊る人たちにダンスフロアで停まらせるのはそれが反復的なビートを発するからというだけでなく、AからBへと展開するのではないが解消されるのでもなく「あいだ」においてとどまるような宙吊りのコードを響かせるからだ。これは見せかけの問題でしかないということになりうるが、視覚芸術においてもそうである。反復は、それ自体が差異の相関物なので、ファンクからディスコへ、ヒップホップへ、さらにはハウスへという進展においては、スイートスポットを目指して、リズミカルな空間で炸裂する宙吊りのコードを目指して、基本的なブルースの構造をいっそう掘り下げていくことが可能になった。トーンとは、四小節のブルースの第三節のうちのどこかにあり、いつも消滅の間近にありながらけっしてそうはなることのない、このスイートスポットの別名である。

このようにしてアンビエンスは時間の次元に入り込む。トーンは、それがリズムであろうとイメージであろうと、量の問題である。厳密に言うと、振動の振れ幅である。同じことを繰り返すリズムの図式は詩のエネルギーの水準を増大させるが、それはちょうど、大半の反復されるビートと同じである。リズムの図式は複雑だがリズムの構造はあまり反復的ではないとき、文章は「いっそうクールなもの」になる。文章はまた、トーンを発生させるために、消極的な（negative）リズムを用いる。音や文字の不在は、それが存在しているときと同じくらいの効力がある。節のあいだにある狭間や、行配列の崩れのようなものは、まったくの空白状態からトーンを生じさせる。映像的なものにおいても、トーンは量的である。それはかならずしも、いかなるたぐいの映像であるかということではなく、どれほどの映像であるかということの問題である。言葉が成句になって現れるように、映像はまとまりになって現れる。換喩的に列挙することで、圧倒的なトーンが発生する。リズムの場合と同じく、消極的な映像が、つまりは陽否陰術（apophasis）のようなものが、ないというあり方でなにかを言い表すものが、存在する。否定神学は、神は巨大ではないし小さくもないし白くもなければ黒くもなくここにもあそこにもいないと主張する……極端な否定性は、省略記号（…）や沈黙において存在している。よりいっそう極端なのは、マラルメが行っているように、言葉を消去することである（あるいはハイデガーの~~存在~~のことを考えてみよ）。消去された言葉をどうやって発音するのか。その空白は私たちに、書かれた図像としての単語に、それが書かれている紙に（そして語られることのないものの静寂に）注意を払うよううながす。絵画では影が、音楽では静寂が使われていることを考えてみよ。ケージは静寂の任意の量を、通常の音楽的な楽句とまさに同じ長さで楽譜化したが、そのことで演奏者は、静寂を自分なりのやり方で調整できるようになる。

文章は、なにかないものとして描き出すことで、それを記述することができないところを言葉で占めることで、陽否陰述に自己言及的なねじれを生じさせるが、このねじれは、なにかを記述する私たちの能力をどれほどまでに言葉が駄目にしているかということへの不平不満に由来する。この否定的描写は、アンビエント詩学ではとりわけ重要である。アンビエンスは背景を背景として喚起するので——背景を前景へと引き出すならば、それを解体することになるだろう——それは遠回しで斜交いの修辞戦術を頼りにせねばならない。否定的なエコロジーが、否定神学のように自然をより適切に記述すると考える学派が存在する。私は、否定神学はいまだに形而上学に苛まれているというデリダの見解に、納得している。[*52] 環境の否定的な詩学もまたこれらの徴候に悩まされているかもしれない。[*53]

崇高にかんするカントの見解は、本書のこの節のための最大限の事例である。それはバークの見解よりもすぐれたものだが、というのも、バークは崇高なものを心的な経験ではなくてむしろ実際に存在している事物において喚起するからだ。超越論的な観念論者であるカント自身がアンビエントな詩を読解するための道具を提供するとしたら、唯物論や経験論に傾いている人には、それと同様のことをどれくらいできるだろうか。ネイチャーライティングの説得力の要因は、その徹底的なまでの分量にある。尽きることのないささやきや走り書き、燦めく色彩、煙のようにして発される匂いといったものを喚起する言語にもまして自然を喚起できるものがあるとしたらそれはなにか。この言語は、全ての信号がその強度において等しくなっているところとしての平原をつくりだす。そこはまた、静寂であるのかもしれない。消極的な量、つまりは「あちら側にある」なにものかの欠如は、まったき空間の感覚を呼び起こす。カントの用語で言うと、私たちの心は、そこにはないものを想像する力を認める。「崇高とは、そのものを考え得るということだけでもすでに感官のいかなる尺度をも超過するような心的能力の存することを証示するところのものである」[*54]。カントはこれを、量をめぐる旅へと私たちを連れ出すことで論証する。すなわちそれは、樹木の高さから山の高さを経て地球の大きさに向い、そして最終的には「無数の銀河系」に至る旅である。[*55]崇高は、心を外的世界から内的世界へと移送する。

消極的な量は、現代芸術の強力な道具になっただけではない。現代のイデオロギーの強力な道具になった。たとえば、ナショナリストの儀式で沈黙が活用されていることを考えてみたらいい。これこそがまさしく慰霊碑を、つまりは無名戦士の空虚な墓を説明してくれる。ケージ以前には、終戦記念日における二分間の黙祷は、その始まり以来、イギリス人たちに彼らの国の死者たちのことを思い出させるラジオ放送として目論まれていた。作曲家のジョンティ・センパーは最近、ＢＢＣ

で放送された二分間の黙祷の、全ての利用可能な録音を結合し、ニュース映画の「シュー」という音、鳥の呼び声、機関砲の発射音、雨の音を加えて完成させた。[*56] ニューヨーク市のグラウンド・ゼロのためのコンペで勝ったデザイン案は「不在の反省(reflection of absence)」と名付けられている。

省略やそれとは別の効果によって示される消極的な量は、文章の中にある示唆に富む輸送点であるが、主体がそこへと移動するのを可能にするものである。ロマン主義のボヘミアンな消費主義者であるトマス・ド・クインシーは、彼自身の精神的・身体的な強度の実験を、アヘンを摂取して試みた。ド・クインシーは、読者(あるいは聴取者かダンサー)の観点からみてトーンがいかにして静止をもたらすかを、理論化している。静止は、たんなる中断や停止ではない。それはむしろ、特有の強度をもちつつ場所の中において留まることである。そこでは「さほどのことは起きていない」が、これはまったく情報がないというのとは同じではない。私たちは、身体感覚のことと今へと投げ出されている。ハーバードの無響の部屋の中で、ケージは自分の身体の音があたかも増幅されていたかのようになっているのを聴いていた。[*57] このような気づきの高まりは、ド・クインシーが括弧(parenthesis)や切分法(syncope)と呼ぶものにおいて起きている。[*58] 切分法はふつう、省略形を表し、もっと稀には意識の喪失を表しているが、ド・クインシーはこの言葉を実験的なものにしている。[*59] 括弧はいつも成句や文を別のそれの中に置くが、ド・クインシーはこの言葉を、トーンの観念に向けて、高原や休止に向けて、ワーズワースが「原体験(spot of time)」と呼ぶものに向けて拡張している。

再-刻印（*Re-mark*）――「私にはそれが芸術でないとは信じられない」

私たちは一般に、ある特定の種類の媒質を背景であると考える。アンビエントな空気感や電磁場、文章が現れるところである紙である。私たちが音質のあるものとして探究している別の種類の媒質は、前景として現れる。状況において具現化されていない風音は、「背景から」鳴り響くが「前景において」現れる。風音的な出来事とともに私たちは、背景と前景が一方で崩壊しつつ他方では存続しているという逆説的な状況を経験する。

私たちは、エコミメーシスの基礎であるアンビエント詩学の根本的な諸特性に、接近している。背景と前景は、ここと あそこのあいだ、これとあれのあいだの区別に基づいている。音楽が前景にあるもののようにして現れているあいだ、私たちは「背景のノイズ」について語るが、それは明白な政治的および歴史的な関連性を示唆している。[*60] BGMやとりわけアンビエント・ミュージックは、前景と背景のあいだの通常の差異をないものにしようとする。風音は、私たちが精神を集中させていくことのできる知覚の出来事と、私たちをとりまくようにして現れるがその質感を失わずに感覚器官の「前へ」直接にはもたらされることのない出来事の違いをないものにしようとする。最近の神経生理学は、視床下部にあるアルファ7受容体が前景と背景の音のあいだの区別を可能にすることを示唆してきた。この受容体をつうじた神経伝達における破損は、普通は背景にあるものとして考えられている音の発生源（ラジエーターやエアベント）から生じるものとして声を聞く（前景の出来事）という統合失調症的徴候の原因になると考えられている。*61

アルヴィン・ルシエの『私は部屋で座っている』（一九七〇年）は、前景と背景が揺れながらもつれ合うところに生じる質感を、強烈に示すものである。*62 部屋で話している声が、前に録音された各々の声が同じ部屋で再び録音されるというようにして、繰り返し何度も何度も録音される。ルシエが読むテクストはこの過程にかんするものである。それは中間的である。しばらくののちに、録音は部屋の反響音を拾い上げ、話している声の音によりそれを増幅させ明瞭にし、フィードバックさせる（同様に、一般に増幅器のフィードバックは伝達のための技術的媒質の音を私たちに聞かせてくれる）。私たちは言葉を失うが部屋の音「そのもの」を得ることになる。私は「そのもの」と引用符で示しているが、私たちが気づくことになるのは声と部屋が互いに規定しあっているということだからだ。一方が他方に先行するのではない。作品は、言葉と音楽のあいだの、音楽とまったき音のあいだの、そして詰まるところは音（前景）と雑音（背景）のあいだの揺れ動く余白に位置している。事後的に、私たちは、過程のそもそもの始まりから部屋が声において現前していたことを知ることになる。声はつねにすでにその環境において存在していた。「私は部屋で座っている」という声が、部屋のなかに座っている。声「そのもの」の音が部屋「そのもの」の音へと転調する移行点は存在しない。声は部屋へと向けられているが、それは音源が媒質へと向けられるようにしてではなく、鐘の舌《ぜつ》の部分が鐘の外身へと向けられているのと同じようにしてである。それらはつねに互いへと含みこまれている。この芸術は、少なくとも、鳥や木について書かれたものと同じくらいに環境的であるが、なぜならそれは実際の環境（とその感覚）を完全に演出するからだ。私たちには容易に、視覚においてこれに相当するものを考えることができるが、それはたとえば、環境的な彫刻のようなものである。アンディ・ゴールズワージーの作品は、それが置かれている場へと次第に溶け込んでいく。[*63]

美学的、さらには形而上学的な区分は、内部と外部の区別を意味している。[*64] 私たちにはこの区別が形而上学的なものであることを確信できるが、なぜなら私たちが本当に取り組んでいるのは、（前景と背景という）二つの側面へと別れている媒質（*medium*）の観念であるからだ。媒質はこの分割に「先んじて」存在すると主張しないよう注意しなくてはならないが、なぜなら媒質の観念はまさにこの（「こちら」と「あちら」のあいだの）分割に基づくからである。現実は「不一不二」という仏教の言葉がある。二元論的な解釈はきわめて怪しい。だが、一元論の解釈もそうである――二元論的な概念の下側には（単一で独立していて永続する）「もの」は存在しない。さもなくば、アルヴィン・ルシエには「私は部屋で座っている」を作曲することができなかっただろう。

背景と前景を分離する裂け目はどのようにして生じるのか。芸術には、それを産出する装置がある。ジャック・デリダは、『散種』と『絵画における真理』のような著書でそれをあざやかに分析した。彼はそれを再-刻印（*re-mark*）と呼ぶ。[*65] 再-刻印はアンビエンスの根本的な特徴であり、その基本的なふるまいである。再-刻印はこだまのようなものである。それは、（意味のある）印が現前しているところにおいて私たちが存在していることを意識化させてくれる、特別な印（あるいは一連の印）である。この頁に書かれている文字と、泥をぐちゃぐちゃに混ぜ合わせたものをどうやって区別するのか。あるいは、絵の具を混ぜ合わせたものと画布に描かれた「すばらしい」作品をどうやって区別するのか。雑音と音、画像と文字、なんの特性のない匂いと意味のある香りをどうやって区別するのか。あるいはさらに微妙なこととして、音を立てる鐘の外身と、鐘の舌《ぜつ》をどうやって区別するのか。[*66] 実体と属性をどうやって区別するのか。再-刻印は空間と場所を区別する。現代生活においては、この区別は客観的な（空間の）現象と主観的な（場所の）現象のあいだにある。[*67] 私がエコロジカルな言語について教えるときにはいつも、少なくとも一人の学生が、場所は、人が外部を参照せずに「空間」からつくりだすものであると主張する。場所は、それが外的なものであるときであっても、人びとが行い、あるいは構築するものであった。つまりかつてもそうだったように、誰かへと起こる空間である。学生の反応がこわばったものであろうと、私はここで、主観的なものと客観的なものは、互いに髪一重で（もしもそのようなものがあるとしたら）隔てられていると示唆する。再-刻印の幻影的な戯れは分化されていない基底からそれらの差異を確立する。

T・S・エリオットの詩では、外にあるもののイメージがじつは主観的な状態に対応する「客観的な相関」であるということを、どうやって認識するのか。きわめてかすかな明滅が生じている。再-刻印は「客観的な」イメージを「主観的な」イメージへ切り換える。再-刻印はミニマリスティックである。場所の質感を示唆するのにさしたるエコミメーシスを要しない。ソローのウォールデン湖のような場所から現れる主観的な価値は、文章にあるわかりやすい信号からだけでなく、ほんのわずかな信号から発生する。再‐刻印を識別するということは、次の問いに答えることである。すなわち前景と背景を区別するのに、空間と場所を区別するのに、文章はどれほどまでにわずかなものしか必要としないのか、という問いである。

現代アートがこのような区別に挑戦しようとしているのはわかりきったことである。だが再‐刻印は、もっと広範に生じている。再‐刻印は、チャーリー・ブラウンの漫画のユーモアの背後に潜んでいる。鳥のウッドストックが話すとき、私たちは彼がなにを話しているのかを理解しないが、彼が話し
ていい
るとい
うこと
を理解している。なぜなら、彼の頭上で小さくぐちゃぐちゃと書かれたものが、吹き出しの中にあるからだ。この吹き出しが再‐刻印の役回りを果たし、これらのぐちゃぐちゃ書かれたものがなんらかの特定できないあり方で意味のあるものになっていることへと私たちの注意を向ける（ウッドストック・フェスティバルの後に現れたウッドストック本人は、スヌーピーの庭の芝生の「上にある」自然世界を体現しているかぎりにおいて、本書の主題に接近している）。

ゲシュタルト心理学は、地と図が互いを伴い合うというようにして（顔と燭台の幻覚が古典的な例だが）それらのあいだの厳密な区別を保持しているが、それらを同時に図として見たり地として見たりするのは厳密にいって不可能である。再‐刻印は非連続的な出来事である。再‐刻印の水準で起こることは、量子力学で、つまりは極小の水準で起こることに類似している。これは難解で神秘的にすら聞こえるが、本当に私はこれを率直な意味で言っている。再‐刻印の発生は「一回かぎ

りの賭け」である。量子力学では、選択は、波と粒子のあいだにおいてみずからを提示する。私たちは事物を、波か粒子のいずれかの方法で測定するが、同時に二つの混合として測定することはできない。[*68] 測定が起こるまでは、双方の可能性が互いに積み重なっている。現実はこの「瞬間」(たとえこの言葉が量子の波の縮減の後になって初めて意味をもつことになるのだとしても)において、一連の蓋然性でしかない。

波と粒子の双方の結合として存在している特別な実体があるなどと主張することはできない。波と粒子の区別の下方にはなにもない。同じことは再 - 刻印についても言える。内部と外部の区別は構築されているか、あるいは構築されていないかのどちらかである。後者の場合には、区別は別の日に、別の場所において、現れるだろう。再 - 刻印の水準は基本的には定まることのないもので、そこでぐちゃぐちゃ書かれたものはただぐちゃぐちゃ書かれたものかもしくは文字になる。内部と外部のあいだの(明らかに人為的な)境界のごく近くまで接近したところで、そのあいだにはなにも発見されない。これは数学的な逆説と関係がある。点が集合の境界上にあるかどうかを(アルゴリズムを使用して)前もって確証するのは、それがきわめて単純なものであっても、不可能である。「それぞれ数字0・9999……と1・0000……を生成する二つのアルゴリズムを想像しても、9と0が際限なく続き、したがって、二つの数が等しいのか、それともやがてなにか別の数字が現れて二つの数が等しくなくなるのか、をわれわれは知りえないかもしれないのである」。[*69]

アンビエントな修辞がすばらしいのは、逃れ去る一瞬のあいだ、なにかがあいだにあるかのように見せるからである。ウィリアム・ワーズワースをミニマリストと呼ぶジェフリー・ハートマンは、文化にかんする彼の著作で、ワーズワースの自然観を内省的な空間として賞賛している。「自然の空間性のあるアンビエンスが大切にされているとき、それは物理的で精神的な自由を可能にしてくれる。それは思考と心的外傷性のない（つまり比較的強制的ではない）成長にとって大切な外の部屋である」[*70]。この「外の部屋」はアンビエントな修辞の帰結である（そしてそれは、温和な気候という考えへの愛着感のようなものである。もしも凍えて死ぬのであれば、心的外傷性のない成長は可能ではなくなる）。だからといって、アンビエンスが物理的な事物に具現化されていないというのではない。アンビエントな修辞はたとえばありふれた郊外の芝生に現れているが、それは住宅の内部の延長として機能し、絨毯と見なされている[*71]。実際に存在している空間には、アンビエントな質感がある。そうでないなら、現代建築の特定の形は可能ではないだろう。

　余白（フランス語では ***marge***）は、境界か縁《へり》を意味し、したがって「海辺」を意味する。実際のところ、現在の産業政策が野放しのままであるならば、サンゴ礁のような空間や、両生類のような境界的な種は、消滅の危機へといっそう陥るだろう。だが再‐刻印の論理のおかげで、これらの空間は、私たちの頭の外にあろうと内にあろうと、根本的には幻影的であるものを含んでいる。ここで私はこれらの余白を維持しようとしている。喫緊のこととして、私たちにはこれらを「あいだ」として考え続けることはできない。私たちはこれらを人間の社会実践の側へと入れていくことを選び、政治的および倫理的な決定にかかわるものとして考慮にいれることを選ばなくてはならない。

ブリュノ・ラトゥールが述べているように、「政治哲学は、今までは別の世界と見なしてきた環境を内部化せねばならないという要請に直面していることに気づいている」[72]。

アンビエンスは対立する実体のあいだにあるように見えるので、その効果はいつも歪像的である。それはただ、私たちの知覚を横切って明滅し、前方と中心にはもたらされることのない、はかなくて、解体していく現前として垣間見られうるだけのものである。ジョルジュ・バタイユは、彼が不定形と呼んだものを「吸収できない廃棄物」と名付けたとき、それを過度なまでに実体化したが、それは流し去ることのできない廃棄物に心奪われているエコロジカルな批評に示唆を与えるイメージである[73]。空虚な枠を用い、さらには枠も形もない状態で「ファウンド・オブジェ」を用いたミニマリストの実験やインスタレーションが、これをはっきりさせている[74]。これらの作品で、芸術は、側面や地面から自身の姿を一目見ようとするのだが、それは動物のようである[75]。私たちは演出の観念へと戻ってきたが、それがなにかをいっそう理解している。演出は美的な次元を解体するように思われるが、なぜならそれは再-刻印とのかならずや有限である戯れに基づくからだ。戯れが極端になればなるほど、芸術はいっそう芸術ならざるものへと崩壊していく。かくして、インスタレーションを撤去した清掃員の悪名高い話では、彼らはそれらが絵筆の乱雑な集積と絵の具入れでしかないと考えていた。この美学には、政治がある。私たちが、この廃棄物がどこへいくかを指し示すのであれば、私たちの世界をいっそう気遣わないではいられなくなると、そこでは言われる。内容と形式、生産物と廃棄物を併置する修辞において、高尚な前衛の反美学は、エコロジカルな言語のよりありふれたさまざまなものと遭遇する。

私たちが戻ることになるのは、次の問いである。全ての芸術が商品化されていく時代において、芸術の非芸術への解体は、美的なものの空間を「何かよりよいものが生じてくるまで[76]」開いたままにしておくことに、実際は逆説的にも寄与するのではないか。そしてしたがってこの解体は、商品世界を否定するという熱烈にロマン主義的な身振りではないのか。実際に両生的な生活形式が存在しないというのではないことを、もう一度私は繰り返しておく。これらの生命形態そのもの（サンゴ礁、ウミウシ、無脊椎動物）は、地球において生命を維持していくのに不可欠である。これらにははっきりとした形がないので、これらを可愛らしくしたり、消費主義的な環境主義の共感の対象にするのはきわめて困難である。大きな目をしたサンゴ礁は、同一化することのできる可愛らしさよりむしろ、恐怖の叫びを引き起こすことになるだろう。アンビエント詩学は、内と外の差異を実際のところは解体しない。たとえ全力でそうしているという幻想を生じさせようとしたところで、そうなのである。再‐刻印は、その区別を完全になくすか、もしくはその区別をつくりだす。前者のばあい、知覚できるものが存在しなくなるが、後者のばあいには境界とともに知覚することのできるなにかが存在することになる。この点で、私の議論とジャン＝フランソワ・リオタールの議論のあいだには絶対的な違いが存在する。リオタールはニュアンスのようなものがあると主張する。[77]つまり、内と外の「あいだ」に存在する色や音の質のようなものがあると主張する。私は、境界にどれほどまでに接近しても、あいだにおいてなんらかの「もの」を見出すことはできないだろうと主張する。それはちょうど、眼科での検査で、度数が微妙に違うレンズを提示されるときのようなものである。「最初のものと、二番目のもののどちらのほうがいいですか」。どれほどまでにレンズが似たものであるとしても、最初のレンズと二番目のレンズの「あいだ」で見る方法はありえない。選択は、つねにまったく完全に、「第一のもの」と「第二のもの」のあいだにある。リオタールは、どれほどニヒルに思われようとも、なにかを信じているポスト構造主義者の一人である。それは、通常の美学によって得られるのよりも「よりよい」なにかであるが、それでもなにかであることに変わりはない。それに対して私は、アンビエンスが私たちをなにものかから救うことになるとは考えていない。

ニュアンスのような、内部と外部のあいだの連続についての「新たに改良された」説明が、再‐刻印が確立する量子論的な差異をなめらかなものにする点で疑わしいのだとしたら、差異という不思議な形態——たとえば奇跡的なまでに「非階層序列的」で「非線形的」なもの——もダメである。ジル・ドゥルーズとフェリックス・ガタリが提唱する「リゾーム」のような形式も、事物のあいだの奇妙で一様でない区別をなしですまそうとするポスト構造主義的な幻想である。話はさらに、リゾームは情報の階層序列的な「ツリー構造」よりも優れているがなぜならリゾームは重要度の異なる諸々の水準の区別をしないからだというようにして、進んでいく。[*78] リゾームは、じゃがいものような植物の繁茂であるが、重力に従わざるをえない植物と比較するなら無差別的に見えるやりかたで成長し、ときに新しい果実を発生させ、ときにひたすら成長し続ける。

このイメージは、おしゃれなサウンドアート集団の中でとてももてはやされているが、それは一部には、ＤＪスプーキー（『リゾームの科学』という、リゾーム研究の著者）のおかげでドゥルーズとガタリがテクノ音楽において広まったことのせいであるし、あるいは、アンビエント・ミュージックの作曲家でありアンビエント・ミュージックとサウンド・アートにかんする著書の著者でもあるデイヴィッド・トゥープのせいでもある。[*79] ありあわせのものでつくること《ブリコラージュ》や寄せ集め《パスティーシュ》の構成的な技法、断片のコラージュと音楽のサンプリングは、この音楽が、始まり／終わり、背景／前景、ハイ／ロウといった通常の階層序列にもとづくのではないという考えへと行き着くことになるだろう。一九六〇年代のヌーヴォー・ロマン（ロブ＝グリエ）は、この原則を個々の文章の統語法の水準そのものにまで徹底させるが、その主題は、中間のどこかにおいて不安を抱かせるようにして変化する。通俗的な現代の音楽批評とファッションは、規範の現実的な中断が起こっていたという考えを修正する。あるリゾームは他のリゾーム以上にリゾーム的である、と。

　もしもリゾームの機能が、つながりそして差異化することであるとしたら、差異の二項的な戯れ以上に「うまいやり方」でそれをするにはどうしたらいいのか。それも、同一性へと差異を崩壊させることなしに。ｂという音がａという音から「リゾーム的に」生じるとしたら、それは同じ音だろうか、それとも異なる音だろうか。もしも私が自動車の部品交換を行い、ありあわせの部品でそこかしこを間に合わせるなどして工場での仕様書を無視してやっているとしたら、それはどこかの時点で元の車と同じ車であることをやめるのだろうか。もしそれが今や「異なる」自動車であるとしたら、「二つの」自動車を連関させるリゾーム的な線はどこに存立しているのか。もしそれが「同じ」自動車であるとしたら、二つの事物のあいだにおける連関を語ることに意味はない。連関がリゾームであるかリゾームでないかなど、どうでもいいことだ。なぜなら、同じ事物が存在しているのに過ぎないからである。もしも私が最初の自動車とそれとはまったく異なる自動車の「あいだに」存在している「準‐自動車」をなんとかして生産したとしたら、この自動車は同じ問題に苛まれるだろう。それは違うのか、それとも同じなのか。

もしも階層秩序（内部と外部のあいだ）なる考えを、リゾームの言語で回避しようとするのであれば、私たちのところには、以前に遭遇したのと同じ難問が洒落た言葉で装われて残されることになるだろう。さらに、リゾームのためのリゾームを促進していく、リゾームの美学的政治が存在する。[*80] 異なる音源からの異なる音を混合させていくことや、現実の音や想像上の音を模倣する新しい方法を発案することでなにか新しいことをしていると考えるのは、現代の音楽産業の形態そのものであり、少なくとも、新奇な生産物への資本主義的な需要が出現してからはそうであった。リゾーム的な著書、ビジュアル・アート、建築、マルチメディアは、同様の皮肉な運命に苛まれている。

音響環境の歴史を研究している音声に関する文化研究の研究者は、音を連続体に沿うものとして考えるだけでなく、「最初の叫び」が話し言葉を通じて音楽になり、アンビエントな音になり、そして叫びへと戻るというようにして円滑な推移を辿る円状のもの（あるいは“O factor”）であると考えがちでもあった。[*81] だが再‐刻印の量子論的な特性は、本当の連続性などはなく、ある音から次の音への推移はでこぼこだらけであることを確証している。でこぼこそのものも、あらゆるたぐいのイデオロギーや哲学の過程によって形成されている。

このいずれも、内部と外部が「本当に」存在すると主張するのではない。実のところ、再-刻印の理解はこれらの区分が真に存在するかどうかを根底から問うことを意味しており、その二つの美学的な混合に、つまりはとりわけアンビエンスのような「新たに改良された」ものに拘泥するのとはわけが違う。アンビエンスは、特別な類の雑音と音、ないしは音と雑音が存在することを示唆する。つまり、音でもある雑音であり、雑音でもある音である。だが、どういうわけか私たちには、その二つのあいだの違いを述べることはできる。内部と外部の両方であるどこかは、それを両方のやり方で保ちたいという願望に苛まれている。内部と外部のいずれでもないどこかは、厳密に言うと知覚され得ない。このような場所があると信じるのはまったくのニヒリズムである。

エコ吟誦詩《ラプソディー》(Ecorhapsody)とエコ訓育主義《ディダクティシズム》(Ecodidacticism)——出して、入って、外に出る

「エコミメーシス」は、「ネイチャーライティング」のおおよそのギリシア語訳である。それはオイコス(ギリシア語でいう「家」)のミメーシスである。熱烈で明確なエコミメーシスの形態が存在すると、私は論じてきた。ミメーシスがなにを意味するかを、より慎重に考えてみたい。私たちは、エコミメーシスが演出であるとはどのようなことかを考えてきた。弱い表象や模倣というより

はむしろ、これは強力で魔法的な形態であり、たんなるコピーではなくて魅力的な幻想である。ここではプラトンのミメーシスの観念のほうがアリストテレスのそれよりも適切である。アリストテレスはミメーシスを、役者が役を演じるときのような、単なる模倣と考えている。[*82] プラトンにとってミメーシスは、神がかり的な霊感で導かれていく狂気の形態である。これは形態をコピーすることの問題というだけでなく、霊感の源、「静脈のようにして流れる」現実へとはめ込まれていくことの問題である。

詩人は吟誦詩人であり、ミメーシスは吟誦詩（ラプソディー）の形態である。吟誦詩人は「歌を一緒に縫い合わせ結び合わせていく人である。叙事詩を詩吟する人であり、吟誦者である。ときにそれは……自分自身の詩を吟唱する叙事詩人だが、ほとんどは……ホメロスの詩を詩吟することで生活費をかせぐ詩人たちである。かくしてホメロスの詩は、吟誦詩と呼ばれる長さのものへと分割されるようになった。短い物語詩や、長詩の編、というようなものだが、これらは同時に詩吟された」。[*83]「自分自身の詩を吟唱する叙事詩人」の場合であっても、吟誦詩は、読者の階級は言うまでもなく、書くことよりはむしろ読むことを、おのずからの生産よりはむしろ記録し伝達することを体現している。一八世紀後期のあいだ、「吟誦詩」と「吟誦詩人」は、非理性的で、事実にもとづくことのない言語と結び付けられ、「雑録」という考えかたと結び付けられるようになったが、これはその当時普通に使われていた文学の用語で、主題をほとんどでたらめに結び合わせていくことを示している。[*84] 吟誦詩を、記憶された詩作品を紡ぐこととする当初の感覚は、並列された複数の詩を示唆することにまで及んでいく。吟誦詩の拡張された定義は、なおも読むことへ向けられている。エコロジカルな吟誦詩《ラプソディー》は、自然という書物を読むことである。

プラトンの『イオン』では、ソクラテスは、普通の期待に反して、正確に言うと詩を弾劾していない。むしろ、彼は詩を理性的な思考の圏外に置く。このような思考は、自己を確かなものとして保持する主体、ないしは「熟達者」をともなう。[*85] しかしながら詩は、神聖な狂気の侵入である。ソクラテスは吟誦詩人のイオンに話しかける。

それはむしろ、神的な力なのだ、それが君を動かしているのだ。それはちょうど、エウリピデスはマグネシアの石と名づけ、他の多くの人びとはヘラクレイアの石と名づけている、あの石にある力のようなものなのだ。つまり、その石もまた、たんに鉄の指輪そのものを引くだけでなく、さらにその指輪の中へひとつの力を注ぎこんで、それによって今度はその指輪が、ちょうどその石がするのと同じ作用、すなわち他の指輪を引く作用を、することができるようにするのだ。その結果、ときには、鉄片や指輪が、たがいにぶら下がり合って、きわめて長いくさりとなることがある。これらすべての鉄片や指輪にとって、その力は、かの力に依存しているわけだ。これと同じように、ムゥサの女神もまた、まずみずからが、神気を吹きこまれた人びとをつくる。すると、その神気を吹きこまれた人びとを介して、その人びととは別の、霊感を吹きこまれた人びとのくさりが、つながりあってくることになるのだ。[*86]

磁石（マグネシア）は、アンビエントな詩を思い起こさせるイメージである。「神的な力」は私たちが今では磁場と呼ぶ力を行使するのだが、そこで事物はエネルギーで満たされることになる。霊感は環境から引き出される。プラトンは霊感を、人間が獣へと変形していくこととして描き出す。「思うに詩人たちは、われわれにこう語っているはずだ――彼らは、あたかも蜜蜂さながらに、彼らみずからも飛びかいながら、ムゥサの女神たちの庭や谷にある蜜の泉から、その詩歌をつみとり、われわれのもとにはこんでくるのだと。その彼らの言葉は、真実でもあるわけだ。というのも、詩人というものは、翼もあれば神的でもあるという、軽やかな生きもので、彼は、神気を吹きこまれ、吾を忘れた状態になり、もはや彼の中に知性の存在しなくなったときにはじめて、詩をつくることができるのであって、それ以前は、不可能なのだ[*87]」。詩人は文字どおり「吾を忘れていく」が、それはちょうど、蜂が巣を出て花から蜜を集めてくるのと同じである。詩人は神がかった人である。文字どおり、彼ないしは彼女はその内側でブンブン音をたてている（ギリシャ語では、*thuein*）。[*88] 環境（「ムゥサの女神たちの庭や谷」）は、「吾を忘れた状態」になる。詩は媒質であり、接触である。詩人は媒質への献身者になり、守り人になる。[*89] イオンは作品の手先になる。「わたしが、何かあわれをそそることがらを物語るようなときは、わたしの目は涙でいっぱいになるのです。またわたしが、怖ろしいことやぞっとすることを物語るようなときは、恐怖のために髪は逆立ち、心臓は動悸するのです[*90]」。精神は熱中し、身体がそれを引きうける。

吟誦のために書かれているかどうかは問わず、エコミメーシスは、詩の形態におけるこの自動的な性質を体現している。それは、あたかも語り手が蛇口をひねり、そこから換喩の連想の潜在的に終わらない流れが溢れてくるかのようである。「ディオニュソス的な現前は、唐突なものと自然発生的なものの共通の印によって確かめられるが、それは自動化という、ディオニュソス的な顕現を言い表す別の専門用語である」[*91]。シュルレアリストの「自動筆記」は、意識的な意志をとりまくなにものかを表現したい——ただコピーしたいというのではなく、実際に伝達したい——という欲望を発展させる[*92]。アンドレ・ブルトンは、自動筆記がいかにして記録装置になるかを記述している。「私には、「すべてが書かれている」という表現は、字義通りに受けとめられねばならないように思われる。全てが白紙に書かれるのであり、そして著者たちは、顕現や写真の現像のようなことをめぐって、あまりに騒ぎすぎている」[*93]。ロマン主義の詩は、心理的に物珍しいもののようになろうとする。たとえば、コウルリッジの「クーブラ・カーン」のように。ワーズワースは、詩行を大地の上かその中に据え、それらを、あるがままの形での芸術品（ファウンド・オブジェ〔一度、なんらかの目的で使用された物であり、芸術作品を構成した要素としての物。見いだされた対象。〕）に転じようとした[*94]。個人主義と私的空間が開かれていったが、それにともない、集団性と、非個人的であるか超個人的である環境的な空間は、芸術的には刺激的なものになった。

エコ吟誦詩《ラプソディー》は、エコミメーシスの一様式である。環境一般は、磁力で満たされるようにして、何らかの特定の要素において現れる（しばしば私は、エコロジカル・ライティングは、根本的にはこれらの場の詩以外のなにものでもないのではないかと考えている。もしも重力場がなかったら、地球に大気が存在しないだろう）。一般的なものは、特殊なものの領域に入る。抽象は、経験的な領域に陥る。「ああ、この穏やかなそよ風の祝福よ」[*95]。アンビエントな空気へのワーズワースの呼びかけは、詩人の心が彼をとりまく世界との弁証法的な関係のなかで形成されていくことをめぐる詩を始めるのにはふさわしい方法である。そのイメージは、意味と霊感が「どこか別のところ」からやってくることを示唆するが、たとえこのどこか他のところが詩人の心の「中の」ところと本当に同じものであるとしても、そうなのである。この「どこか別のところ」は概念を超えたところにあるが、空気のような手触りがある。それは、まったく知られていないほどにまで異なっている他のところと、主体の場所である「ここ」のあいだに存在している。

ショーペンハウアー、ニーチェ、ハイデガーは、詩学の理論を、環境へと調子を合わせそこに没入するという見解に立脚させたが、これが吟誦詩《ラプソディー》の観念を思い出させることになる。ショーペンハウアーは叙情的なものを次のように考えている。「主観的な気分や意志の興奮は、その色彩を、観照された環境に反映させている。逆にまた後者が前者にその色彩を反映させるわけでもある」[*96]。ニーチェにとって、ギリシアの合唱隊に具体化される芸術のディオニュソス的な側面は、現象への没入であり、ショーペンハウアーの言う「個体化の原理」が、至福に満ちてうっとりした中で解消されていくことである[*97]。ハイデガーにとって、詩一般は、環境の正しい読み取りであり、観測である。たとえ彼が技術を思わせる隠喩を認めないとしても、そうなのだ。ヴァン・ゴッホの絵画についてのハイデガーの論述では、環境は一足の農夫靴の中で鳴り響いている。この環境は、その特定の形と構造を越えたところにおいて、存在そのものをほのめかしている。すなわち、ハイデガーが現存在と呼ぶもの、「そこにある」、である。

われわれがただ一般的に一足の靴を思い浮かべるにすぎないかぎり、あるいはそれどころか絵の内にただ単にそこにあるにすぎない、うつろな使用されていない靴を眺めているかぎり、われわれは、道具の道具存在が真実のところそれであるところのものを、けっして経験しないだろう。ヴァン・ゴッホの絵画からは、この靴がどこにあるのかということすら確認できない。この一足の農夫靴の周囲には、このものが帰属しうるようなところも、このものが置かれうるところも、何もない。ただ漠然とした空間があるだけである。耕作地の、あるいは野路の土塊さえこの靴には付着していない。それは少なくともこの靴の用途への注意を喚起できたろうに。一足の農夫靴、そしてそれ以外には何もない。とはいえ、それにもかかわらず。

靴という道具の履き広げられた内側の暗い開口部からは、労働の歩みの辛苦が屹立している。靴という道具のがっしりとして堅牢な重さの内には、荒々しい風が吹き抜ける畑地のはるか遠くまで伸びるつねに真っ直ぐな畝々を横切って行く、ゆっくりとした歩みの粘り強さが積み重ねられている。革の上には土地の湿気と濃厚なものとが留まっている。靴底の下には暮れ行く夕べを通り抜けて行く野路の寂しさがただよっている。靴という道具の内にたゆたっているのは、大地の寡黙な呼びかけであり、熟した穀物を大地が静かに贈ることであり、冬の畑地の荒れ果てた休閑地における大地の説き明かされざる自己拒絶である。この道具を貫いているのは、泣きごとを言わずにパンの確保を案ずることであり、困難をまたも切り抜けた言葉にならない喜びであり、出産が近づくときのおののきであり、死があたりに差し迫るときの戦慄である。この道具は大地に帰属し、農婦の世界の内で守られる。このような守られた帰属からこの道具そのものが生じ、それ自体の内に安らうようになるのである。[*98]

「靴という道具の内にたゆたっているのは、大地の寡黙な呼びかけである」。ここにあるのは、この音ならぬものとしての音、つまりはほとんど可聴下周波にある（経験されるが聴こえない）音を聴いてもらいたいという願望である。一定の感覚を越えたところにある吟誦詩《ラプソディ》は、きわめて正当にも、バラバラの事物の中に留められている環境のトーンであるが、これらの事物は、ただそれらがバラバラであるという理由で、もはや背景にはなく、むしろ前景へ引き出されている。吟誦詩は、前景における背景の鳴り響きである。「作品の近くで、われわれは突如、ふだんたいてい居るところとは別のところに居たのである」[*99]。靴の内側の空間そのもの、つまりは「履き広げられた内側の暗い開口部」は、その外側について語っている。それは全て、「内」がなにを意味するか次第である。内側とはなにか。それは靴の素材の内か。靴に関する私たちの想念の内か。

ハイデガーは、内の位置をはっきりさせないが、このことには、はっきりとした役割がある。彼が、芸術についての見解を、事物の「事物的な」性質を露わにしていくところにおける「真理の生起」として展開するとき、この見解がきわめて吟誦詩的であることが明らかになる。現実の一足の靴に適合しようとするのではなく――ハイデガーは、芸術は中世の用語でいうところの適合（*adaequatio*）のようなものであるという考えを批判している――、芸術作品は、それがつくりだされたところである歴史的文化的な「世界」を具現化し、そしてそれが生じるところでありつつそれを「守り」「その空間性のための空間をつくりだす」「大地」を具現化する。「ひび割れた岩の谷」のただ中にあるギリシアの神殿において、私たちはギリシアの文化が「誕生と死、災難と天恵、勝利と屈辱、忍耐と頽廃」を接合するのを見る。「岩石の光沢と光輝とは、それ自体ただ太陽の恩恵によるとしか見えないが、実は昼の明るさ、天空の広さ、夜の闇をはじめて輝き-現れることへともたらす*[100]」。表象が適合するより他にない、超越論的で新プラトン的な領域とは違い、ハイデガーは、まさにここにある超越性を提示する。ここと超越性の感覚を伝えようとするエコ詩学がしばしばハイデガーに関心を向けていることには、疑いの余地がない。だが風音の分析において考えたように、超越性（不明瞭なもの）は、恐ろしき空無の可能性を開く。すなわち、エコ詩学を魅了するが、それゆえにエコ詩学が糊塗することを欲する、不活性的な暗黒点を開く。

　次の章でアンビエンスを自動化の相関物として検討するときに見るように、エコ吟誦詩《ラプソディー》は階級を動員する。ハイデガーにとって、「人間は存在の牧人である」。彼はまた、人間は存在の吟遊詩人であり、それを心にとどめることを職務とするロマン化された労働者であると言っただろう*[101]。アリストテレスによる、ミメーシスのプラグマティックな定義は、人間を動物へと結びつける。人間は「生き物の中でももっとも模倣的である」[*102]。エコ吟誦詩には、種を動員することもできる。詩人を蜂と比較しているのにもかかわらず、吟誦詩《ラプソディー》にかんするプラトンの見解においては、人間が動物の領域から抜け落ちている。同じくハイデガーは動物について、自分たちの環境を、周囲をとりまく「世界」として感じることができないとはっきり述べた[*103]。より最近では、デイヴィッド・エイブラムが環境詩学を、人間存在の動物的な側面へと調子を合わせていくことと関連させようと試みた[*104]。たとえ動物について考えられていても、ここではゼロサムゲームが進行している。世界に意識的になりつつそこへと調子を合わせなくなるか、世界に敏感になりつつ意識的ではなくなるか、そのどちらかである。

吟誦詩的に調子を合わせていくというのはどのようなことか。環境は、エドワード・トマスの「アドルストロップ」の電車の車両の中に特定のトーンをつくりだす。

そう、覚えている、アドルストロップ、という
駅の名前を。ある暑い日の午後
乗っていた急行列車がふとその駅に
停まったからだ。六月の末のことだった。

しゅっと蒸気の音。だれかが咳ばらいをした。
がらんとしたプラットフォームは
来る人も去る人もなかった。見たのはただ
アドルストロップ、という駅の名前と、

ヤナギの木と、ヤナギランと、牧草と、
シモツケソウと、乾いた干草の山だった。
それが空に浮かんだちぎれ雲と同様
動かず、ひっそりとして美しかった。

そして停車していた一分間、近くで
クロドリが一羽鳴いていた。その周りを
遠くへ遠くへ霞んで、オクスフォード州、
グロスター州のすべての小鳥が鳴いていた。[*105]

電車の駅の名前そのものが、周囲をとりまく印象の連なり総体を生じさせる。最初のものは、重要でないように思われる。しゅっという蒸気の音と咳ばらいは音質である。それらは電車と乗客の物質性の相関物である。周囲をとりまく世界の明確な描写を得るのに先立って、私たちの視界をまさしく越えたところに潜むなにかにかかわる不気味な感触がある。「がらんとしたプラットフォームは／来る人も去る人もなかった」には「ピンクの象について考えるな」というときに特有の質感があるが、これがその現前する不在を明瞭にする。これは、アンビエントなトーンの特質として以前に描き出された、「消極的な量」の好例である。

私たちは、詩の冒頭を見返し――黙読の特徴の一つは、前に戻って入念に調べることができる、というものである――、それが変化しているのに気づく。詩はすでに、空中にぶら下がっている問いへの答えであった。「そう、覚えている、アドルストロップ、という／駅の名前を」。語り手が問いを提起しているかどうかとはかかわりなく、「そう」はその内に、コミュニケーションの次元を認めている。そのうえ、「そして」で始まる並列的な吟誦詩《ラプソディー》の前には、言葉の記されていない空白がある。それは車両の内側を外の世界へと開く再-刻印の役目を果たしている。それは内側を、外側から、そして外側に付随する連想（産業と自然、穏やかさと動き、内密と全景）から、区別する。つなぐことと切り離すこと、間隔をあけることが、私たちがそれを知るよりも前に広がっていく。私たちはそれを、事実の後に知ることができるだけである。「アドルストロップ」はつねにすでに、より広大な文脈の場の中に存在している。詩そのものには、それが生じる「どこか別のところ」がある。すなわち、さきに素描した、はっきりしているが非概念的な意味での「どこか別のところ」がある。同じように、駅名である「アドルストロップ」はつねに、より広大な環境のなかに存在していた。イアン・ハミルトン・フィンレイの彫刻「startlit waters」（一九六七年）は、漁網で覆われていて「startlit waters」と刻まれた木でできているが、それはちょうどその表題が船の名前であるかのようだ。つまり、周囲にある環境に言及している名前でもある。ゆえに詩は、前に進みながらこの環境を包み込もうとして広がっていくが、後ろを振り返るなら、すでに環境があったことに私たちは気づく。この感覚は私たちに、不気味にじわりと近づいてくる。それはあたかも、私たちがそこから去ったことがないとでも言うかのようだ。詩を含みこむ媒質――つまりはオックスフォード州とグロスター州がなんらかの意味でその類似物なのだが――が、私たちを引っ張り出す。

第三節の「そして」は、読者の意識を増幅するが、それにより読者の意識は、車両を出て、「遠くへ遠くへ」広がっていく事物の円を含みこむことになる。「六月の末のことだった」。まったく無害にもみえる「ことだった（it was）」には、そこに憑依する吟誦詩的なトーンがある。エマニュエル・レヴィナスは「ある」の効果を検討した（フランス語では *il y a* で、ドイツ語では *Es gibt*）。私たちが「雨が降っている（It is raining）」というときの「それ」とは何だろうか。ハイデガーにとって「それ」は存在であり、「不在の現前」であるが、というのも、それはそれ自体では存在できないからである。*106 レヴィナスにとって、それは、まったき存在の脅威――文字どおり、気色悪い――の性質である。デカルト的な空間について、その静けさゆえにそこは死人に満たされていくと書いたパスカルの、レヴィナスによる引用を信じるなら、たとえレヴィナスがデカルト主義者ではないとしても、これはレヴィナスがデカルト的な世界における経験として描き出すものの脅威である。*107

あるは、主体と客体、「外部性、内面性双方を超越して」いる。レヴィナスは書いている。

諸事物の形式が夜のうちで解体するとき、事物でもなければ事物の性質でもない夜の闇が、ある現存のごとく、侵入してくる。われわれをこの現存に繋縛するもの、それが不眠である。不眠においては、われわれはもはや何ものともかかわらない。しかしこの無は純粋な虚無の無ではない。あれやこれ、つまり「何ものか」はもはや存在しない。だが、万物のこの不在自体は一つの現存、それも絶対に回避しえない現存なのである。この現存は不在の弁証法の片割れではないし、また、われわれは思考をとおしてこの現存を把持する。万物の不在という現存はすぐそこにある。この現存には言説は存在しない。何ものもわれわれに対して答えない。しかし、この沈黙、沈黙のこの声は聞こえる。それは、パスカルの言う「この無限の空間の沈黙」のごとくわれわれを脅かす。存在するものとは無関係で、名詞化しえないある一般。このあるは、雨が降る(il pleut)や暑い(il fait chaud)のような非人称形である。それは本質的な匿名性なのである。精神は把握されたある外部の面前に位置するのではない。外部という語をあえて用いるとすると、この外部は内部と相関関係をもたないままである。外部は所与とならない。外部はもはや世界ではない。自我と呼ばれるもの自体、夜に呑み込まれ、侵食され、非人称化され、窒息させられる。すべての事物の消滅と自我の消滅は消滅しえないもの、存在という事実そのものに帰着する。この事実には、非人称の世人が否応なしに、つまりイニシアチブをとることなく融即しているのである。存在は力の場あるいは重苦しい雰囲気にとどまる。この場や雰囲気は誰にも帰属しないが、存在を排斥する否定のまっただ中で、また、この否定のあらゆる段階で、普遍的なものとして回帰してくる。

あるいは、私たちの身体の内側にも外側にもあるトーンを私たちに意識化させる。環境には、いくばくかの緊張感がある。「あるのささやきは、脅威である」[*108]。レヴィナスの擬声には、身体性が欠けている。あるいは自動化された過程である。

環境はたんに、私たちの周囲で、私たちの意図なしで起こる。あるいは、おそらくはそれは、意図の客体化された帰結、おそらくは意図せざる帰結——意図の反響——である。レヴァトフは、読むことと書くことの連鎖として自然を描き出しているが、これが何らかの別の手段で、書かれた文章を読むことの周囲とそれを越えたところで続いていく。地球（ハイデガーのいう意味での）は私たちの背後で、「あちら側の向こう（over there）」で存続している。レヴァトフは、あれというよりほかにないものについての詩を作り、通常の叙事詩の主体をひっくり返す。すなわち、ショーペンハウアーからアレン・グロスマンにいたる著者たちが認めたように叙事詩の主体は自我であったが、これをひっくり返す（グロスマンの示唆的な文章は、「他の精神という類型」である）[*109]。語り手の自己つまりは「私」の感覚を知ろうとするのではなく、語り手は私たちにそれへと調子を合わせていくよう強いる。詩人はここにいるというのではなく、あるという。

エコ吟誦詩《ラプソディー》は、並列と換喩によって効果を発揮する。一般的なものは、特殊なものをたくさん磨きあげていくことの後に輝くことになるが、各々の詩句は、そこで新たな閃光を引き出そうとする。詩文の配列には、速度ないしは相がある。そこにはさらに、強度ないしはトーンの、さまざまに異なる瞬間がある。相とトーンにおける変化は、文章そのものの中にある「どこか別のところ」からの力を呼び起こす。レヴァトフの詩には強烈なトーンがある。同じ長さの三つの節が三つの強いイメージを累積していく。最後のイメージには、それ以外のイメージよりもゆったりとした相があるが、なぜならそれは反復されるからである。「海はその暗黒のページをめくっていく／めくる／その暗黒のページを」。私たちの目は、詩の配列を辿るべく、一つの詩行から次の詩行へと移っていくが、そこではイメージが詩の底で凝集し漂うのを反響させつつリズミカルに減速していく。

エコ吟誦詩《ラプソディー》の配列は、享楽で満たされているが、直接には得られることがなく、脇へと外れていて、隅のあたりにあり、配列のなかで隣接している項目において存在する。エコ吟誦詩《ラプソディー》のミメーシスでは、私たちにはいつも賞賛することはできるが、触れることはけっしてできない。エコ吟誦詩《ラプソディー》を徹底するための方法の一つは、欲望がそっと移動するのを可能にする美的な距離を打ち砕くことである。コールリッジは『古老の船乗り』で、「クールな」（美的）内省ではなくて「アツい」内省を決然と選ぶ。吟誦詩《ラプソディー》において、船乗りが海蛇たちの中で「茫然自失する」とき、嫌悪させる対象が近くにいるために、一八世紀の美学の発展の産物である「良い趣味」と結びつく普通の美的な距離が台無しにされる。[*110]同様に、「クーブラ・カーン」で神秘的な実体を飲み込み食べるとき、詩人は儀礼化された嫌悪の標的に転じる（「あいつのまわりに輪を三重に描き／聖なる恐れを胸に眼を閉じるのだ[*111]」）。キーツと同じように、コウルリッジは誇大な享楽に接近し、人間中心的な人間主体の距離と統御を掘り崩していく。ロマン主義のなかには、エコミメーシスの期待に反する詩の伝統が存在する。

エコ訓育主義（*ecodidacticism*）はしばしば、故意に遠回しの性質のもので、それによりエコミメーシスは私たちに「ああ、自然よ」と叫ばせる。訓育主義には二つの水準がある。エコミメーシスは私たちを自然のほうへと差し向けるが、これは私たちになにかを教えることを意図している。「アドルストロップ」では、電車の車両の外へと意識が広がっていくが、それが私たちに、オックスフォード州とグロスター州のことを意識させる。私たちはもはや、シューと音を発し喉を清浄にする純粋に抽象的な空間の中にいるのではなく、ナショナルな自己同一性で満たされている、高度に意味のある場所の中にいる。自然なものをいかにして探し求めていくかについてははっきりとした指示が存在するかもしれない。たとえば、鳥や花をより明瞭に見るためにテントや双眼鏡のような道具を組み立てていくにはどうしたらいいかについて助言してもらうことになるかもしれない。だがエコミメーシスには、それとは別の指令も含まれているかもしれない。すなわち、道具を伴うのではなく、自然を道具的ならざるものとして、反‐技術的なものとして呼び覚ますこととしての指令である。これは読むのをやめ、自然「へと外に出て行け」という命令である。ワーズワースの「発想の転換こそ」〔平井正穂選『イギリス名詩選』岩波文庫、一九九〇年、一五三頁〕が述べているような、本から「顔を上げ」よという命令である。読むのをやめろという命令を読むのは、逆説的なことである。イギリスの一九七〇年代の子供向けテレビ番組の表題は、テレビを消して外に行き、そのかわりにもっと面白いことをやってみないかだった。もちろん、他の人びとがテレビでそれをするのを見るのはもっといつももっと面白いことだった（第二章の「リアリティ・ライティング」を読まれたい）。そして常に、なんらかの道具性がある。この道具ならざるものとしての自然はなにかのためのものだが、それはせめて、循環的なやり方で私たちに道具的ならざるものの価値を教えてくれればいい。かくしてエコ訓育主義《ディダクティシズム》は、目的なき目的性というカント的な美学にあずかる。

ソローの『メインの森』には、エコ教訓主義《ディダクティシズム》のとても強烈な瞬間がある。つよいエコミメーシスのトーンは、最初の数百頁のもっともすばらしい部分におよぶとんでもない文章の林立のなかで続くのだが、最終的には、彼がカターディン山の下山を語るとき、これが「原初の野生そのものの土地で」「永遠に人の手を寄せつけない自然の場」であることへの気づきに帰着することになる。*112 ソローは山を、強力なまでに人間ならざる領域として神話化する。

人の住んでいない土地を想像するのは難しい。つねづね私たちは、どんな土地にでもその持ち主が存在し、その力を及ぼしているものだと思いこんでいる。とはいえ誰しも、こんなに巨大で荒涼とした、非情な自然を見たことがないならば、純粋な自然を見たとはいえないだろう。たとえそれが、都会の真中のことであってもさしつかえはないが。ここでは自然は美しかったけれども、何か野蛮で恐るべきものであった。私は畏怖の念をもって自分の踏んでいる地面を見つめ、威力の持ち主である神々がここに何を造ったのか、その作品の形態と様式と材料を知りたいと思った。ここは世にいう「混沌」と「いにしえの夜」とから造られた大地であった。ここには人の園はなく、ただ封印をしたままの大地があるのみだった。それは、芝地、牧草地、採草地、森林地ではなく、詩にうたわれる草原や耕地でも、荒地でもなかった。それは地球という惑星の真新しい、天然のままの表面であった。我々に言わせると、それは、幾久しく人間の住む所となるように、その目的のために大自然によって造られたのだ。それで、もし人間がそれを使用できるのなら、使ってもさしつかえないはずだ。だが、まだ人間はこの地に慣れあうべきではない。それは世にいう母なる大地ではなく、巨大で恐るべき物質であった。人間はここを踏み、ここに葬られるべきではない。そうだ、たとえその身体を横たえるのでさえも、この土地になれなれしくしすぎることになろう。ここは「宿命」と「運命」の神々のやどる所だったから。*113

ギリシア神話のティタン（カオス、夜）は、この原生自然に、なにか原初的なものを、多くの先行する社会が不要にしてきたものを授ける。「封印をしたままの（Unhandseled）」が鍵になる言葉である。これは、（どんどん増えていくお金のような）なにものかを生じさせる進物としてのお金や贈り物を意味する古英語の名詞に由来する。縁起銭、あるいは幸運の徴であり、最初の掛け金であり、あるいは、新年を開始する神物である。*114 ソローは原生自然を、いかなる経済的相互作用にもけっして入ることのないものとして描き出す。時代遅れの儀式に由来する言葉ですらもが適切でない。「自然、物質、宿命と運命」の、より近代的な（啓蒙された）神々は、この言語的な相互作用の中にあるなにものかを喪失している。それらは理性の全ての痕跡を喪失した。

ソローの修辞が人間ならざるものの自然を私たちの精神そのものに注入するとき、教訓主義《ディダクティシズム》は吟誦詩《ラプソディー》と混じり合う。

数知れぬ珍しい品物を見るために博物館に入場を許されるとしても、ある星の表面を見せられること、ある堅固な物質をその本来あるべき場所で眺めることに比べれば、何ほどのことがあろうか！　私は自分の肉体を恐れて立っている。私が今結びつけられているこの物質は、私にとってひどくなじまないものになってしまった。私は霊魂や幽霊を恐れはしない。私自身そうしたものの一つだ――その霊を私の肉体は恐れるのかも知れない――だが、私は肉体を恐れる。それに出くわすと私はふるえる。私をつかんでいるこの巨人は何ものか。世の中の様々な神秘のことについて語るがいい！　だが、自然の中での我々の生活の神秘についても考えてみよう――毎日、物質を提示され、物質と接触する生活のことを――岩、木々、頬を吹く風！　堅固な大地！　現実の世界！　世の常識！　接触！　接触！　私たちは誰なのか。私たちはどこに位置しているのか[*115]。

最後のところの強調箇所は、再-刻印の役目をはたしている。それらは高められたトーンを伝え、読者に、彼もしくは彼女の声帯が引き締まるのを想像するよううながしていく。それらは、ほとんど何百頁もの協和音に従うようにして進行してきた文章へ、私たちの身体を投じていく。こうやって『メインの森』の中へずっと入っていくのにともない、私たちは文章にある「接触」の中に埋め込まれ、そしてここで私たちは、どれほどまでに遠くに来たかと途方にくれることになる。文章が生じさせる触感が、環境の触感を演出する。メインの森についての文章の豊穣さにもかかわらず、修辞は完全に素朴なゾーンを喚起する[*116]。語り手が、あきらかに私たちの顔に向かって叫んでいるときであっても（接触！　接触！）、そのメッセージは側面に向かって漂っている。それはハンス・ホルバインの絵画の「大使たち」のように、完全に異なる次元に住み着いている。私たちが自然を真正面からみるとき、自然はその自然性を失う。私たちにはそれをただ歪像として垣間見ることができるだけである。歪みとして、形のないものとして、あるいは他のものがその形を失う状態として。この「形なきもの」が、エコロジカルに書くことの形式そのものである。

幻想としてのエコミメーシス——アー・ユー・エクスペリエンスド？

再-刻印を基本的な特徴とするアンビエントな修辞がなぜエコミメーシスにとって重要なのか。エコロジカル・ライティングは、自然と私たちのあいだの習慣的な区別を無効にしようとする。それは主体と客体の差異という、人間存在が環境を破壊することの根本的な哲学的理由とみなされている二元論を解体するためのワーキングモデルを記述するだけでなく、それを提供するものとなることが期待されている。私たちが私たちの世界に埋め込まれているという事実をただ描き出すだけでなく実際に経験することができるとしたら、それを破壊しようとは思わなくなるだろう。主体と客体の二元論は内部と外部のあいだの区別に基づいている。主体は「これ」であり「こちら側」であり、そして内部である。客体は「あれ」であり「あちら側」であり、そして外部である。さまざまな形而上学の体系がこの区別を支えているが、それはただ西洋に限定されない。たとえばヒンズーの「梵我一如」（汝はそれなり）は自己実現の頂点と目されている。実際、エコロジカル批評《クリティシズム》のオリエンタリズムのもとでは西洋がどうしようもないほどにまでデカルト主義に絡めとられていると考えられていて、他の異国趣味的で原始的な文化は、世界へといっそう深く根ざした見解をもつものと目されている。[*117] 私たちの思考は手の施しようがないほどにまで汚染されているので、新しいエコロジカルな視野は自然世界の美的な経験から導き出されることになる。[*118]

ヴァル・プラムウッドの哲学的な著作である『環境文化』は、エコミメーシスを含んでいる。「場所の唯物論的な霊性」の章からの抜粋以上にしっかりしているものはない。この章は、理性の観念がエコロジカルな危機の瞬間にふさわしいものとしてつくりなおされるべきであるとしたらそれはいかにしてであるかをめぐるプラムウッドの探究を結論するものになっている。プラムウッドは、〔ジョン・〕ロック的な土地所有の理論の「代わりになる範例」を、コミュニケーションの意味の中に探そうとしている。「土地の中で名付け解釈するという本質的に物語的な観点から、土地を深く愛とともに知ることと対話的な相互作用の歴史を提示するやり方において物語を語るところで所有を形成していく[*119]」。その抜粋の効果は累積的である。

コミュニケーション的で物語的な観点から知覚される世界は、排除的で独語的で商品的な思考が創出し、私たち自身の欲望のこだまだけを私たちへと返してくる、意味がなく沈黙した対象の自閉的な世界よりもゆたかで魅惑的である。人間以上の他なるものとのやりとりや志向性はしばしば、場所がもつ力への手がかりになる。私の机のうえで薄暗がりが募り、光が緑色へと熱を増すにつれ、私の周囲の森は、数えることのできないほどの銀の鈴の音のような崇高で精妙な音とともに、生き生きとしたものになっていく。その音は、それをつくりだそうとして足と羽をこすりつけている無数の小さな熱帯雨林のコオロギが人間の感覚に伝えてくる、唯一の信号である。その音は、私のオーストラリアの家の涼しくて湿った山の森の夏の終わりの魅惑を、いかなる人間の記述、写真、地図、カレンダーよりも豊かにそして肉感的なものとして喚起する。年が変わるにつれて、この黄昏の音楽は規則的な継起とともに他の音楽へと受け継がれていくが、なぜなら夕暮れどきは、森林の居住者にはとても意味のある、感覚的でコミュニケーション的な空間だからだ。コオロギの蠱惑的な音は、最初の涼しい天候まで、その空間を確保している。それは蜜で一杯になった白いピンクウッドの花々を潤している小さなアカギツネのキーキー声の聞こえるときである。それから晩秋の薄ら寒いすみれ色の薄明には、巣や止まり木から夜遅くになって呼びかけてくるコトドリによりその静寂が破られる。あるいはもしも運がよければ遠いところにいる勇ましいフクロウが求愛のためホウホウと鳴くのを聴くことができるだろう。五月か六月の月夜の白んだ静寂には、すすけたフクロウが発する、身を震わせる幽霊のような叫びを聴くだろうし、七月から八月には、悪しき鳴き声を発してなにかを探し求めるようなフクロウの低音を聴くだろうが、そのあいだには、求愛中の山ツグミがその昼下がりのフルートをまだ演奏している。夏はその最初のブーブロックのフクロウの二重奏——バリトンからソプラノに至るまでの——を際立たせるが、それは春を意味し、九月と一〇月の楽しげだが熱のこもった友愛のオペラを予示している。一一月から一月は壮大なカエルの合唱に一番ふさわしい時期だが、とはいえこれらにも、一年を通じて調整された空間と種の推移がある。だが夏の中頃からは元気なアマガエルは引っ込んで夕暮れにはオケラの大群のオーケストラが到来するが、その大群の各々には、夕方に飛び立つ仲間への導きになるよう設えられた耳をつんざく振動音がある。それらがまた一月に引っ込み始めるとき、雫のように爽やかなオケラの優美なラブソングが、最初の涼しげな一時期に至るまで、薄明の秋の空気を充たすのにともない、そのサイクルをもう一度始める。*120

ミハイル・バフチンとユルゲン・ハーバーマスから同じくらいに援用されている対話の観念は、プラムウッドには重要である。だがこの特定の抜粋の形態は、たとえ他の感覚能力のある存在者との対話を示すものであるとしても、それ自体は対話ではない。こう言うからといって、それはプラムウッドの主張への反論ではないし、これに背きつつ受けとめることでもない。たとえばこれは実際のところ個人主義者の独話の実例でしかないことを発見することによって反論する、というのではない。この抜粋は独話ではない。それをとりまく文章から自律しているように見えているかぎりで、それは書くこと、撚り合わせること、もがくことの絡まり合いのようなものである。それはみずからを正当化するためにも、よりいっそうみずからを必要とする。論理的な結論は存在しない。道具的な教訓の注釈がある。「あなたは……を聴くべきだ。11月から1月は……にとってふさわしい時期だ」。だがすべての事柄には、圧倒的で魅惑的なまでに道具的ではない質がある。プラムウッドの著書の最後のあたりでは何がなされるのか。それは幻想の提供である。つまりこの本の思想が具現化されることになる美的な遊び場の提供であり、エクフラシスの圧倒的な量が生じさせる文学的な重力場の提供である。プラムウッドのエコミメーシスは、主要な議論とのかかわりにおいて、アンビエント的である。エコミメーシスは主要な議論の側面につきまとうが、それを直接に支えるのではなく、美学的に魅力あるものにする。
プラムウッドの修辞は、エコロジカルな言説の宗教的な形態の特別な性質でしかないと考える人もいるだろう。もしそれを些細なこととしてとらえるのであれば、とりたてて関心をひくものではないと考えるかもしれない。そのうえ、叙述があたかもそれ自体の目的のためであるかのようにして環境のまったき感覚を呼び覚まそうとするとき、それは驚くほどにまで同じである。同様に実験的な芸術はただなにものかを記述しようとするのではなくてユートピア的な空間を仮構する。デイヴィッド・トープの『音の海』のまさにその始まりで、アンビエントな音が洗練されて喚起されるのをすこし見てみよう。

けっして存在することのない土地で静かに座り、私は夏ノミが小さなメス猫を飛び越え磨かれた木の床に向かうのを聴く。外では、ムクドリがいちじくの木の上で争い、私の後ろから、屋根の上でアマツバメが旋回するのを耳にすることができる。救急車が切迫した様子で鳴らすサイレンが、私の頭の左半分の後方から前方の右半分に向かって通過していく。隣の部屋では隣人が叫んでいる。「くそったれ。私はそのドアの外には出ていない」。だが私は、サイレンの音に調子を合わせる。夜の空気のアンビエントな音と低振動の自動車がたてる音が、一九七〇年代の、真夏の午後のどこかの田舎の田園でのこととして呼び起こされる、昆虫がたてる音と混ざり合っていく。雪が降り積もった。木を燃やすときに出てくる煙を嗅ぐことができる。出火の場所を探すべく私は前扉を開き、はっきりとした闇を見つめ静寂を聴く。そこには田舎の静寂はなく、活動停止した都市がある。とても静かだ。

本当のところ、私は強烈な不安の状態にある。接続され、差し込まれ、電子的に結合されて、私は無気力から、過去の、過ぎ去った人生の音響的なシミュレーションへと移行する。変容した状態にふさわしく、諸々の記憶は文脈から抜き取られ、季節、時間、時代、瞬間、さらにはフィクションからも合成され、音響世界の中にいる私の存在の集中された本質へと積み重ねられていく。

これらの音響は、私から引き離されてしまった世界へと、私を再接続する。音が私たちを、現実の宇宙に定める。上を見ると私は、視覚的に表象された事物によって生き生きとしている飛行機を見ることができる。私には、限定された圏内の中で、触れることとできる。私には身体を、一杯のビールを、燃え盛る埃を嗅ぐことができる。だが音はあらゆるところから自発的にやってくる。私の脳は、たとえ見たいとも吸収したいとも欲しないときであっても、それを探し求め、分類し、宇宙の広大無辺を私に感じさせようとする。*121

引用箇所は別の頁にまで続いていく。トゥープは議論せず、プラムウッドのようにただ演出する。彼は吟誦詩的であり訓育的でもある。「音が私たちに、現実の宇宙における居場所を与える」。その像は、プラムウッドのそれよりも自己反省的である。音は現実に存在している「サウンドスケープ」というよりはむしろ並列された記憶である。これは構築物であると、引用箇所では言われている。語り手は、これがシミュレーションであることを私たちが知るのを欲している。だがこれにもかかわらず、おそらくはそのことのために、引用箇所には説得力がある。それは「私」を状況の中に位置づけることで、「私」を本当らしいものにする。「決して存在しない土地である」のにもかかわらず、「静かに座りつつ、私は聴いている」。喚起される空間が現実のものとして考えられようとも、それとも非現実的なものとして受けとめられようとも、同じ修辞の戦略が適用される。本当らしくすること、演出、風音、休止や静止といったその他のアンビエントな効果である。

もしすでに論じたように内部と外部の解消が厳密にいって不可能であるとするなら――エコミメーシスがそれをシミュレートするために多大なる努力を払うとしても――エコミメーシスはイデオロギー的な幻想の形態である。アンビエントな修辞が内部と外部をぼやけさせたりあるいはそれらを消し去ったり積み重ねようとしたりするとき、それは不整合的な「もの」を生じさせる。リオタールのいう「ニュアンス」は、普通の色の「あいだ」やあるいは音階の普通の音符の「あいだ」のどこかに存在する。この「あいだ」をもっとうまく言うとしたらアンビエンスと言えるだろう。つまり、音符の一つの側面としての「ニュアンス」である。文学を学ぶ人たちはここでなにが起きているかを認識し始めるはずである。それは普通、美的なもの、と呼ばれている。だがリオタールは、ニュアンスは普通の美的な区分を超えていると主張し、さらには美的なことと連関する問題をも超えていることを望んでいる。つまりそれは、主体を客体と融和させたり区別をなしにしたりすることで主体と客体の二元論を本当のところは崩していないと主張する。アンビエンス、あるいはニュアンスは、美的なものの「新しい改良」版である。美的なものの球体を破裂させるとき、私たちは、新しくて潜在的にはいっそう説得力のある球体のなかに自分たちがいるのを見出す。

それでも、アンビエントなものにある幻想的な不整合が、批評を行うことを可能にする。アンビエンスとは、ジャック・ラカンであればサントーム（*sinthome*）と呼んだであろうもののことである。サントームは物質的に身体化され、意味のないもので、「バカらしい享楽」の不整合的な核であるが、これがこれとは別のところにある言説的なイデオロギーの場を維持することになる。[*122] たとえば同性愛嫌悪のサントームは、「クイアなもの」のイメージであるか、なんらかの種類の性的行為だろう。イデオロギーは、私たちがこの幻想的な対象に対して設ける距離に宿る。その距離を壊すことで、私たちはイデオロギーの場の効力を無効にする。あらゆる場の中にサントームがあり、そしてあらゆる徴候がサントームを吐き出すことのできるものとなっている。クイアという言葉を誇らしげに引き受けることで、ゲイ運動は同性愛嫌悪を維持するイデオロギー的な場を失効させた。イデオロギーの幻想的な対象と自己同一化するという逆説的な行為は、文章の徹底的な精読によって、批判的な分析において映し出されることになろう。それは文章への上品な距離を実現するためにではなく、それらを「もてあそぶ」か、私の教え子たちがときに恐れおののきながらいうように、「解剖する」ためである。

それは「対象」についての言葉である。私はサントームという言葉を変形させた。ラカンが対象的な実体にあてはめているものを、周囲をとりまく空間にあてはめることができる。これは転倒を意味している。サントームを図としてではなく地として想像してみよう。それは力強くて中立的ではない地であり、巨大な染みである。これはサントームにあるヴァギナ的な意味合いと一致する。つまり、男中心の社会のなかにある傷口であるが、それは空間でもある。[*123] 私がアンビエンスを幻想的なものと呼ぶとき、この言葉は完全には正確でない。むしろ幻想的な空間というほうがいい。

　実効性のあるものとなるには、エコクリティシズムは自己批判的でなければならない。エコクリティシズムは二重の過程だが、生き生きとした親しみやすさと無邪気な懐疑で成り立っている。この方法はニヒリズムと混同されるべきでない。私たちは、自然と呼ばれるなにかが存在すると言うことと、なにものもまったく存在しないと言うことのあいだの小道を歩いている。私たちは、これらの見解のあいだになんらかの実体があると主張するのではない。私たちが扱うのはイデオロギーの原材料であり、「自然」という魅惑的なイメージを生じさせる素材である。それゆえに、エコミメーシスにおける自然の想念の「奥深くへと」可能なかぎり突き進むことが重要である。エコロジーそのものの名のもとに、私たちはすべての栓を抜いてしまうべきである。これは「新歴史主義」の方法とは根本的に異なっているが、というのも、そこで分析は、美的な次元を正当にも警戒しつつ、芸術作品を尊大な距離とともに引き離すことでそれが批判する美的な距離そのものを皮肉にも再生産してしまうからである。せいぜいのところ歴史主義は、単一の固定的な歴史の主体は存在しないと主張するだけである。だがそれはまた、美的な対象の周囲に否定的なアウラを、つまりは恐怖症的な距離を投げかけるという危険を冒す。それは歴史を、自足的できわめて両義的な、クレンス・ブルックスのような新批評の一員が読む詩のイメージにおいて再創造する。

自然にかんする著書において、不整合なものが見出されるだろうか。エコミメーシスの作用としてのアンビエンスとエコミメーシスそのもののあいだには深い不整合が存在する。たとえば反響音《エコー》の詩学は、エコミメーシスは直接的であるという幻想に抵触する。この直接性は語り手がなんとかして達成しようと努めねばならない幻想だが、その成功の度合はさまざまである。そしてたとえ首尾よくいくとしても、その幻想は環境を適切に演出したものではない。私たちが事物を知覚できるのはそれらが生じた後であって、その前でもなければまさしくそれと同時でもない。この意味で、全ての経験は過ぎ去っていく記憶でしかない。この質を増幅していくアンビエント詩学は不気味なもので満たされているが、この点でエコミメーシスとは分岐する。エコミメーシスは、不気味なものが「自然」であるとみなされないならそれに抵抗する。知覚する者の意識、心、あるいは欲望といったものに「穢されて」いない、原型的で清浄な自然を提示しようという試みにおいて、抵抗する。エコミメーシスは自然を生なものとして表すことを欲するが、自然はいつも燃焼のわずかな残り香とともに到来する。

反響音《エコーズ》は、アンビエンスなものに不可避の特質である。自然について書く人の中には、実際は心の鏡を見ているときでも、自然から直接に伝達されたものを受け取っていると考えている人がいる。正直になることと偽善的になることのあいだでの選択がある。私たちには、自然から感覚できることの全てが、私たちがそこに「探りを入れる」ところに生じる反響音であると認めることができる。私たちは自然を事後的に推定する。ナルキッソスには、彼の最愛のエコーの存在を、ただ彼の言葉の反復をつうじて認めることができる。これは「エコー」が韻文の最後の音節を繰り返すときにルネサンスの韻文において形象化された。これは動物の基本的な模倣の機能である。コウモリの反響定位は、場所の次元へと「探りを入れる」ことだが、これはアルヴィン・ルシエが「Vespers」で活用した現象である。この作品で音楽家は、音の振動を発する電子機器を、コウモリがするのと同じようにして用いている。ナルキッソスがエコーをきちんと愛するには、彼は彼女を物質のまった き延長において反射する彼の声の痕跡として愛さなくてはならない。空気の振動する質であり、水の反射する性質である。エコーに忠実であり続けるためには、彼女が彼の声の「忠実な」再生産として存在しているのにすぎないという事実に「忠実で」あり続けなくてはならない。ナルシシズムは次の等式の両方において現れる。[124] ナルシシズムは、（自然と呼ばれる）他の存在への没入かもしくはそれとの接触として偽装されている自己没入の側に位置している。そしてナルシシズムは、彼もしくは彼女が反響音の鳴り響く室内にいることをシニカルに「とてもよく」知っている主体の側に位置している。

エコ吟誦詩《ラプソディー》の溢れんばかりの直接性は、それの発生源であるアンビエントな効果の憂鬱な遅れと矛盾する。エコ吟誦詩《ラプソディー》は、私たちにはそのものとしての自然との現実的なやりとりが、たとえそれが現実を身振りで示すだけでしかない諸要素の一覧で構成されているとしても、可能であるということを示唆する。エコ訓育主義《ディダクティシズム》は、自然と自己がつながっていると推定するが、そうすることで、アンビエントな修辞の逆説を迂回する。交差反転（chiasmus）の比喩のことを考えてみよ。私はあなたであり、私が見ているものが私である。あなたが彼であり私でありそして私たちが皆一緒であるように、私は彼である。[*125] メルロ＝ポンティは、感覚されるものが感覚している人と絡まり合う、「交差反転」としての経験を論じている。[*126] これらの考えはエコロジカルな詩学にとってとても示唆的だが、なぜならそれらは自己とその世界が絡まり合っていくことを見定める方法を提供するからである。交差反転《キアスム》はなにをも解決しないが、なぜなら二つの項は、それらが作用するためにはたとえ別の水準では消されるとしても、保持されなくてはならないからだ。背景と前景を混乱させる目の錯覚について考えてみよう。それはたとえば顔とロウソク立ての絵であり、あるいはエッシャーの、適切な奥行きをもつことのない単純な立方体と戯れるだまし絵のようなものであるが、そこでは前にある顔と後ろにある顔の大きさが同じである。[*127] どの顔が前にあるかを述べるのは不可能になる。仕掛けは二つの水準で行われている。第一の水準では、私たちは前景と背景のあいだの通常の区別が解消されるのを知覚するが、第二の水準では、この区別は保持されている。第一の水準が効力をもつためには、第二の水準もまた効力をもたねばならない。一方のふるまいにより与えられるものは、逆説的にも他方のふるまいによってもち去られていく。x項はy項へと解消されるが、x項の形態を保持している。さもなくば、それが解消されたということを、私たちには認識できなくなるだろう。私たちのもとに残されるだろうすべてのものはy項である。ゆえにネイチャーライティングが自己と自然を崩壊させるとき、崩壊が起きているのとは別の水準では、自己と自然の二つを別個に賞賛するのだ。

だが交差反転が、私たちがそれを解決し、その項の両方を私たちの心において適切に一緒に保持することを欲さなかったとしたらどうだろうか。交差反転が解き放つ哲学的な黙考は、意味がなくて「繁茂する」享楽を隠しもっていたのだとしたらどうだろうか。これが、バカげた享楽の核にあるサントームの作動するところである。演出の詩学がサントームを活用することに興味をもつと期待する人もいるだろう。サントームを認識する簡単な方法は、あらゆるネイチャーライティングがなんのためのものであるかを考えることである。とにかく多くのサントームがある。潜在的には無限に与えられる。ネイチャーライティングは、このまったき原材料の感覚を呼び覚まそうとする。「終わりなき山河」と呼ばれる中国の絵画の形式は、ゲイリー・スナイダーの同名の長大な連詩のために拝借された。[*128] 始まりと終わりを除く、山と河が描かれる巨大な巻物のほとんどの場所で、巻物はずっと続いていくことができると感じることができる。描写のただ広大な広がりが存在している。それと同じく、ネイチャーライティングは概してサントーム的であり、ただの文章の広がりである。それとの類推でいうと、「自然」はただの生命ないしは原材料の巨大な巻物である。この原材料はつねにとらえどころのない概念であるが、なぜならそれが物質的な領域を超越するからではなくひたすら物質的だからである。私たちの概念としての心はその表面をすべりっぱなしである。スナイダーの詩は、この質を仏教徒のいう空の経験としてとらえ演出しようとするが、それでもこの言葉は、私がここで目指している「なにかあるもの」よりはむしろ無いということの観念を喚起する。

仏教への西洋的な探究はさておき、私たちは、シェリングたちの生の哲学において現れた生命実体の観念――生の文学的な観念はもちろんのこと、実存主義的で精神分析的な観念もここから導き出されている――から遠くないところにいる。つまるところ自然は、近代的な（ロマン主義以後の）思考によると、伸び広がっていくものである。それは刺激の状態であり、内部と外部の新陳代謝の状態である。それは外部へと膨張し開かれていく状態である。あるいはラマルクが述べているように、極度の興奮状態《オルガズム》である[*129]。ここでポール・リクールが考える意味での隠喩のことが思い浮かぶ。リクールは述べている。「生き生きとした表現は、存在するものを生きているものとして表現するものである」[*130]。ネイチャーライティングは、生をこうして興奮状態にあるもの（フランス語でいう *jouissance*）としてとらえる視点を、無限に書かれていくものの美的な形態において、具現化する。ソローの『メインの森』は私たちになにかを述べようとするものではなく、文学的な語りの普通の慣行から逸脱する、芸術的ではない日誌のように見えるだけである。訓育主義《ディダクティシズム》は、穏健な反省というよりはむしろ、極度の興奮状態の頂点になる。だがネイチャーライティングは私たちを根本的な逆説へと引き込む。よりいっそう私たちが自然を有し、したがってより「生き生きとした表現」であればあるほど、よりいっそう私たちは書くことになる。この逆説は「ネイチャーライティング」という言葉づかいそのものに現れている。自然は書くこととして考えられるのか。あるいは書くことは、バイロンが想像の「溶岩」と述べたときに意味した意味で、自然の過程であるのか。[*131] ネイチャーライティングは濃密な交差反転である。

リクールによると、「すべてのミメーシスは、たとえ創造的なものであっても――いや、とりわけ創造的なものは――、それが現前させる世界内存在の地平のなかで起こる」[*132]。これは、皮膚が手を包むようにして自然を包むことを欲する、エコミメーシスの明確な理論のように聞こえる。すなわち、それは手である。アドルノは、芸術が自然へと「一歩踏み出し」、芸術と芸術ならざるものの障壁を崩壊させていくことについて論じているが、これがここでは適切である。

本来的な芸術は、それを完全に第二の自然にすることによって自然と有和するという考えに固着するが、あたかも新鮮な空気を呼吸する必要があるとでもいうように、みずからの外へと一歩踏み出したいという衝動をつねに抱いてきた。同一性はその最終的な言葉にはならないので、芸術は第一の自然に慰めを求めてきた。この息をつくということが、媒介されているもの、つまりは慣習の世界にどれほどまでに立脚するかは、明白である。長い期間をかけて、自然美を求める気分は、ずたずたにされ行政管理された世界のなかで自身へと孤独に投げ出されている主体の苦痛とともに高まってきた。経験は、世界苦（Weltschmerz）の刻印をおびている。カントでさえ、人間存在がつくりだし、慣習上自然と対置される芸術に、不安を感じた。開かれているところへと一歩踏み出すという身ぶりは、その時代の芸術作品にも共有されている。カントは崇高なもの

——そしておそらくはそれとともに形態のただの戯れのうえに生じるすべての美——を自然にゆだねた。[133]

アドルノは、ときに芸術は息をつき、芸術の名のもとに自然を支配するというきつい仕事を放棄する必要があると主張している。自然の素材を彫刻へと形作るのではなく、アンディ・ゴールズワージーの作品でのように、おそらくは彫刻が自然へと解消されるべきである。ネイチャーライティングは、芸術なき芸術を言うための、もう一つの方法である。サントームは、かならずや不整合的である。イデオロギーのシステムを本当に物質的に体現するものは存在しない交差反転の現前は、強烈でサントーム的な水準への注意を喚起するはずだが、これは、交差反転そのものの心地よい鏡像効果を超えたところに、意味をなすのではなくてただある。

現前と不在は差異において絡まり合っている。エコミメーシスのトーン——そこにいるという身体的な感覚——は、時間という避けることのできない次元のせいで損なわれる。エコロジカル・ライティングは、悪しきヨーロッパ的な狡知を一掃しようとする神秘的であるか原始的であるか異国趣味的であるふるまいのもと、ここと今へと私たちを連れて行こうとする。過去は幻想でしかない。未来はまだ到来していない。現在を掘り下げよ！　だが私たちがそこに到達するとき、ここも今もいずれも存在していないことを発見する。ここと今は、なんらかの瞑想的な穏やかさと静寂と結びつくようになっている。だが静寂は——さらには静けさは——いつもどこか別のところにある。それは誰か別の人のものであり、どこか他のところのものである（ケージは「私たちの意図しない音のすべて」と言っている）[134]。静寂はアンビエント・ミュージックに共通の効果だが、それは通常の聴取の閾値の下にあろうとしている。静寂は意味深長な停止に向かおうとする。つまり、切分法である。切分法はしたがって、常にトーンの効果である。つねに（サイバネティクスの意味での）情報があり、それを差異化するためには、なんらかの粗さが、雑音が存在していなくてはならない。静寂は私たちにはほとんど知覚することのできないものと考えられるトーンである。つまり、つねに消滅していくトーンである。それはかならずしも緊張緩和の状態ではないし、平和に満ちたものでもない。ド・クインシーが分析する切分法——『マクベス』における、ダンカン王の殺害の後の静けさ——は耐え難いほどにまで張り詰めている。「静かだ、あまりにも静かだ」という語りの決まり文句は、私たちが静寂を知覚するやそれはすぐさまトーンと強度で一杯になるという真理を物語っている。静寂そのものは刺激的である。

　死と同じく、静止はつねに、私たちが読解のための眼差しをとどめるところよりも、紙の余白の側のほうにある。だが私たちには、それをさらに、視界の隅を外れたところにちらりとみることができる。フロイトは、経験される質としてのアンビエンスを死に与えようとしたが、それはあたかも、私たちにはそれをこちら側で経験できるとでもいうかのようにしてである。生は「有機的ではない世界の静止」を希求する[135]。だがこの幽霊を思わせる言葉遣いには、フロイトが言わんとしたこと以上のものがある。「静止」は、なにかいまだに生きているものを意味するが、そこで「不活発なもの」は、静止を死の停止点へと追いやっただろう。私たちは、私たち自身を客体として経験することを欲する。言い換えると、意識は、純粋に延長されたもの（デカルトのいう *res extensa*）とはどのようなことかを感じようとする。アドルノが認識したように、涅槃《ニルヴァーナ》にはユートピア的な最果て感があり、この生にふさわしい。人はそれを、経験の解消としてではなくてむしろ経験として想像することができるだろう。

これまで窮乏状態を免れるためにいろんなことがなされて来た、またいろいろやっているうちに富とともに窮乏そのものを拡大再生産するというようなこともあったわけだが、困苦欠乏を最終的に脱した人類はこれまでのそうした努力にどこか気違いじみた空しいところがあったのに心づくかもしれない。そうなれば――現在行われている享楽の方式には、せかせか動き回ったり、計画を立てたり、我意を通したり、ひとを隷属させたりするような面が否応なしについて廻るけれども――享楽そのものも違った様相を呈することになるだろう。「動物のように何もしないで」、水の上に寝そべり、充ち足りて天を仰ぐ、「他に何の職務も満足もいらない、ただ存在しているというそれだけの状態」が手順や作為を必要とする欲望の充足に取って代り、根源に還流するという弁証法的論理の約束を実地において果すことになるだろう。抽象的な概念のうちでユートピアの具体的なイメージに一番接近しているのは永久平和の概念である。*136

うつろな状態、そして静寂はしたがって、極端な場合には、なにものもなされてはならない状態か、もしくはなにものもなされる必要のない状態を示唆する。エコミメーシスは、生と死の弁証法において、自らの外を見ようとする。つまりそれは、環境を組み入れていくことと緊張を高めていくことのあいだで入れ替わるリズムであるが、これと対置されるのが、非有機的な状態へと弛緩してしまう（環境になってしまう）ことである。人間も読者も居ない状態の瀬戸際を垣間見ること――私たち自身の死を見ようとすること――は共通のエコロジカルな幻想である。それはちょうど、メアリー・シェリーがそのSFである『最後のひとり』でいち早く論じたとおりだが、そこで読者は人間の不在の世界について考えるようになる。[*137] 私たち自身の死を見ようと試みるとき、それを見ている「私たち」は生きたままでいる。

ワーズワースは、ロマン主義的なトーンの名手であり、意識がトーンの周囲を漂い、意識を思い出し変えていくアイロニカルな方法の名手である。単純な繰り返しをつうじ、彼は詩を読むという行為において、ため息やあえぎの緊張を、物理的な緊張と緩和をほのめかす。トーンは、言語のまったき表面の上かもしくは背後に浮かぶというようにして現われてくる。[*138] 反復の観念は、アンビエント詩学の別の特質を明るみに出す。事後性は私たちに後ろを振り向かせ、もう一度聞くように仕向け、時間をおいてから新しいなにかを定めるよう仕向け、私たちが知覚していたものを組み立て直すか変更するよう仕向ける。私たちが中断状態にいたことを確信できるようになるのは、私たちがそこを去ってからである。事後的に、私たちは語りがそれ自身の周囲をぐるぐる回っていたことを知る。同様に、環境もこだまとして、残像として聞かれるようになる。*139

ヘーゲルは純粋な反復を彼の歴史の概念の外に存在する諸々の文化（アフリカのような）に帰属させていたとはいえ、反復は高尚なロマン主義の目的論的構造そのものの中に存続している。ここで私はジェームス・スニードと意見を同じくしているが、というのも、彼は反復の観念を賞賛してきたヨーロッパの哲学と文化の反対の流れをあつかっていたからである。*140 反復は、ワーズワースの『抒情歌謡集』に収録されている、梟に向かってホウホウと鳴き声を真似てその音を湖水一面に反復させる少年についての詩である「少年がいた」の主題である。

少年がいた。
ウィナンダー湖の断崖よ、島々よ、
彼をよく覚えているだろう。
夕暮に、山やまの尾根の上を
星が昇ったり沈んだりし始める頃、
木立の下や、かすかに光る湖の近くに、
彼はひとりたたずんで、
手のひらをぴたりと合わせ、
指を組んで口につけ

笛を鳴らすようにして、
ほうほうと梟の鳴き声をまね、
かれらが答えるのを待つのだった。
梟たちはその呼び声に答え、
谷川の向こうから一声、また一声と
叫び返した。ふるえる声、長い喜びの声、
鋭い叫びが甲高く二重三重にこだまして、
陽気な騒ぎの奔放な合奏が起こった。
そしてたまに、彼の腕前を無視するように
声が絶えて深い沈黙が訪れるとき、
その静けさに彼が耳をすますと、
軽い驚きの衝撃がそっと襲って、
山の急流の声を彼の心の奥深くへと送りこみ、
岩や、森や、穏やかな湖面に映し出された
変わりやすい大空などの、
厳かな姿がはっきりした光景となって、
知らぬ間に彼の心に忍び入るのだった。

彼が生まれた谷、森やあたり一帯は
まことに美しい。教会墓地は
村の学校を見おろす丘辺にある。
夕暮に丘を歩いてその墓地を通ったとき、
わたしはたっぷり半時間も
彼の墓のそばに立ちつくしたと思う、
じっと黙って――十歳で彼は亡くなったのだ。[*141]

梟はときに少年の「梟の鳴き声」に反応せずその静寂において少年が彼の環境を意識化するということを私たちが読むときそこにある、中間における一時停止や区切りを、ド・クインシーはとても好んでいた。ウィリアム・ワーズワースと夕方散歩に出かけたとき、ド・クインシーの心はアンビエンスの意識へと開かれていく。「北へ向かって伸びる谷間を抜けて聞えてくる音は何一つなかった。岩ばかりの丘のあいだの奥底から互いに大きな距離を置いてちらちら光っていた数少ない田舎家の明かりも皆既に消えて久しかった」[*142]。「音は何一つなかった」という、はっきり言わずになにかを述べる書き方により、私たちは、音の欠如を聞くことになる。アンビエント詩学が鳴り響かせるのはこの論理だが、これは「ピンクの象を思い浮かべるな」と言うときに発動するのと同じ論理である。
ド・クインシーは続ける。「一度、このような骨折りをしてからゆっくりと立ち上がる時、その目が、シート・サンダルと巨大なヘルヴェリンの頂きのあいだで輝いていた明るい星を捉えた」。ワーズワースは宣言する。「いかなる情況にせよ、絶え間ない観察、あるいは絶え間ない期待という行為に気を引き締めて注意を向けていて、その後でこの張り詰めた警戒の状態が万一突然緩むようなことがあれば、その瞬間に何であれ美しい、何であれ印象的な視覚の対象あるいは対象の集合が目に入ると、それはほかの情況では経験しえない力強さで心に伝えられる」。瞑想的な状態にある予期せざる帰結は、瞑想を実践した人であれば誰であれ、馴染みあるものであるはずである。ワーズワースは次のように説明する。

ちょうど今、私の耳は、ケズィックの道からワイズバーンの湖へ向かって下りてくる車輪の音がすれば何でもいいから捉えようとして、緊張状態に置かれていた。今夜の期待を最終的に放棄して地面から顔を上げたまさにその瞬間、注意を向けていた諸器官が全く突然にその緊張から解放されていったその瞬間、あの大きな暗黒の輪郭の上の空にかかる明るい星が突然私の目に襲いかかり、哀感と無限性の感覚とを伴って、私の直観的理解の能力のなかに刺し貫くように入り込んできた。それは、このような情況でなかったとしたら私の注意を引くことはなかったであろう。*143

ワーズワースは、ミニマリスト的な感覚器官の感応がいかなるものかを素描するが、それは瞑想のような、驚かす驚きの一つであると私たちは言うかもしれない。すなわち、驚きのままであり続けている驚きのことだが、というのも、それは感性の詩学の「ひどくて激しい刺激」とワーズワース本人が呼んでいたものにはかかわらないからである[*144]。

私たちは、梟のこだまを返すという森での少年の偉業を読むときはいつも少年の墓の横に立ちつくしていたことに気づく。詩の終わりから振り返りつつ、私たちは、静謐で甘美な静寂において、少年が死に、私たちが少年と同一化していることを認める。詩の総体が、少年の「こだま」になる。死の事実の後になって初めて私たちは、私たちが同一化の空間の中にいたことに気づくことができるようになる。この気づきはつねに不気味である。親しいが奇妙であり、さらに言うと、親しいくらいに奇妙である。究極の不気味な経験は、親しいものにある親しさの特質として奇妙なものを認識する、ということである。フロイトは、不気味なものは反復しようとする衝動と結びつけられていると説明した。アンビエント詩学では、不気味なものは、テクストの時空間がほとんど知覚されることなく変化していたことが明らかになるというようにして、作用する。私たちは、テクストが読まれる前に、それが始まる前に、この質に感応している。ゆえにその意味は、変化は起きてしまっていた、というものである。この前未来の性質は、作品に組み込まれている。すなわちそれは、不気味なまでに予見的な振り返りである。私たちにおいて生じる不気味な感覚は、テクストの展開におけるどこかの時点で私たちは後方を見ることになり、すべてが変わってしまっていたことをそのときになって初めて知る、というものだ。遠くから聞こえてくるうるさい音のように、「少年がいた」にある事後的なものの効果は、詩はトーンの水平状態だけではないということを確実にする。顕在的な「瞬間」は事後的に顕在的になるのにすぎない。そのため、もしこの瞬間が完全にあるとしても、それは空白である。これはワーズワースの詩において、空白の空間と配列によって表現されている。「しかし」は「そして」にもまして諸々の事物を分化したであろうが、このことゆえに、ワーズワースは「しかし」を使わない。アンビエント詩学には、たとえその明示的な主題が哀悼ではないときであっても、哀悼の質感がある（事実、「少年がいた」は、哀悼の作品である）。ここで私は「哀悼」と言っているが、フロイトが行ったように、哀悼と憂鬱《メランコリア》を区別しない。というのも、この二つはつまるところ、しっかりとした消化とそうでない消化の違いに帰着するからだ。ある意味で、「しっかりとした」哀悼はいつも、ものすごく遅れる。失われた対象を十分に消化してしまうと、私たちはそれをふたたび味わうことができなくなる。最悪のことがすでに起きてしまっていて、ワーズワースの語り手やノワール小説の登場人物のように私たちがすでに完全に巻き込まれてしまっていることを見出すことになるところであるエコロジカルな状況には、憂鬱は適切であり、倫理的にもふさわしい。方鉛鉱を含有する薬を飲んでいるときの憂鬱は、地球にもっとも近接している気分であった。

　接触の瞬間は、いつも過去において存在している。この意味で、私たちはそれを実際に所有することはないし、そこに住みつくこともない。私たちはそれを、事後的に定位する。音が媒質を振動させたあとにのみ、こだまは私たちの耳へと達することができる。相対性理論によると、すべての知覚現象は過去において存在し、私たちの感覚器官には後になって到達する。ニュートンが瞬間的なものであると考えた、光や重力でさえもがそうである。それゆえに、アンビエント詩学にある、不気味で前未来的で事後的な——さらに憂鬱な——質感は、皮肉にも的確である。それは、事物が生起するやり方にある、必然的な遅延を追っていく。なにゆえに環境ライティングが直接性の感覚をそれほどまでに苦心して伝えようとするかを検討するとき、この点はとても重要になる。直接性は、「ロマン主義のエコロジー」が湖を横切る梟のこだまの中に聞くことを欲するものである。驚くばかりの休止と切り返しにおいて、ワーズワースはこの直接性を撤退させるが、彼がそれを提示するようにみえるときであっても、そうなのである。

まったきトーンの崇高性は、エコミメーシスにとって危険なものとなる。カントは、崇高がなんらかの「目的論的なもの」へとかかわっていくのをはっきりと禁じている。かくして、著者が言葉を言葉へとどれほどまでに多く積み上げていくとしても、文章には環境にある環境としての力を称揚することはできず、崇高でありつづけることもできない。カントはそれを次のように言い表す。

大洋の光景にしても、これとまったく同様であり、我々は諸般の知識（しかしこれらの知識は、直接の直観に含まれているのではない）を蓄えて、これをもって大洋を考え**る**のではない。それだから大洋を、水棲動物の広大な棲処であるとか、陸地に雨を降らすために大気を雲で孕ませるところの蒸発に備えるための大貯水池であるとか、或は大陸を互に隔てはするがしかしまた他方では大陸間の極めて活発な交通を可能にする要件であるなどと考えるのではない。こういう見方は、まったく目的論的判断を与えるだけだからである。むしろ我々は詩人に倣って、大洋を我々の眼に映じるままに崇高と見なさねばならない、即ち静穏な海洋は見渡す限り大空を果てとする明澄な鏡として崇高である、しかしまた荒天で波浪の天に沖する海洋は、あらゆるものを呑み尽くさんばかりの深淵として、それでも崇高なのである。*145

このことは、現実のものであろうと想像されたものであろうと、いかなる環境についても言える。「星のきらめく夜空の眺めを崇高と称するならば、我々はかかる星空を判定する際に、たとえば理性的存在者の居住する世界の概念……などを、判定の根底においてはならない」。トーンは、崇高の軌道の中へと入るが、エコミメーシスがその表象に留まりつづけるならば、これがトーンを曲折させることになる。かくしてエコミメーシスの内容は、その形式と争うことになる。トーンにはさらに、まったき刺激へと崩壊する恐れもあるが、それをカントは「対象に関する単なる感覚（感覚的満足もしくは苦痛）*146」と呼ぶ。

エコミメーシスにとって、トーンはあまりにも抽象的であるか、十分に抽象的でない。アンビエント詩学はエコミメーシスの目的を混乱させるだけでなくその達成を困難にするが、というのもそれは、環境を「詩人たちが見る」ようにして——すなわち美的な対象として、あるいは美的なものそのものの類似物として——見ることによって、これらの混乱を回避しようとする。そうすることで、文章としての環境のアンビエンスには、最適な度合いの抽象性が付与されることになるのだが、抽象度があまりにもわずかであるならアンビエンスは感覚のただの表出になり、あまりにも抽象度が高いならそれは目的論的なものに転じることになる。だが適切な距離を保つにはコツがいる。

エコミメーシスは、自然についての幻想を、触ることができるが形のない周囲をとりまく雰囲気として発生させる、特殊な修辞である。この経験を定着させるアンビエント詩学は、徴候的な幻想の事物になりうる、統一されていて超越的な自然を設定しようとする試みの妨げになる。批評的な精読《クロス・リーディング》は、このアンビエント詩学にある一貫しない特徴を明るみに出す。アンビエンスはエコミメーシスを危険にさらすが、というのも、直接性と自然さの幻想を伝えようとするまさにその過程がこれらの幻想を内から追い払おうとし続けるからだ。ジュリア・クリステヴァの言語では、アンビエンスはエコミメーシスのフェノ-テクストに対するジェノ-テクストである。クリステヴァは、ジェノ-テクストを次のように定義する。「(ジェノ-テクストには)セミオティクのプロセスのすべて(欲動、欲動の作動傾向、欲動が身体におよぼす分割、個体をとりまく生態系と社会システム、すなわちまわりにある諸対象と両親とのエディプス以前の関係)が含まれる。そればかりでなく、サンボリックの形成(対象と主体の出現、カテゴリ体系にしたがった意味の核の形成すなわち意味とカテゴリで区分される領野)もまた含まれる」*147。ジェノ-テクストは、「コミュニケーションを促進する言語」である、フェノ-テクストを発生させる。増大し脈動する「量子」(クリステヴァの言葉）は、「言語を下から支える基盤」である。*148 皮肉にも、ジェノーテクストは環境であり、主体が生まれ成長するところである母胎である（「身体をとりまくエコロジカルで社会的なシステム」がその一部である）。エコミメーシスが、本質的であるか実体的であるなんらかの環境的な自然を確かなものとして確立するのを妨げるのは、まさにこの環境である。そして、ジェノーテクストには革命的な潜在力があると信じたクリステヴァ本人にとってとりわけいっそう皮肉なことに、これが起きているあり方の一つは、皮肉にも主観性と客観性の区別を均そうとする文章そのものにおいて、現象の上に浮かぶデカルト的な自己がその醜い頭をもたげつづけるというものである。

要するに、明瞭で明確に現実的である自然を「外側」や「あちら側」に定めようとすることへの主な不満の一つは、それが説得力のあるものになることがとにかくできない、というものである。信憑性の欠如は、自然の感覚を定着させるのにもっとも力ある修辞の方法であるエコミメーシスのまさにその核心に浸透している。言語と、人間および人間ならざるものの世界に固有の定まらなさは、エコミメーシスは伝達するのに失敗するということを確実にする。

ここで次のように言わせていただきたい。内と外という伝統的な観念の「あいだ」にある芸術と概念を案出しようとする試みはすばらしくてわくわくさせるものだが、私に本書を書くことができる理由はただこれだけである、と。内と外の区別の背後か、それを越えたところか、あるいは上部（言い換えると、外部！）になにかがあると考え始めるとき、問題が発生する。区別は現実的である、というのではない。それは完全なまでに誤っている。かくして、内と外を越えたところにいっそう現実的な何かがあると主張するのは誤りである。このなにかが（神聖な）自然（伝統的なエコロジカルな言語）であるか、あるいは機械（ドゥルーズとガタリの世界）であっても、それは誤りである。だが、なにも存在しないと言い、「なにをも信じようとせず」、最上の議論をおこなう彼ないしは彼女が正しい人だと言うのも、同じように誤りである。それは純粋なニヒリズムだ。内と外を越えたところには無さえも存在しない。このことに慣れるには、一生かもしくはそれ以上の時間がかかることになるだろう。

第二章　ロマン主義と環境的な主体

時空間の初歩的な概念さえもが揺らぎ始めた。空間は鉄道によって殺害される。私はありとあらゆる国の山と森がパリに向かって進んでいたように感じる。今でも、私はドイツの菩提樹の匂いを嗅ぐことができる。北海の波浪が私の家のドアに向かってうねっている。

——ハインリッヒ・ハイネ

今や私たちは、エコミメーシスの本質である、アンビエンスの文脈化に着手する。文脈化は、必ずや不完全なものである。文脈化がおこなわれたところには常に、そこには収まることのないいっそう多くのものが存在する。そしてほとんどのテクストが弱いエコミメーシスを含んでいる。エコミメーシスはさまざまな文化において存在すると結論しても大丈夫だろう。松尾芭蕉の「古池や蛙飛び込む水の音」のことを考えてみよう。[*1] 俳句の最後の句は、カエルの跳躍、音の痕跡、水とそれを聞く心の存在感を模倣し喚起するが、その全てが「世界」に含まれている。アンビエンスは広い範囲に及んでいるという私たちの感覚は正しくて的確である。文学的な効果にかんする形式主義的な定義はなんであれ広範に応用できる。そしてアンビエンスが修辞と芸術的な産物一般の特質でないのだとしたら、この研究にはなんの土台もないことになる。

全てのテクストが内部と外部のあいだの関係性を調整するので、アンビエンス、そしてとりわけその根本的な構成要素である再-刻印の機能は、あらゆるテクストの一面である。それと関連する区別（背景と前景、音とノイズ、文字と記号、悪臭と芳香）は、テクストがこの基本的な関係を確立した「後に」、落ち着くべきところに落ち着く。いかなる芸術作品であろうと、そこにアンビエントな質感を発見するのを期待できる。私たちは、とくにアンビエントな作品に自分自身を限定する必要はない。とりわけ、エコミメーシスを含んでいる作品の部分集合に限定する必要はない。環境へと的確に調子を合わせている世界においては、私たちは詩を、その内容がなんであろうと、エコロジーに向けている目で読むことになる。

レオ・シュピッツァーが論証したように、アンビエントな詩学の普遍性は、環境（*milieu*）とアンビエンスのような観念のきわめて長い歴史の条件でもある。シュピッツァーは、アンビエンスが神秘的な用語から科学的で社会学的な観念（環境の啓蒙的な観念）へと長い時間をかけて変形され、最後には商品形態を示唆するものへと変形されるのを丹念に記録する。レストランにはアンビエンスがある。シュピッツァーは、アンビエンスは「「表現することのできないものの暗いトンネル」へと入り込もうという反デカルト的な欲望」に名を与えようとするものであるという直観から始めている。ギリシア語の*periechon*（とりまく「空気」や雰囲気）には神秘的な質がある。プラトンとセクストス・エンペイリコスはそれを活動的な力と考えた。よりプラグマティックなアリストテレスですら、*periechon*を、全ての事物にはその場所があり、周囲を特別にとりまくものがあることを示唆するものとして用いた。この観念が抽象的な場所の観念に置き換えられていくことが、ルネサンス以来の自然哲学で進展した。だが、具体的に周囲をとりまく媒質の観念は、デカルトにも普通に存在していた(精妙な物質は、ニュートンのエーテルの観念において採用された)。もし私たちが、シュピッツァー本人がその論考の最初で表現する、アンビエンスはデカルト的な思考以後において捨て去られたものへの要求を充足するという常識的な考えを受け入れるのであれば、これはかなり奇妙である。それは私たちが再び耳にすることになる決まり文句のようにも聞こえる。私たちにはデカルトを無視できない、という決まり文句である。[*2]

シュピッツァーは、自分たちに明瞭に見えてしまった広大な空虚な空間から私たちを守るために、おのれの思想のせいで使用できなくなるものである環境のような考えをまさにその当人たちが導入すると主張する。[*3] この広大無辺さは、エコロジカル・ライティングが取り戻そうとする、意味があり特殊でローカルな場所性をひっくり返す。空間そのものには「不可能な視点」があり、そこからはそれ以外の他の視点全てが等しく(無)意味になるということを認めるならば、等しくはないが意味のある地平の中から(とにかく多くの)独特の視点が存在するようになると想像するのはいっそう困難なことになり始める。グローバルなものはローカルなところのいたるところに広がり始めるが、それはただ社会的にというだけでなく哲学的にでもある。[*4] 共役不可能で離散的な、無数でおそらくは無限の観点があるというポストモダン的な考えでさえ、この一般的な背景を背にして現れている。「メタ言語は存在しない」という考えそのものは、この「観点」から打ち出されている。アンビエンスがまとうアウラの価値が徐々に低落しているが、アンビエンスがエコミメーシスにある首尾一貫しないものの探求に際して使用するのにふさわしい言葉であるのは、そのためである。

　このいずれでも、正確な歴史的な規定、主眼点、系譜、由来といったものを辿ることが必要でなくなるということはない。イデオロギー的な規定は芸術作品や修辞的な表現の内容と形式だけでなく、それが確立する主体の位置にも左右される。芸術作品は私たちを歓迎し、一定の態度を確立する。主体性とアンビエントな詩学の関係を考えるとき、歴史的およびイデオロギー的な基本型の一貫した傾向を発見するだろう。皮肉なことに、「環境」がその醜くて放射能汚染されていて毒々しくなっている頭をもたげるまさにそのとき、「あいだの」存在のようなものについての思想は考えることの難しいものになる。「ネットワーク」や「ウェブ」のようなけばけばしくて新しい言葉にたよるとしても、ローカルなものや地に足の着いたものについて語る「新たに改良された」方法を発明できるなどとは私は確信していない。この章の結論は、自然よりはむしろ主体になるだろう。

　この章は、三つの異なる種類の歴史的な説明を含んでいるが、それらは順に、現代社会の形式と内容と主体の位置を解読することになる。マルクスは社会と経済の形式を描き出す。次には観念の歴史が来ることになるが、そこで私は世界、国家、システム、場そして身体といった言葉を探究する。それから私はロマン主義の時代に出現した特定の主体の観念を検討する。つまり、美しき魂である。歴史的な視座は、特定の距離の感覚を、さらには一人よがりの気分をも生じさせうる。それゆえにこの本には、未来の可能性を探究する第三章がある。第二章は、次の章での考察のための歴史的な背景を提供するだけではない。それは自然がなんであったかを深く探っていく。私たちは先に論じた「非同一なものとの出会い」を再考するだろう。それは第一章では、環境ライティングが定まった中心を維持していくのを困難にする、隅と際《きわ》を確立するやり方として現れた。アンビエンスは環境ライティングが追求するものであり、その最後の強敵である。これらの歪みはここでより意識的な形で、つまりは「よそ者」としてふたたび現れるが、それは世界の中へとさまよいながら入っては出ていく他者や動物や他の存在者であり、世界を境界確定するものとして構成するというだけでなく、その首尾一貫性を掘り崩すものでもある。第三章では、これらのよそ者は、亡霊や機械のようないっそう奇妙な形をとることになるだろう。自然はそのままでいることができない。それは私たちの知覚の際《きわ》で明滅する形象であり、その近さゆえに私たちを不安にするよそ者であり、その奇怪さが反感を生じさせることになる機械である。

ヘーゲルは、因果性は少なくとも人文学では後ろ向きに作用すると述べているが、私たちはここから始めてみたい。ルネサンスは事後的に措定された。私たちにはその歴史を単一の起源へと辿り、そこから物語を前方へと進行させることはできない。これは、ロマン主義やポストモダニズムと呼ばれる歴史的時点にも当てはまる。空間と環境を大いに活用する現代アートは、全ての先行する芸術を事後的に再形成し、そのアンビエントな質感を明瞭にする。アンビエントなものの普遍性はそれ自体歴史的で、私たちの特定の時点の事後的な効果である。全ての芸術は今やその環境的な質感のために、そして一般的にはアンビエントな詩的効果のために評価されうる。『テンペスト』で、キャリバンが島に捧げる賛辞について考えてみよう。

この島は
いろんな音や
いい音色や歌でいっぱいなんだ、楽しいだけで害はない。
ときには、何千もの楽器の糸を弾くような調べが
耳元に響く。（第三幕　第二場）[*5]

キャリバンは、島の不思議を、エリアルの声の現前として描き出す。魔法使いのプロスペロー自身は、火と風の精霊であり人には見えない風音を召喚し、ファーディナンドへと「波間を縫って忍び寄る」（一幕二場三九一行）音楽を作り出す。そこで風音は、ファーディナンドの死んだ父の身体がいかにして海の力により変えられ「豊穣で奇妙な宝もの」になるかを歌うが、その歌は、鐘の音と犬の吠え声の反響するコーラスで完成させられる。「ディン・ドン」「ワンワンワン」（三八二–三八四行、三八六行、四〇一行、四〇三–四〇四行）。

依然として、起源の問いをはぐらかすことはできない。原因は、環境的な質感が芸術的な素材に

なる時点から事後的に作用すると述べたところで、問題を一段向こうへと先送りすることにしかならない。「現代」ということで私たちが意味するものをどうやって説明したらいいのか。この観点から言うと、現代はいつ出現したのか。私はその出現の時期が、商業資本主義の台頭のとき、つまりは消費社会の台頭のときであると推定する。とりわけ、社会が消費について反省的になり始める時期――それが消費社会であったことを適切に認識し始めるとき――が決定的であった。他の著作ですでに論じたように、消費主義の誕生はロマン主義の時代と一致している（そしてある程度は一致していた）。[*6] ヨーロッパとアメリカの異なる社会には、異なる時期にロマン主義の時代があった。だがこのことはさして重要ではない。なぜなら私たちは、機械的で客観化された時間ではなく社会的に意味のある瞬間について語っているからだ。

近年の環境運動には、ロマン主義の名残がある。問題は、これらの遺産が不明瞭だということではない。むしろ、あまりにも多くの関連がある。関係性は重層決定されている。それは私たちがイデオロギーの捻れた空間の中にいることの確かな証である。ロマン主義の用語である文化は、自然（nature）と養育（nurture）のあいだのどこかで揺れ動きつつ、周囲をとりまく世界を喚起する。さらに言うと、この「事実」には「価値」が吹き込まれている。文化はいいもので、そしてあなたにとっていいものであった、と。「文化」は「自然」のように（これらは密接に関連している）、ガンジーが西洋文明について述べたことに類似している。「私はそれは素晴らしい考えのように思う」。T・S・エリオットとレイモンド・ウィリアムズは、「文化」を「生活様式の総体」と考えるが、規範的というよりはむしろ記述的なものと考えられているにせよ、それでもそれは強壮でもなければ元気でもない世界の中でユートピア的な円環を保っている。*7 エコロジーは「総体」と「生活」の言語を継承したのだ。

そのうえ歴史そのものはアンビエントな質感を帯びることになったが、それがそうなったことについては、語られてしかるべき歴史が存在する。科学、政治、倫理、美学は、環境の徴しの下にやってくる。大半のエコクリティシズムが疑問視しているポストモダニズムでさえ、環境を思考し行動し作ることに際して考慮にいれる過程の中の一つの契機として、現れるようになるかもしれない。人びとは次第に、「環境的に」理解し行為する方法の始まりを、ロマン主義の時代に認めることになるかもしれない。ロマン主義の歴史は、時代の特定の時期において、その時代の精神つまりは「時代精神（*Zeitgeist*）」および文化の特色を喚起しながら現れた。歴史への現象学的な研究方法は長期にわたるが、特定の時代の「サウンドスケープ」がなんであったかを想像しようとする、聴覚の歴史と文化研究を最近になって発展させてきた。現象学はヘーゲルにおいて現れ、そしてディルタイとコリングウッドのような歴史の哲学者と、二〇世紀になってのちに現れた哲学者たち（フッサール、ハイデガー、メルロ＝ポンティ、さらにはデリダ）にまで続いている。*8 現象学——文字通りの現象の科学——への転換は、意識を保持し感じる主体を、それが相互作用する世界へと入れていこうと試みる。

ちょうど（出来事の連なりとしての）歴史が初期近代の時期と資本主義の勃興以来いっそうグ

ローバルになったのと同じく、（書くこととしての）歴史は世界の観念に適合していった。つまり、周囲をとりまく環境ないしは文化の観念であり、ドイツの思考が生活世界（*Lebenswelt*）や環世界（*Umwelt*）と呼ぶものの観念である。ロマン主義の時代に新たに起こり、特定の文化を歴史的な変化の考察なしで見ていくという共時的な様式を備えている人類学は、動態的であるよりは静態的で、歴史的であるよりは先史的なものとして現れた社会を重視する。このような「原始的な」社会は、書くということが知られておらず、したがって歴史（ギリシア語の *historia* は歴史的な出来事とその記録の両方を意味している）も知られていなかった「失われた世界」に属していた。[*9]

諸機械のたえまないざわめき——世界文学、世界史、世界哲学

『共産党宣言』で、マルクスとエンゲルスは、現代の経済的な条件のもとでは「民族的一面性や偏狭は、ますます不可能となり、多数の民族的および地方的文学から、一つの世界文学が形成される」と述べている。[*10] もしもこの考えが、さまざまな国々の人びとが同じ事柄を同じやり方で書くということ以上のことを意味するとしたら、書くこと一般には、特定の諸条件のもとでは世界そのものの観念について熟考することができると考えることもできなくてはならない。世界を想像するこの能力は、特定の種類の悲惨のグローバル化と関連しないわけではない。「ウィ・アー・ザ・ワールド」と呼ばれる歌を歌ってたじろぐか、もしくは「国連《ユナイテッド・ネーションズ》」という言い回しの中にある、

大量の苦々しい皮肉を目にすることが次第にできるようになる。

エコロジーは私たちに、たとえ否定的なあり方であろうとも、事実上私たちは世界であるということを思い出させてきた。唯物論的な歴史用語で言うならば、環境の現象は、グローバルな温暖化やアジアの「黄砂」やチェルノブイリの汚染のような環境にとって否定的なものへの自覚をうながすかぎりにおいて、弁証法的な相互作用に関与している。このような現象は、黄熱病のようなグローバルな伝染病という形象で、ロマン主義時代にすでに現れていた。アラン・ベウェルの洞察力に富むエコクリティカルな研究である『ロマン主義と植民地の病気』は、いかに著者たちがこのような形象に触発され、「瘴気」をも、倫理的、政治的、美学的に説明することになったかを示している。この言葉は、古代ギリシア時代に負わされてきた、倫理的な非難の意味合いをおびることになった。[*11] この否定的な意識は、「自然」のような肯定的な「もの」やエコフェミニズム的あるいはラブロック的なガイアのイメージで満たされる必要などなく、まさに私たちが必要とするものである。

環境のロマン主義は、グローバリゼーションが、場所のまとまりの感覚を掘り崩してきたと主張する。少なくともこれは、ロマン主義とエコクリティカルな思考の内部での議論である。このような思考は、産業資本主義とそのイデオロギーによる破壊から、世界や主体性の一部を守ろうとする。場所ととりわけローカルなものは、ロマン主義的なエコクリティシズムの、声高だがそれでも無力な怒りにとって重要な言葉になった。その修辞にこめられている情動の度合いは、周縁化されていくことと直接的に比例している。そのうえ、ここにある無力な怒りそのものは、エコロジカルな思考が欲望し前提し予見する諸々の存在者のあいだの本当の相互的な関係（の感覚）のようなものを妨げる、皮肉な障壁になっている。場所、ローカルなもの、ましてやネーションは、諸々の主体の位置をともなっている。つまりそれは、ロマン主義的な場所の観念が意味あるものとなる場所である。このことゆえに、場所の観念について、そして一般的には今日広まっている自然へのロマン主義的な態度について、深く考えることがきわめて重要である。

物質代謝の過程が、有機体と環境のいずれをも変える動態的な諸条件を創出するという事実は、エコシステムにおいてはなにものも同じままではないことを意味している。唯物論は、「自然」をお払い箱にしたが、この言葉自体、古い時代の唯物論の用語であった。ウルリッヒ・ベックは、意図せざる帰結の論理が産業社会において作動し、階級の差などにはおかまいなく、リスクがます民主的になると述べた。放射能の拡散は国家の境界線を度外視する。苦々しくも皮肉なことに、一七九〇年代の平等の夢が達成された。私たちは皆、環境そのものからのリスクを前にして平等になっている。国民性と階級への帰属とはかかわりなく、私たちはチェルノブイリの毒の名残を共有している。資本主義がその産業をもたらし、「脱産業化」の風景という最近の幻想を生じさせるところならどこであろうと、全ての社会が影響を受けている。そこでアンビエント詩学が現われ、私たちの予測をまさしく超えたところにあるユートピアとディストピアを指し示すようになったところで、おかしくはない。ネイチャーライティングは、輝かしき日の名のもとに主体と客体の二元論を壊すことを求めるが、他方では「化学と原子力の高度に発展した生産力」がそれとまさしく同じことをしている。それらは「われわれの考えや行動の基盤とそのカテゴリーを役に立たなくしてしまった。例えば、空間と時間、労働と余暇、企業と国家、さらには軍事的陣営の間や大陸の間の境界というようなカテゴリーがそうである」。皮肉にも、このようなことが起きるのは、「人びとなき自然」についての科学のせいで、どうやってこの二元論の消滅に取り組んだらいいのかと想像するのが難しくなるまさにその瞬間である。[*12]

ベックの観察によると、「近代化」そのものは、「その課題と問題に対して、「自己内省的」になる」。[*13] フランクフルト学派はすでにこのことを言葉にしていた。エルンスト・ブロッホは、「技術が自然の制約を一見平然と打ち負かせば負かすほど……既知の危険はもとより、未知の危険であればなおのこと、危険の系数はそれに比例して増大している」[*14]と主張した。これにふさわしい一つの名前はポストモダニズムだが、別の名前はエコロジーである。高度ポストモダニズムの憂鬱な真理は、「空間」にかんする全ての議論、環境的なマルチメディアのインスタレーションの全てが、高尚な環境芸術（空間というよりは場所の芸術）が避けたいと思う低俗なエコな感傷的作品（eco-schmalz）とまったく同じである、ということである。それらが同じなのは、現代の経済的な諸条件のもとでは、場所が存在しないというだけでなく、空間も存在しないからである。現代の資本主義は「時間によって空間を消滅」させ、それから時間そのものを崩壊させようとする。[*15] 私たちがこのようにして考えるとき、空間をポストモダン的に強調することは、空間と時間の消滅という現実を高尚文化を根拠に否認することであり、理論的な突破というよりは蒙昧化であり、客観的な諸条件を表現するというよりはむしろその諸条件にまったく矛盾する。

資本主義が特定の空間を生産し、空間時間の諸関係を生産するという考え方を先駆的に提唱したのは、アンリ・ルフェーブルである。[*16] 資本主義は、空間にかんする思想を構築するだけでなく、実際に存在する具体的な空間を創出する。資本主義に特有の空間の種類のうちでもレム・コールハースのいう「ジャンクスペース」がきわだっている。[*17] 空間そのものが、資本主義が永遠にみずからを革命していくそのすさまじい発展にともない放擲していくものの一つになっている。かくして、「ジャンクスペースは、革命のあとの茫然自失の状態において、もっとも享受されることになる」。[*18] ゆえに私たちが問題にするのは、それらを「巨大な空白」と呼称するマルク・オジェにより分析された一種の超近代の「非 - 場所」ではない。[*19] 具体的な空白は、ただ広大な空港の問題だけでなく、打ち捨てられた空港の問題でもある。マルクスは、資本主義がただ人びとだけでなく、道具と建物にも影響を及ぼしていくのはいかにしてであるかを記述する。

用具、機械、工場建物、容器等々は、それらの元来の態容を保持して、明日も再び昨日と全く同じ形態で労働過程に入るかぎりにおいてのみ、労働過程において役立つ。それらは、生きているあいだ、すなわち、労働過程にあるあいだ、生産物にたいしてそれらの独立の態容を保持するように、その死後にもこれを保持する。機械、道具、労働用建物等々の死骸はやはり、それらの助けによって作られた生産物から離れて存在する……そして労働手段も人間と同じである。[*20]

「空虚な」空間——資本主義が相対的な低開発状態にしている空間——は、資本主義に固有の空間である。というのも、資本の法則により、ある特定の時間のスパンで見たときには、空白地帯のほうが開発された空間以上の利潤を産むことになるからである。区画地（*plot*）は潜在的な空間であり、すぐにでも価値を生もうとしている地獄の辺土《リンボ》である。資本主義は、夢遊のお祭り騒ぎをともないこの空虚な舞台へと向かっていくが、そのあげく、ジャンクスペースを残していく。ゴーストタウンについて考えてみよう。資本主義の残骸には、もしもそこへとかかわるための政治的な意欲やお金が十分でないならば、何かがしつこくつきまとってくるような感覚が生じることになるだろう。[*21]だが、たとえそこではなにごともうまくいっているとしても、なんらかの消し跡と静寂がきわだっている。それはレヴィナスのいう「ある《イリヤ》」のような重々しさであるか、レイモンド・チャンドラーのいう、手がかりとしての雰囲気という感覚のようなものである。イブ・クラインのインターナショナル・クライン・ブルーは、キャンバスの上にある商業用の媒質の中で宙吊りになっている、貴重な石でできた絵の具が塗り込められた平板として、世界中のギャラリーに掛けられている。これなどは、抽象的な価値のユートピア的な側面を隠喩的に具現化したものとまでは言わずとも、その完全なる隠喩である。[*22]すなわち、私たちを潜在的な楽園に「湯浴みさせる」空間である。資本の作用の前と後には、悲惨と抑圧の痕跡を残している、興味をそそる静寂と欠如が残存している。

田園詩とネイチャーライティング、そしてエコクリティシズムをも説明する力強い文章でマルクスが述べているように、「まず労働者が土地から追出されて、それから羊がやってくる」[*23]。資本主義は農業空間を近代化する。土地が占有されることのないものとして現れるのは、古代の先史的過去の遺物ではなく、近代と相関している。「最後に、農耕者からの土地の最後の大規模な収奪過程は、いわゆる土地の清掃（実際は土地からの人間の掃き棄て）である」[*24]。オリヴァー・ゴールドスミスの『寒村行』のような作品がこの過程を表している。大地、空気、水は、進歩の未開拓領域として見たときには、はかりしれない可能性を有する空間である。進歩の後には、それらは大量のジャンクスペースになる。コールハースは述べている。「空気、水、木——この全てがハイパーエコロジー、『ウォールデン』〔森の生活〕の世界、新しい熱帯雨林をつくり出すために改良される。ランドスケープはジャンクスペースになった。枝葉ができそこないになったというわけで、木は無理に曲げられ、芝は人間の小細工をカバーして分厚い毛皮、いやカツラさえスプリンクラーは数学のダイアグラム的な予定表どおりに放水する……」[*25]。

資本主義の思考、そして資本主義の機構は、そこで働いている労働者たちを積極的に「消していく」。レストランの商品化された雰囲気から、より一般的な意味で言われる「まわり」にいたるまで、アンビエンスは自動化の徴候である。生産過程はなお一層、機械によって直接展開されている。コピー機を動かしてきた人なら誰しもが認めるように、人間存在は、ますます脇へと追いやられている。人間が機械を「要員配置する」。かつてにもまして、人間の存在性は今や、機械的な過程の産物と見なされるようになっている。[*26] この節のタイトルは、ドゥルーズとガタリの倒錯的なエコミメーシス的機械賛美から来ている。

散歩のときは反対で、レンツは山の中、雪の中で、別の神々とともに、あるいはまったく神もなく、家族もなく、父母もなく、ただ自然とともにある。「私の父は何をのぞんでいるのか。彼は私に、もっと何かを与えることができるのか。できるわけがない。私をそっとしておいてくれ。」すべては機械をなしている。天上の機械、星々または虹、山岳の機械。これらが、レンツの身体のもろもろの機械と連結する。諸機械のたえまないざわめき。[*27]

自動化《オートメーション》が、芸術に影響した。反復は、芸術の生産過程へと組み込まれていく。すなわち外型的には、機械的な再生産（および消費）が、無数の反復されるコピーを発生させ、労働過程が定型化されていく。そして内面的には、ミニマリストの音楽のように、反復的な形式が芸術の内容になり始める。ＤＪのパフォーマンスは、生産ラインにいる労働者と同じような役回りを実行する。未完成のものがＤＪの手元へと届けられ、ビートとコードの録音が、消えることなく宙づりにされた音響状態を生じさせていく。レコードはしばしば匿名的に生産され、まとめて提示される。ＤＪはこのものを別のものと「ミックスし」、レコードはクラブで普通に流され、そして前に回していたレコードが彼もしくは彼女の箱の中へと戻される。ＤＪのうちの何人かはスーパースターとして崇拝されるとはいえ、ディスコかハウスのＤＪは「音の生産工場《サウンド・ファクトリー》」の匿名の労働者として考えられている。展示催場が機械を仕事のためというよりはむしろ楽しみのために提供するのと同じく、ＤＪはダンス空間でリビドー的な衝撃波を発生させ、アンビエンスを生産する。[28] あなたの身体を作動させる。自動化がいっそう拡張されていくうちに、とりわけアンビエントなものとして描かれているダンスミュージックは、週末の中の週末になり、レイブのためのより広大な余暇空間の中の余暇空間になる。音楽における機械の使用は、深さという幻想にもとづくのではないがそれでも人間存在の繊細さを喚起する新しい形式の主体性を発生させた。たとえばマイクロフォンで鳴らされるエルヴィス［・プレスリー］の震えと吃りのように。[29]

アンビエンスは、資本主義的な疎外の徴候である。それはただ資本主義社会の実存的な気分であるというだけでない。つまり、環境ライティングが近代の精神的な消耗を相手に戦いながら示すように、この気分が資本主義社会に確かに入り込んでいるのだとしても、それだけではない。マルクスは、資本主義的な疎外が、人間の労働力と労働時間が価値発生の過程にとって本質的であるのにもかかわらずそこから除去されていくことにどれくらい深くかかわるものであるかを論じた。資本主義は労働をコード変換する。資本主義のイデオロギーは、労働が価値を生産するということを「とてもよく知っている」。アダム・スミスとリカードが明解に示しているように、これはあからさまな謎である。だが資本主義がその生産物へと価値を付与する客観的なシステムは、あたかもこうではないとでもいうかのようにして作動する。[30] よその国のスウェットショップ労働力を使って展開する服飾店が「ギャップ（gap）」と呼ばれているというのは皮肉なことだ。このグローバリゼーションのモデルにおいて、労働は「外部委託」され、ほとんど痕跡を残すことなく消えている。マルクスは、いかにして資本主義がこの操作を、いっそう深い水準で、あらゆる貨幣交換において進めているかを示しているが、この操作は溝という言葉で見事にも喚起されている。

労働は資本の「内側」にあるが、それは商品形態において、資本の「外側」にあるかのように現れることもある。だが内側と外側のあいだには目に見えない溝がある。商品形態はその外形の内に秘密を隠しているが、『資本論』という探偵小説がその綿密な作業によってこの秘密を暴いていく。商品は、どこでもないところから、宇宙空間の運命の紡ぎ車から生じてくるかのようにして振る舞う。商業の一八世紀における資本主義の詩学は、宇宙空間からではないとしてもかつて言われていたように香料諸島《スパイス・アイランズ》から消費者に向けておのずと流れてくるものとして、商品を想像する。

イデオロギーについて考察する方法には、少なくとも二つある。第一のものは、私たちの主体性を支配する諸条件の集合である、というものだ。つまりそれは信念の集合であり、より強く言うならば、無意識的で頭の中へと直接に接続された一連の幻想である、というものである。イデオロギーは「ここの中」ではなくてむしろ「あちら側」にあるのだが、このことが、イデオロギーを心で把握するのがきわめて困難な理由の一つである。つまり、イデオロギーは心の領域に属していない。イデオロギーはマクドナルドのハンバーガーの「食感」にあり、男が女のためにドアを開けておくその身ぶりなどにある。私たちがこれらの形式と実践をものすごく信じているかどうかは問題ではない。実のところ、私たちがこれらに対しポストモダンかつシニカルで皮肉な態度をとるとき、イデオロギーはより強力に取り憑いてくる。これはまさに、資本主義が労働に対して行使する、消滅の過程にかかわる事態である。外部化されたものとしてイデオロギーを考えるというのは、マルクスがその資本の理論で追求したことであった。

なにかが、十全たる視界のなかで隠されてきた。これはアミリ・バラカのいう「道すがら、邪魔になっているなにものか」にある力である。つまりそれは、はっきりと見られることのないなにものかが、パラノイア的かつ超現実的にちらりと見えることである。道すがらにあるものが、行く手を阻んでくる、というように。[*31] 労働者の消滅が起きている。労働者の身体は、主体なき運動のシステムとして想像される。「彼〔鍛冶工〕は、どれだけかより多くを打ちおろし、どれだけかより多く歩行し、一日にどれだけかより多くの回数呼吸し、そしてすべてを合計して、毎日その生命の支出を四分の一だけ増加することを強制される」[*32]。エンゲルスは、慣れていない人の目には、産業都市の街路は興味をそそるほどにまで空虚であると述べている。「金持ちの特権階級には、その右側と左側に潜在している汚濁の悲惨のただなかに自分たちもいるということを見ることなく、あらゆる労働者街の真ん中を突っ切って自分たちの仕事場へと最短距離で行くことができる」[*33]。

アンビエンスは、概念としては完全には擁護できないとはいえ、それは社会形態として妥当であり、広く行き渡っている。イデオロギーが実際の物理的世界を形成する。イギリスの国立公園である湖水地方は、ワーズワースのロマン主義とワーズワースの『湖水地方案内』のような影響力のあるテクストで取り上げられることがなかったとしたら、存在しなかっただろう。[*34] アメリカ合衆国におけるる国立公園のシステムの確立に一役買った人たちのうちの一人であるフレデリック・ロウ・オルムステッドは、ニューヨーク市のセントラルパークのような場所を建設した。だが、消滅していく労働者たちのことを考えるためには、ありふれた芝生のことを考えてみるだけでいい。大半のエコクリティシズムはそのようなことをしないが、なぜならその視線はより高尚で法外で遠く離れた事物に固定されているからだ。

郊外の庭の芝生の、平坦でほとんど不透明な表面は——高度な抽象表現主義のようだが——そこに潜んでいる労働を、目に見えるかたちで曖昧にする。[*35] 抽象的な表現主義は、叙情的な距離を崩壊させていくことを、利潤を生む産業に変えた。それは芝生に似ているが、ただし、それを観にくる人たちはより限定されてはいたが。[*36] 芝生は労働者の消滅を表現するが、これが絵のような風景、距離の生産、従順さと荒々しさの模造された混合、魅惑的な視点といったことに帰結した。[*37] 近代の初頭には、芝生はスポーツのために、都会の煙と他人たちから逃れるために、そして権力を誇示するために使用された。近代のアメリカ的な芝生はロマン主義の時代に出現した。[*38] フェンスで囲われていないため、それはイギリスの芝生とは区別された。トーマス・ジェファーソンがモンティセロ〔ジェファーソンの邸宅〕をデザインしたのは、「邸宅から木々で囲われ芝生化された庭をとおってブルーリッジ山脈の山裾に抜けていく、流れるような眺望」のためである。[*39]

ヴァージニア大学のジェファーソン風の構内はほどよくミニマリズム的であり、そこからはモンティセロそのものが三〇マイル離れたところに見えるのだが、それはただ「芝生」と呼ばれている。モンティセロは、政治的な動乱、公共的な生活の好戦的な諍いからの共和主義者たちの逃避場であった。入り口にある緑の床の敷布は、外の芝生と内側の絨毯のあいだの境界をたんに融合させた。芝生はアンビエンスをつくりだす。つまり、内側と外側を溶け込ませる幻想の空間である。全ての芝生が絨毯なのだ。

だがモンティセロの開放的な芝生は、奴隷で充満しているプランテーションを隠しており、前景から奴隷の姿を排除するために意図的に設計されていた。横にある小道は、奴隷たちが家に行き、そしてそこからやってくるとき見えてしまうのを妨げた。モンティセロのウェブサイトは、空虚な空間の構築によって労働者を隠していくという、行為者なき行為を執拗に描き出している。

　ジェファーソンの時代に、マルベリー・ロウは、店や庭で働いている三〇人以上の人びとの活動で活気づいていた。洗濯場で亜麻布が茹でられ、小型鍋が搾乳場でカタカタ音をたてていると、大きな音をたてている鍛冶場の近くでは一四人の釘職人のハンマーが鉄床を打ち鳴らしていた。木くずとかんなくずが大工と指物師の斧とかんなによって撒き散らされ、二人の木挽人がサクラ材を大ノコギリでゆっくりと裁断している。ラバが引く荷馬車はこのプランテーション「通り」をガタガタ音をたてながら上り降りし、水を入れた樽、台所のための薪、鍛冶場のための木炭を運搬する。日が没するにつれて、店は静かになり、ムルベリー・ロウの住宅は、モンティセロの黒人と白人の労働者たちが帰還することで活気づく。[40]

労働は、中動態（middle voice）において、背景の一部分であるかのようにしてただ「起こる」。労働と人種が次第に現れてくるとき、モンティセロからムルベリー・ロウと至る領域の範囲の混乱が発生せざるを得なくなる。ソースティン・ヴェブレンにとって、芝生は牧場のようなものとして現れてはならない。「牛という動物に終始ついてまわる節約という俗っぽい印象は、この動物を装飾的な用途に利用するには乗り越えがたい障害になる」。[41] 芝刈機は、労働する動物が「下品なことにも」目に入らざるをえなくなる状況を和らげる。[42] 歪曲（歪像）は、芝生の表象の一貫した特徴である。レイチェル・カーソンの『沈黙の春』にある芝生を直に論じる章の表題は「そして、鳥は鳴かず」である。すなわち、ジョン・キーツの「非情の美女」がほのめかされている。[43] キーツのロマン的な「ノワール」のすばらしい事例では、理想化されたファムファタールが、不運だが上品な求愛者に対し「隣に座る」歪像として現れる。最初と最後の折り返し句は、心的な意味の枯渇した環境つまりは「鳥も鳴くことのない」荒涼とした無人地にいる求愛者の憂鬱を描き出す。カーソンは、毒を使った応急措置が環境の文字通りの枯渇に至るということをほのめかしている。

同じ部門にいる労働者たちのグループは、同じ場所にいる必要がない。そのことは、主観的な暖かさに満たされた場所であってもそうである。「時計の部分で種々の手を経るものは僅かしかなく、すべてこれらのばらばらの肢体は、最後に、それらを一つの機械的な全体に結合する者の手において、初めて集合するのである。このばあいには、類似の製作物におけると同様に、その種々の種類の要素にたいする完成生産物のこの外部的関係は、同じ作業場における部分労働者の結合を、偶然的なものとする」[*44]。マルクスは、機械と自動化を絶対的な疎外化と見なしている。

古代の最大の思想家アリストテレスはこんな夢想をしている、「もし、ダイダロスの作品がおのずから動き、あるいはヘファイストスの三脚台がみずから進んで聖なる仕事についたように、あらゆる道具が、命令または予感によって、そのなすべき仕事を果たしうるとすれば、かくて梭《ひ》がおのずから織るとすれば、親方にとって助手を要せず、主人にとって奴隷をも要しないであろう」。また、キケロの時代のギリシアの詩人アンティパトロスは、穀物を挽くための水車の発明を、このあらゆる生産的機械装置の原初形態を、女奴隷の解放者および黄金時代の再建者として讃えた！「異教徒よ、然り、異教徒よ！」彼らは、……経済学とキリスト教徒とについては、何も知らなかったのだ。ことに彼らは、機械が労働日延長のためのもっとも確実な手段であることを、理解しなかった[*45]。

人間は、「機械の単なる付属物」になる[*46]。生産過程では、商品形態でのように、人間は重要であるが脇へと除けられ、文字通り最小である可能な空間へと圧搾される。「保健局勤務の医師ドクター・リーズビーは、その当時こう説明した、「大人に必要な空気の最小限度は、寝室では三〇〇立方フィート、居室では五〇〇立方フィートであるべきである」と[*47]。数の使用は気を滅入らせる。これはあからさまな量の時代である。ディケンズの『ハード・タイムズ』が忘れがたくも述べているように、「事実」の時代である[*48]。したがってそれはアンビエント詩学には絶好だが、というのも、そこでトーンを利用するのは、質というよりは量、現前というよりは不在の問題であり、クズ空間《ジャンクスペース》の美的な等価物を発生させるからである。

マルクスが観察するように、労働者の悲惨は、エコロジカルな荒廃と並行的である。

資本主義的農業のすべての進歩は、労働者から掠奪する技術の進歩でもあるのみではなく、同時に土地から掠奪する技術の進歩でもあり、一定期間土地の豊度を高めるすべての進歩は、同時にこの豊度の永続的源泉の破壊の進歩である。たとえば、北アメリカ合衆国のように、一国がその発展の背景として大工業から出発するならば、それだけこの破壊過程も急速になる。それゆえ、資本主義的生産は、同時に、あらゆる富の源泉である土地と労働者とを滅ぼすことによってのみ、社会的生産過程の技術と結合とを発展させるのである[*49]。

エコロジカルな批評は、とりわけスピリチュアル系であるとき、資本主義と産業主義を唯物論的だといって酷評する。だが資本主義は、ものには配慮しない。それが世界から容赦なく神秘の衣を剥ぎ取っていくのにもかかわらず、そうなのである。本当のところは、観念論がおかしくなったようにも見える。それにもかかわらず、次の章で探求するように、本当の協同を可能にするのは、封建制やかつての牧歌的なものというよりはむしろ、純粋空間の社会であり、労働者を「消滅させ」労働を暗号化する社会である。

環境的になる

このような時代には、周縁化され搾取されている主体性と環境はしばしば、別の可能な世界という概念のもとで一つにまとめられている。環境芸術の台頭が、資本主義と消費主義に始まると考えることには、いくつかの理由がある。それらはエコミメーシスの言語とイデオロギーへと、さらにエコクリティシズム一般の言語とイデオロギーへと言語化される。視野を広げるならば、エコロジーの言説には、岩の破片の色の層のような連続性が現れている。ロマン主義的な芸術と哲学の実践と理論は、現代のエコロジカルな言語と信念においても維持されている。前者は、芸術の批評的な側面についての見解である。この対抗的な性質は、多くの形態をとることができる。それは社会と美的な規範を正面から攻撃する前衛的なものとなりうる。それは、擬似的な宗教的超越かもしくは社会的および美的な難局と苦難からの逃避を約束する、救済的なものとなりうる。ロマン主義以降の芸術は、それがいかなる形態を取ろうとも、そこに付せられている明瞭であるか暗黙の宣言とともにやってくる。芸術には、社会的な母体へと十分に吸収されていない、残余の部分がある。芸術は社会の外側できまり悪そうにして立ちすくんでいるが、社会において欠如しているなにかを補完しようとするか、もしくは他の存在の仕方を示唆しようとする。

常識的な見方では、ロマン主義の文化は資本主義的な享楽の幻想を拒絶したということになっている。たとえばロマン主義者のエコクリティシズムは、それが資本主義のテクノロジーへのロマン主義の詩《ポエトリー》の抵抗を繰り返していると主張する。だがその反対が事実である。ここで視界を、エコロジーのオイコスを中心としての家や住宅の意味でとらえるのではない拡張された視野をも含み込むほどにまで広げてみたらどうなるだろうか。ロマン主義の時代、資本主義は植民地主義から帝国主義の段階へと移行した。激しい戦争と、略奪と奴隷制が地球に広がった。単一作物栽培が現れたが、企業がたった一つの作物を栽培するという、そもそもが無理のあるエコシステムだった。[*50] 試験台となったアイルランドには、ジャガイモが南米から移植された。その結果、ジャガイモ飢饉が発生し、数え切れないほどの人びとが、死ぬか、アメリカへ移住した。「香料諸島《スパイス・アイランズ》」や「インド諸島」という言葉が、ジャマイカのキングストンからインドのカリカットまでをすっぽりと覆った。これはただ、ヨーロッパがいかに考えていたかということを示しているに過ぎない。イギリス、ポルトガル、フランスの精神的・政治的な世界地図は、特別に開かれた空虚な場所（社会もしくは西洋的な社会規範を欠いている）を含んでいたが、そこは欲望で満たされ、自ずと財を生み出す場所であった。帝国主義と生態破壊が協調関係にあることを詩《ポエトリー》が感知した。

それにもかかわらず、環境に配慮するために資本主義に反対する必要はなかった。グローバルな通商は、グローバルなものを祝福する詩を生み出した。私たちはグローバリゼーションを新しいものだと考えるが、それは、ロマン主義の時代にあった社会過程が最新版の形態をとったものにすぎない。コールリッジが『古老の舟乗り』で力強く描き出した空っぽの原生自然の空間は、帝国の地理学と、エヴェレスト登山家の（山に登るのは）「そこに山があるからだ」という姿勢から示唆を得ている。つまり抽象化された帝国主義とは、汚れなき空間、環境のつかみどころのない空間性そのものを獲得しようとする試みなのである。[*51] デイヴィッド・シンプソンは、船乗りが向かう空虚な南極の原生自然は、帝国主義者が世界を征服し、そして客体化することの（ロマン主義の）美的な表現であると論じた。[*52] 私たちの時代においては、この客体化は生命形態そのものの極限に到達した。熱帯雨林はバイオテクノロジーのために乱獲され、生命形態の内側は、エコフェミニストのヴァンダナ・シヴァが植民地主義の新たな波と描写するものにおける、特許権を付与されたゲノムのような新しい生産物をもたらしている。[*53] 新しい遺伝学の最前線へと勇ましく突き進んでいく言語の中にロマン主義時代の旅の形跡を見つけるのは、難しいことではない。ビル・クリントンは、人間のゲノムを初めて特定したことを、ルイス・クラーク探検隊がアメリカのフロンティアを越えて旅したことと比較した。[*54]

疎外の形態そのものである商品は、私が別の著書で「香料の詩学」として記述した詩の様態でグローバルな環境意識を初めてほのめかした。この初期の広告的な言語の形態において、グローバルな交易の流れは、消費者の鼻へと向かう香料の匂いの流れとして表象されるが、それはきわめてしばしば深くアンビエントなエクフラシス（ekpharasis 明瞭な描写）の形態においてであった。アンビエンスは価値を表現する方法になった。つまり、インテリアデザイナーに多額の金を払って実現してもらうたぐいのものになった。よいレストランにはアンビエンスがあるが、ただし、「等級」があるなどというような、修飾的な形容詞はそこにない。香料の詩学は、無ではない具現化された空間を創出するが、それは否定と肯定の論理には絡め取られることがない。この具現化された空間は、「環境」や「エコシステム」によって意味されるものに類似している。ワーズワース、コールリッジ、シャーロット・スミス（とりわけ『ビーチー・ヘッド』）、そしてランドンといったロマン主義の作者たちの自然化された環境詩学は、教会や寺院で焚かれるお香の煙が発する匂いで満たされていく空間と同様の空間をつくりだしている。そこは出来事の起こる余地のある雰囲気ないしは領域であり、密度があって、具現化されていて、緊張の度合いの高められている雰囲気であるが、完全に満たされているのでもなければ、空虚であるというのでもない。そこには潜在性の感覚が、なにかが「今にも」起ころうとしているという感覚があるが、これにふさわしい用語も概念もまだ存在しない。現前と不在、過去と未来の出来事、言説としての思考と記憶の痕跡は、この空間の内側に含まれている。この「厚い」空間は、完全に不可能だが、それは人を魅了する幻想である。

どれほどまでに奇妙に聞こえようとも、私有財産がエコロジカルな目覚めを後押ししてきた。一八世紀のイギリスでは、囲い込み《エンクロージャー》が共同所有されている土地を私有化し、地球との封建的で共同的な関係性を破壊していった。そのとき以来、いくつものエコロジカルな運動は、共同的な関係を物質的および象徴的に原状回復しようとしてきた。エコクリティシズムは、ロマン主義へと回帰しつつ、封建的な階層序列の過ぎ去った生活に憧れる気持ちを強調している。原始主義的な環境主義は、環境との相互連関という失われた黄金時代を切望している。それらは、原始的な共産主義の諸形態を発見すべく、前封建的でときに先史的な過去へと目を向けている。逆に未来主義的な環境主義は、黄金時代はまだやってきていないという想定に立脚している。それらは、中世主義に幻惑されているのにもかかわらず、ほとんどの人びとが封建的な秩序のもとでは彼らの土地との関係をほとんど保持することができなかったということを認識している。これらの環境主義はまた、ウィリアム・ブレイクとシェリーたちの伝統において、疑いもなくロマン主義的である。

資本主義は時間と空間を圧縮した。文化において空間は影響力のあるものになったが、他方で場所と場所の感覚は、それが不在であるために影響力のあるものになった。絶滅の際《きわ》にある種のようにして場所が脅かされているというのは、現代文化が近しさ（*nearness*）についていかになにも知らないかをハイデガーが語る際に意味するもののことである。携帯電話とインターネットが優勢になりつつあるのにもかかわらず、私たちは近しさについていまだになにも知らない。[*55] 逆に、場所と空間の新しい形態が現れた。メキシコのサパティスタ運動のような「戦闘的な個別主義」の環境的な形態においては、場所のイデオロギーはより明確になったが、他方でユートピア的な空間の形態は、アンビエントな詩学の「厚みのある空間」のように、資本主義的な空間に沿って発生している。

ロマン主義に由来した文化と哲学が資本主義と産業と科学の現実を論じるやり方について考察してみよう。私たちは世界、国家、システム、場、身体の観念に、そしてとりわけ有機体と全体論の観念に専念する。これらの観念が美的なものの概念に巻き込まれるにつれ、美的なものが私たちの関心事になるだろう。

世界（*world*）

近頃の地理学が、空間と場所の相互作用を、唯物論的で、無意味ではないやり方で語る方法を提供してきた。フランコ・モレッティは、「世界文学」を適切に研究するためには、より科学的で定量的な読解法、つまりは「遠読（distant reading）」を必要とすると提唱した（なぜ私たちは小さな活字の中にグローバルなものの徴を探してはならないのかは、そこではっきりしない）。モレッティはこの方法を、とても重要な小説――メアリー・ラッセル・ミットフォードの『われらの村』――が場所と空間を配分するやり方を図式化するのに適用している。[*56] 彼にはさらに、時間を分析することもできた。『われらの村』は、後期ロマン主義の雰囲気を明瞭に伝える事例である。都市化と工場の抽象的時間とは違うものとして測定されるイギリスの村のリズムを循環的な技法が演出していく停滞と宙吊りの語りである。『われらの村』を読むことで、ゲマインシャフトの感覚が回復される。すなわち、意味のある世界での、豊かで満ち足りた人間の相互作用の感覚が回復される。他方では、この世界の感覚は、機械的で工業的なゲゼルシャフトを背景にして生じそこに関与しているが、というのも、小説は連載として書かれ、機械的に生産されたからである。小説の時間への参加は次号を待つということを意味するが、これは美的で距離化された親密感をもたらす、テクストとしての村である。ナポレオン戦争のあいだ、つまりは一九世紀の村の小説が現れる前、イギリス政府の陸地測量部がイギリスを厳密な原則にしたがって地図化した。地域主義はすでに、より一般的な観点との関係の中での構築物であった。

『われらの村』は、社会的な環境の感触を包み込もうとする。同じく、現象学の歴史は過去の経験を演出しようと試みる。「サウンドスケープ」の歴史にはなにかエコロジカルなものがあるが、それはつまり、場所の明瞭な感覚を回復しようとする願望の徴候である。シェークスピアの時代には、イギリスはどのように聞こえていたか。[*57] おそらくはそれは視覚よりも物理的に迫るものなので（音波は空気を振動させ、空気は体を振動させる）、音の歴史は伝統的な歴史よりも、より明瞭に場所を演出しようと試みる。音の歴史はときに実際に場所に根ざした環境の政治と一緒になるが、たとえばアメリカ西部では、軍用機と雪上車を国立公園から締め出そうとした運動の支えになったのは、内燃機関の発明の一世紀前におけるロッキー山脈の聴こえ方にかんする説明であった。

音の歴史は実際のところ、場所を根本的に喪失することの徴候である。もしもそのようなものを持っていたら、の話ではあるが。接尾辞の「スケープ」が知らせてくれるように、それは場所を美的なものにする。風景は絵画である。サウンドスケープは枠付けられてきた。それは距離を含意している。歴史家が再現している時間から彼らを切り離す額縁や一枚のガラスのようなものが、音の領域にもある。再-刻印が作動し、サウンドスケープの内側にあるものと外側にあるものを差異化し、「音」として数え入れられるものと「雑音《ノイズ》」として数え入れられるものを差異化する。結局のところ、音の世界を「雑音《ノイズ》-スケープ」と呼ぶのはあまり魅力的ではない。この事実にもかかわらず、馬のパカパカという音は、かつてであればありえなかった意味を持つことになる。たとえかつても意味あるものだったとしても、そのような意味はすでに残響音の逆説にとらえられていただろう。

鳥の鳴き声、そしてとりわけクジラの声を録音する、一九七〇年代の「環境的」ないしは「サウンドスケープ的」な録音は、サウンドスケープの歴史を予示している。「クジラを救え」運動は、「ザトウクジラの歌」や「深い声《ディープ・ヴォイセズ》」のようなアルバムに、大いに助けられてきた。[*58] これらの録音は中間的である。これらは地球に棲みつくものとしての動物に注意を払い、環境一般の感覚を伝えている。動物は天気の一部になる。動物がなにを話しているのか、動物がそもそもなにかを話しているのかどうかすら私たちには理解できないので、コミュニケーションの媒質に意識的になる。不透明性は、環境にある質である。クジラが歌っていることを表現できるならすぐ、そのメッセージは背景ではなくてむしろ前景に存在するようになる。アンビエント詩学は、知覚しえないものを知覚できるものにしつつ、その知覚しえなさのかたちを保つ。すなわち、見えないものを見えるものにし、聴こえないものを聴こえるものにする。「深い声」に収録されている録音の一つでは、青クジラが人間の可聴域に向けて突進してくる。私たちにはそれを理解できないが、聴くことはできる。

これはファウンド・オブジェ、アクション・ペインティング、自由な即興《フリー・インプロヴィゼーション》を思い起こさせる。アンビエント芸術は、科学のように、未知のものを既知のものにすることを欲する。だがそれはまた、未知のものの特質である、当惑させる不透明性を保持しておくことをも欲する。さもなくばアンビエント芸術は事実上の科学になるだろう。フェリックス・ヘスが行ったような、都市にある部屋のなかの空気に影響を及ぼす大西洋上の風圧が立てる波の音を録音するための超低周波マイクロフォンを設置するアンビエント・アートと、まったくの科学実験、データ収集、観測のあいだの違いはなにか。*59 他方で、この「未知のもの」はすでに説明されている。アンビエント・アートは、なんらかの未知のものを予測し、そのための計器を設置する。私たちにはクジラの音を統御することはできないが、海にマイクロフォンを浸すのであれば、空飛ぶ円盤の音ではなくてクジラの音を採ることになるのを知っている。未知のものを科学と対置されるすぐれた芸術の反映として保つ場合にも、未知のものをあらかじめなんらかの意味で知る場合にも、アンビエント芸術は、本当の未知のことをとらえ損なっている。というのも、その根底には徹底的な非同一性があるからだ。

美学の歴史の観念は、具現化された事物としてのナショナル・アイデンティティの観念に近い。ナショナリズムはつねに感覚的な世界に訴えかけ、特殊なナショナルな調子を発生させる。自然のように、イギリス的なものは、奇妙にもその諸部分の総和以上のもののように見える。それは君主制、均衡と抑制、イチゴとブルーベルに沿うようにして現れるが、それらにとらわれつつもそれらへと還元されることはない。有機体主義という、自然のイデオロギーのとりわけイギリス的な形態は、社会を、階級、信念、実践のシステム化されることのない堆積として、堆肥の堆積のようにグラグラしていて自然発生的なものとして描き出す。これは豊穣で、強制的で、つまるところは権威主義的な幻想である。そこには議論の余地がない。多くの環境主義者の価値観（複雑なものはすばらしい、世界は総体的だが全体化されえない）は、エドマンド・バークの反動的な散文に示されているロマン主義の有機体主義の一部である。だが環境主義者は、たとえロマン主義の時代の者であっても、有機体主義者であるとはかぎらない。『フランケンシュタイン』は、いかにして有機体主義が失敗するかを示している。フランケンシュタイン博士には、自分がつくりだした怪物を自発的に愛することができないため、より合理的で計画された社会構造から利益を得ることになるだろう。それは、あらゆる社会的行為者を、等しい権利をもっている平等な参加者として処遇してきた。

その本質においてロマン主義的なイデオロギーであるナショナリズムは、世界を再-魔術化しようとしている環境芸術に、刺激を与え続けている。国民国家は現実的だが非現実的なもののままである。世界（*Welt*）の観念が、ドイツロマン主義の観念論でもてはやされると、国民国家が、周囲をとりまく環境として想像されるようになった。[*60]「家郷」としてのネーションの観念は、アメリカ合衆国国土安全保障省やドイツのハイマートのように、風にそよぐ穀草や照り輝く海や荘厳な森のような雰囲気のある領域として詩的に演出されることを要請した。自然は崇高なものとして、「あちらに」現れるが、根本的に表象を超えていて、水平線の向こうへと伸び遠いところに、人類史以前のところにも、回帰していく。それはナショナリストの幻想の「曰くいい難いもの（*je ne sais* quoi)」に対応する、客観的な相関物である。ウォルター・スコットの歴史小説の発明は、過去形の語りがつくる球体の中に世界全体を生じさせる写実的な小説だが、現代社会と技術へのあきらかにロマン主義的な批評が行ったのと同じくらいのことを、環境的なナショナリズムのために行った。先進的な芸術には、環境のアンビエンスの美学をそのイデオロギー的な枠から救い出すことはできるだろうか。あるいは、ナショナリストの表象の厚く具現化された空間は、どうしようもないほどにまでイデオロギー的な内容で飽和しているのだろうか。

J・R・R・トールキンの三部作『指輪物語』のホビット庄は、世界という球体を、有機的な村として描いている。トールキンは、管理されているが自然なままのようにも見える環境に住み着いている郊外居住者、すなわち「小人」の勝利を語っている。彼らが穴の中にいるとき、グローバルな政治の広大な世界は、地平線の彼方に半ば隠れて、彼らには、喜ばしくも感知し得ないものとなる。トールキンの三部作は、決定的に重要なナショナリストの幻想を体現している。すなわち、「世界」は現実的で手ごたえのあるものでありながら未知のものであるという感覚だが、そうすることでイメージの換喩的な連鎖——歪像の形態——を呼び覚ます。『指輪物語』は、言語、歴史、神話全般だけでなく、周囲をとりまく世界(Umwelt)をも確立している。もしロマン主義が存続していることの証拠があるとしたら、これこそがまさにそうなのである。

ハイデガーのこのうえなく環境的な哲学においては、トールキンの語りが創出するとりまくもののアンビエンスは、環世界と呼ばれている。[*61] これは、事物が「周囲に」あるということの、深い存在論的な感覚である。これらは手元にあるのかもしれないが、そうであろうとなかろうと、私たちはこれらに気を配っている。[*62] それは完全なまでに環境的な観念である。事物は他の事物とのかかわりの中で導かれていく。「家には日の当たる面と影になっている面がある」[*63]。他の者たち（小妖精、小人、人間）は自分たちの環境を異なるやり方で気遣っている。中つ国が奇妙であり、他者及びその諸世界に浸透されていることは、物語の象徴になる道の隠喩に要約されている。道路はあなたの正面玄関のところまで来ている。そこへと一歩を踏み出すのは、内側と外側の敷居をまたぐことである。物語と、それが描き出す世界は、ビルボ・バギンズの歌にある道のように、「どこまでも続いていく」ことができるように思われる。[*64] だが私たちがこの世界でどこへ行こうとも、その旅がどれほどまでに奇妙で恐ろしいものであっても、それが前もって計画され、把握されているかぎり、つねに親しみのあるものになるだろう。この計画は、近代的な工場ほどには、厳密に合理的ではない。それでも、最近の『ロード・オブ・ザ・リング』の映画は、それを作り出すことに動員された職人気質と制作過程をその特別版DVDの付録冊子が語ってくれていることのおかげで、この著書についての真実をなんとなく明らかにしている。この環世界は、全体論的で全的なデザイン、全的な創造の相関物である。ハウツー本がおまけについたワグナー的な全体芸術である。「どこまでも続いていく」全体論的な世界は、刺激的で魅惑的だが、つまるところ、それは既成の商品の巨大版でしかない。これは皮肉だが、というのも、この作品の主題の一つが、催眠性のある指輪そのものの形態で行われる、産業主義への抵抗であり、とりわけ商品の物神崇拝への抵抗だからである。

産業主義の猛威を鎮める通俗作品を製作しようとするこの手の込んだ試みになにが欠けているのか。他のネイチャーライティングとエコクリティシズムのように、トールキンの環世界は、ワーズワースにすらあるためらいやアイロニー、曖昧さと関連するロマン主義文学の重要な側面を除外している。ロマン主義のアイロニーをシュレーゲルがどう考えたかについて検討してみよう。それは、語り手が主人公になっている語りにおいて表明されるが、そこで語り手は、彼もしくは彼女が構築した世界が虚構であるということをはらはらしながら自覚している。[*65] エコロジカルでエコクリティカルな世界は絶対的に自己完結的で、まったく敬虔なものでなければならないのか。そして、ロマン主義はいかにしてそうなるのか。アイロニーは距離化と移動をともなうが、それは場所から場所への移動であるか、居心地のいい場所から寂しい空間への移動である。初期のエコロジカルな科学は、影像を容れる場所に由来する言葉である生態的地位(*niche*)のような、家の観念と共鳴する用語を発展させた。[*66] 科学そのものはトールキン風でありうる。それは渡り鳥や類人猿や放浪者やジプシーやユダヤ人をどこに追いやるのか。

動物の問い——ときに私にはそれが問いなのかどうかわからなくなるのだが——は、単一で独立していて定まっている環境の観念を、根底から崩壊させる。[*67] ハイデガーに深く影響をあたえたヤーコプ・フォン・ユクスキュルのようなドイツの科学者が二〇世紀初頭に証明しようと欲したように、各々の動物はおそらく自分自身の環境をもっている。[*68] たとえこのことが本当でないとしても(もしも本当だとしたら、環境「というもの」をめぐる問題を幾何級数的に増大させることになるだろう）、「私たちの」環境の観念は、それが私たちに向かって滑り、泳ぎ、傾き始めるとき、とりわけ扱いにくいものになるだろう。動物として知られている存在者は、自己完結的なシステムとしての世界の観念が発生させる内部と外部の分かれ目の隅において漂っている。きわめて奇妙なことに、「世界」の観点からの思考は、たいてい動物――実際にそこで生きている存在者――を排除している。フッサールにとって、動物は唖の人間のような、「正常でない」ものである。[*69] ハイデガーにとって、動物は世界（***Weltarm***）の感覚を欠いている。[*70] あるいは、より正確にいうと、動物たちが世界に抱く感覚は、この「欠落」しているという感覚である。[*71] それとは逆に、エコロジカルな思考のなかには、人間と他の動物――現実のものと想像されたもの――のあいだの違いをすぐにでも忘れることを欲するものがある。この反転された生物種的偏見は「人間以上の世界」を賛美する（エイブラム）。パーシー・シェリーは、人間がより平和な存在を生き始めるまさにそのとき、動物はその残酷さを失うと考えている。その菜食主義的なエコトピアでは、動物たちは「人間の住居の周りを跳ね回ることになる」（「世界の神霊《ダイモーン》」第二部四四四行）。環境の詩学を打ち立てようとしている、ロマン主義以後の詩人であるリルケやレヴァトフは、動物には「開かれたところ」へと近づくことができると考えているが、そこは人間には、完全に、もしくは駄目な訓練の結果として否定されている。[*72] それはあなたがどれほどまでに近く親密になりたいか次第である。レヴィナスは、倫理の基礎としての他者の「顔」との接触という彼の思考から動物を排除しようとした。だが彼は、ナチスの囚人収容所で、おそらくは親切心から彼のことを見ていた犬の顔に付きまとわれていた。[*73] トールキンにとって、小人、小妖精、ホビット、そして話をする鷹は歓迎すべき他者だが、浅黒い「南部」や「東部」の男たちはそうではない。[*74] ハリケーン・カトリーナの直撃に際して避難するのを拒否した人たちがそうしたのは、ペットの同行が拒まれたために、見捨てずに一緒にいようとしたからである。これは頑固な原始主義よりはむしろ、道徳的な感覚の問題であろう。

ナチスは、動物を残酷に扱うことには断固として反対したが、自分たちを脅かす人間としての他者を絶滅することについてはそうではなかった。動物は、いかに人間が奇妙なものとよそ者に不寛容になるかという問題を提起する。私たちは動物のようにならねばならないか（エコ中心主義）、もしくはその逆でなければならない（人間中心主義）。第一章で発見した量子的状態に、私たちは舞い戻っている。事物の奇妙さを、一方か他方の側へと落とし込むことなしに維持する方法は存在しない。あなたの世界観は、到来者（人間か、動物か、それとは別のもの）になにを期待していたのか。私は到来者という言葉を、デリダが「純粋な歓待性」を語るときの意味で用いている。すなわち、「予期されることも招かれることもない者、絶対的に異邦的である訪問者として到来し、同定されることもなければ予見されることもなく完全に他なる者である新しい到来者として到来する者であれば誰に対してであれ開き、あるいは前もって開くこと」としての「純粋な歓待性」である。「少なくとも、この純粋で無条件的な歓待性についての思考なくしては、他者、他者の他性、つまりは招かれることのないまま私たちの生活に入り込んでくる何者かについての観念を抱くことすらできないだろう。愛することや、何らかの全体性や「集団」の部分になるのではないやり方で他者と「一緒に生きること」という観念を抱くことすらできないだろう」[75]。この本当の「他なる他者」は、見え隠れする水平線としての世界の境界上にとどまっているように見える。みずからの確立のためにアンビエント詩学を用いる環境主義をアンビエント詩学が掘り崩すのと同じく、みずからの境界の確立のためによそ者たちを用いる環世界そのものをよそ者たちが掘り崩す。ロマン主義時代以来の思考は、人間と他者のあいだの亀裂を癒やすどころかむしろ、ありとあらゆる方法でそれを開いたままにしている。その時代の極端な言語の理論が言語を動物の叫びに由来するものとして規定したという事実にもかかわらず、そうなのである[76]。擬声語《オノマトペ》は、最小規模のエコミメーシスである。ボノボをヒト属として区分しようとする最近の試みにもかかわらず、無限に続くかに見えるヒト科とヒューマノイドの系列は、人間と動物のあいだに位置している。そして、誰もまだ人間をボノボの種として区分していない。

　動物およびその同類をどうしたらいいかを知っていたら、私たちには、意識の苦痛な消耗から一休みできただろう。「私たちは世界だ《ウィー・アー・ザ・ワールド》」と叫ぶことができるし、それは本当であるかもしれない。もちろん、私たちが奇妙なものとの一体性へと溶解されていくのをビデオ映像で見ることは私たちにはできない。そして、エコロジカルライティングも、他者の映る鏡に向かって身を打ちつけ続けている——つまり、ハエのようにして。絶え間なく衝撃音が鳴らされているところには——そこでは、奇妙な他者が、近いところへと入り込むやいなや不活性であるかもしくは脅威を与えるものになる——アイロニーの欠如が示されている。よそ者たちを殺すことなく（それらをあなた自身や生気のない客体に転じるのではなく）その近くにとどまる唯一の方法は、アイロニーの感覚を保つことである。もしもアイロニーと律動が環境主義の一部ではないとしたら、よそ者たちは、消滅と排除と追放さらにはもっと悪いことの危険にさらされることになるだろう。

シュレーゲルは、アイロニーは民主的であると判断した。全ての真理要求は断片的で、知れば知るほどに、自分の観点が、断片性、否定性、ためらいに貫かれていることを自覚するようになる。あなたは他の生活様式にたいして寛容になり始める。[*77] だが、デリダが問うていたように、寛容であればそれでいいのか。他としての他の感覚ではなく、まったき「私」の感覚に行き着くことになるのではないか。すなわち、全ての可能な立場を超越する、暗黒空間かブラックホールである。それは「静かで弱った状態、その内的調和を譲り渡すことへの怖れのために行為することも何かに触れることも好まない状態、病的な聖人と希求の源」である。[*78] これは私たちが後に見るように、「美しき魂」についてのヘーゲルの見解であるが、環境主義についても多くを語ってくれている。アイロニーは、存在の一つのあり方になるとき、皮肉にもアイロニーであることをやめる。アイロニーは、全てに対する美学化された距離を維持するのではなく、よそ者とも親密な関係性を構築せねばならない。この親密性については、第三章で取り組むことになるだろう。今のところは、環境への没入の、異なった可能な諸形態を経巡ることを続けてみよう。

国家

自己閉塞とそれを中断するアイロニーを問題にするのと同時に、私たちは全体論というロマン主義的な観念を明確にするべきである。全体論は主要なエコロジカルなイデオロギーでありながら、ナショナリズムの「気分」をもつくりだす。そこで「私たち」は、諸部分を合わせたものよりも大きな総体において、相互連関している。個人主義と全体論のあいだでの闘争は、絶対的な自由と絶対的な権威のあいだでの、過度に区分されていない選択肢を提供する。言い換えると、アメリカと呼ばれるジレンマである。アメリカ人は憲法と軍事国家のあいだに、プラカードと催涙ガスのあいだにとらわれている。自然のモデルが、一方では有機体に屈しつつ、他方ではそれを受け入れていることには、なにかこのジレンマのようなものがある。有機体は政治的にはとても重要だが、より大きな全体という目的のために容易に犠牲にされることがある。アメリカの資本主義のイデオロギー的な支持物は、個人主義から次第に協調主義へ移行してきた。全体論は、一部の環境主義者が主張するほどには対抗的なものではない。国家の恐怖政治は、エコロジカルな破局に利益を見出している。それを反動家たちとともに「クズ科学」と言い捨ててしまうのではなく、ペンタゴンはグローバルな温暖化の地政学的な影響にかんする報告書を刊行してきた。*79 ポール・ヴィリリオは、エコロジカルな破局は全面的なグローバル戦争の見事なまでのシミュレーションであるとすら主張していた。ニューオーリンズを荒廃させたハリケーン・カトリーナは完全なる例証である。ブッシュ大統領は、浄化作戦を監督すべく、軍と諜報活動と対テロリズムをカバーする包括的な部門である国土安全保障省を設置した。民衆の抵抗と軍事行動のいずれをも、アンビエントな用語で思考できる。戦争理論家のクラウゼヴィッツは、ナポレオンに対するスペイン人たちの抵抗を、「どこにおいても凝固することがない、流動的で漠とした何ものか」として想像する。*80

消費主義者の読解にかんするド・クインシーの理論が、いかに今では環境詩学の理論のようになっているかを、これまで考えてきた。麻薬効果のある散文をめぐる彼の実験が発生させるのは、トーンについての理解であり、強度の平原《プラトー》である。芸術と哲学は、特定の国家が実際のところは静的であり、トーンにおいては分化しておらず一貫していることに関心を抱いてきた。ロマン主義は、まったき時間性を支持するものであるどころかむしろ時間において宙吊りになった環境の静的な詩学を発展させたということに、驚く人もいるかもしれない。ワーズワースのいう原体験（*the spot of time*）は、その名だけでもこの中断を指し示すものと言えるが、意識の規則的なリズムを中断するトラウマ的に明瞭な経験であり、習慣的な世界の外にあるなにかが入り込んでくる瞬間である。心はその通常の媒質から引き離されるが、それはちょうど魚が水から引き離されるのと同じようなものである。

考えることは住まうことであるというハイデガーの思想には、静かな感じがある。ヴァルター・ベンヤミンの静止としての弁証法と幻影の思想は静的である。静寂の想念を賞賛するジョン・ケージの音楽的な知覚は、政治的な意味においては静的でもある、共同体主義者の郊外やリバタリアン的な静寂の形態を喚起する。つまり、進歩の機会は存在せず、法則の果てしのない適用だけがある、というように。静寂においてはノイズが欠けているが、そこには意味があり、持続的で、しばしば厳格な法的規定が課されている。[*81] 静的な芸術と静的な哲学は国民国家として発生するが、その制約を越えていくとき環境は次第に眺望へと「溶解していく」。進歩的でエコロジカルな思考には、国民国家の幻想的な対象でありつねにどことなくナショナリズムの過剰において存在しているエコロジカルなものを、生誕の地から救い出すことができるのか。ある程度は、国民国家そのものの産業化過程によって産出されているエコロジカルな現実は、ナショナルなものの境界線を侵食してきた。国家が口にする幻影的な実体性に対置されるエコロジカルな言語だけが、どこでもおおよそ妥当なものであるのだが、ただし、それが同じ事柄の別の「新たな改良」版ではないことが明らかなときにのみ限る。

システム

全体論よりはむしろ集散（collectivism）の観点から考えるほうが、環境主義にはいい。集散性は、諸部分の総和よりも大きな、有機的な総体を意味しない。実のところ、自然なきエコロジーは全体論を除外する。ブリュノ・ラトゥールが示唆したように、エコロジカルな集散性は私たちにはまだ完全には知られていないのか。あるいは、全体論の悪癖を被ることのないモデルは存在するのか。ことによると、システムという観念は、噛みごたえもなければ実体もないということなのか。結局のところ、ロマン主義時代における反動的な実体主義は、システム的な理論に反発した。それはたとえば、徹底的な無神論の書物であるドルバックの『自然の体系』のような理論である。[*82] 自然はエコシステムの観念によって締め付けられてきた。ロイ・クラファムとアーサー・タンズリーが一九三〇年代初頭につくりだしたエコシステムは、エコロジー（エルンスト・ヘッケル［一八三四―一九一九年］がこの用語を使用した最初の人である）についての考えを更新した。エコロジーは、自然の経済という啓蒙的な観点から導き出された。この経済は、そこにかかわるものたちの相互的な費用と便益に対応する組織体である。だがエコロジーは、よりぼんやりとしていて霊的なものとして、あらゆる有機体で構成される超有機体として現れ始めた。システムとしての環境という考えは、少なくとも反動的な人たちの耳には理論的なことを意味しているのにもかかわらず、決定的に異様なものを除外する。エコシステムは、没入型で非人称的な発生基盤になる。私たちを近代国家から解放してくれるかもしれないエコロジカルで政治的な思想には残念なことだが、エコシステムはランド・コーポレーションが取り入れたシステム思考であり、一次元的な人間に対するマルクーゼのロマン主義的でエコロジカルな批判を鼓舞することになった。[*83] システム理論は粘着性の湿り気を欠いた全体論であり、エコロジカルな想像界のサイバネティックス版なのだ。[*84]

　システムには、世界よりもロマン主義的でなくぼんやりしていないように思われるという利点がある。だがそれは、サイバネティックスの時代向けにロマン主義を更新しているのにすぎない。ディープエコロジーは、エコロジカルな政治形態のうちでももっともロマン主義的なものだが、奇妙にもシステム思考にもっとも捧げられている思考である。システムにはそれに固有の神秘主義的な形態を発生させることができる。アルネ・ネスの影響力のあるディープエコロジーの哲学は、小文字の自我（self）が大文字の自我（Self）に出会うという考え方に基づいている。「有機体と環境（milieux）は、二つの事物ではない。もし一匹のねずみが絶対的な空虚へと運び込まれたら、それはもうねずみではなくなるだろう。有機体は環境を前提にしている。同様に、一人の人間は、彼ないしは彼女が全体の場のなかで関係的な接合点であるかぎりでは、自然の一部である。同一化の過程は、この接合点を規定する諸関係がいっそう多くのものを含むようにして拡張していく過程である。小文字の「自己」が大文字の「自己」にむかって成長する」[*85]。有機体と場を議論するネスの思想は、世俗の科学のように聞こえる。だがそれは、ヒンズー主義に対応している。システム的な組織化をつうじて、そしてシステムを思考することで、小文字の「自我」（アートマン）が、自らを大文字の「自我」（ブラフマン）として実現する。だがその議論はややこしい。真空においては、ハツカネズミはハツカネズミのままである。それはただ死んだハツカネズミであるかもしれない。文のあいだには言い間違いがある。もしも有機体が生き延びようとするのであれば、それらは環境を必要とする。このように論じること、つまりは自我を「関係の結節点」と再規定することは、同一性の問題を一段向こうへと押しやることだが、そこから離れることではない。そして「関係の結節点」が、ネスが問題であると考える二元論からいかにして離れていくかは、はっきりしない。その論理はいまだに、なにものかはそれとは別のなにものかと関係せねばならない、というものである。「完全なる場」は、これらの関係の結節点とは異なるものとしての環境を、つまりはそれら前景に対する背景なるものを存続させる。場と全体が、どれほどまでに差異を覆い隠そうとしたところで、そうなのである。

ネスの表現は、木や根というよりはむしろ電磁場とサイバネティックス――サイバー・パンクではない――を思い起こさせる、きわめて非有機的な言語に基づくものである。デイヴィッド・ハーヴェイが、この箇所の読解において正しく指摘しているように、ネスは自我を場の（ゼロ次元的な）点へと還元する。ネスの立場は実際のところ、同一性を疑念の一点へと限定していく、デカルト的な還元そのもの以外のなにとも似ることのないものである。ネスの散文は、彼の先駆者であるパスカルと同じく、デカルト的な宇宙に住むときどのような気分になるかを、皮肉にも実験的に言い表していく。「これらの無限の空間は私を恐怖で一杯にする」[*86]。ブランショが述べたように、パスカルのような反デカルト主義者は、結局のところデカルト主義者に終始する。「というのも、デカルトが客観性を基礎づけたのは、自己においてだからである」[*87]。

場

現象学は、それが「間主観性」と呼ぶものにある知覚的な側面に言及するために、場という言葉を展開した。そこには田園的な響きがあるが、それは確かに、エネルギーの「場」を初めて仮定した一九世紀の自然哲学に由来している。場の概念は普通、粒子にかんする従来型の概念を不要にする。場の概念は、粒子とエネルギーを一つの項目のもとで融合させる最初のものである。アインシュタインはのちに、それらが互いに置換可能であることを示すだろう。場にかんする第三の定義は、「操作あるいは観察の領域」だが、これは中期英語から得られた意味である。物理学でこれが初めて用いられるのには一八四五年を待たねばならなかった。[*88] マイケル・ファラデー（一七九一―一八六七年）は磁場を発見し、電磁場が「現実の物理的な「もの」」であることを示した。[*89] ウィリアム・ローワン・ハミルトン（一八〇五―一八六五年）は、一八世紀中に現れた、ラプラスやリウヴィルのような科学者たちによるニュートン力学にかかわる成果を集成した。ハミルトンは、時間の中で変化していく粒子の運動量の研究を可能にする方程式を発展させ、「相空間」として知られることになったものの中にあるベクトル場を確定していく。ジェームス・クラーク・マックスウェル（一八三一―一八七九年）は、電磁場のふるまいを記述するのにふさわしい場の方程式を記述した（正確にいえば、これは粒子を研究するうえではハミルトンの方程式よりもすぐれたものであった）。

場はベクトルの配列で、これに従って特定の粒子が並べられていく。磁石の周囲の場において砂鉄が形をなしていく様子について考えてみられたい。ネスは、関係的な結合よりはむしろベクトルについて語った点ではすぐれていた。少なくとも彼は、運動の感覚を獲得していた。フッサールは、現象学は形而上学的ではないが、なぜなら「それが展開するのは、感覚そのものの自己充足的な与件に基づく純粋な感覚の解明、ないしは純粋な「直観」の制約のなかにおいてである」[*90] からだと主張している。フッサールの文章は、普通の世界から切り離された（あるいは彼の用語法では、世界をカッコに入れている）超越論的な主体の視点から全てを提示するという、目がくらむような印象を与えるものであるとはいえ、それでもこれは、波動にもとづき営まれている生活である。だが、場の観念はすでに、主体よりはむしろ客体の側に存在している。もっとも、私たちが主体をベクトルへ（あるいは点へ）還元したいと思わなければの話だが。というのも、この場合には、主体を客体へ融和させたりそのあいだの違いを解消したりするのではなく、全てを客体に転じてしまうからである。場は物理的なものだが、それは現象学にとってどことなく皮肉ではある。なぜなら現象学は、デカルトを書き直したり攻撃したりするのに忙しいものの、デカルト本人は、空虚な空間のようなものは存在せず（延長としての）身体が空間であると主張していたからである。[*91] そのとき以来デカルトは、エコロジカルな思考の悩みの種になった。[*92] ミッシェル・セールは述べている。「私たちは方向を変え、デカルトの哲学が課してきた方向付けを捨て去らなくてはならない」。[*93]

フッサールは、デカルトの外でデカルト的な道を追求せねばならないことを自ら認めているせいで、身動きできなくなっている。フッサールは正直にも、次のように告白している。「たとえデカルト哲学のよく知られた教義上の内容のほとんど全てを拒否するよう——そしてまさしくデカルト的な主題の徹底的な発展により——強いられるとしても、人は超越論的哲学を新しいデカルト主義と呼ぶことになるだろう」。[*94] デカルトを乗り越えるか、もしくはその周辺をめぐってみようと試みるのは、フッサールが認めているように、本物で独立していて独自の「私」なる考えをみずから疑ってかかる虚構的な装置に部分的には基づくデカルト的な方法を用いることを意味している。[*95] デイヴィッド・シンプソンが述べているように、「慎重に考えることなくデカルトに従うのは、彼の個人的信条を権威あるものとして受けいれることだが、それはその自己発見の方法の精神に完全に矛盾している。これが以上の理論が意味するところのものである」[*96]。

エコミメーシスでは、それが確かさを求めるまさにその瞬間、疑念が過度なまでに高まっていく。それがアイロニーを急速に失うときであっても、とてつもないアイロニカルな反響音を高めていく。場の一つの感覚は、平坦な表面にかかわり、とりわけ、絵や旗やコインの装飾されていない下地にかかわる。[*97]場は余白であり、頁のなにも書かれていない部分であり、あるいはより最近のものとしては、データベース上のデータのためのプレースホルダーである。現象学における、場の豊穣で空間的な質は、読むことあるいは精査することのホログラフ的な幻覚状態であるが、これが哲学のシステムへと転じられていく。無数の点を斜めからみるとき三次元の図像が現れてくるが、まさにこの目の錯覚のように、現象学的な散文は、周囲をとりまく世界がページを飛び出してくることの感覚を呼び覚ますことを欲している。物理学における厳密な用法はさておき、場は場所の至るところに存在している。

身体

再‐刻印の戯れが蹂躙するのは、間主観性の観念のように、内部と外部の境界を特定することにかかわるジレンマをないことにしようとする、主体と客体の「新たに改良された」融合である。

「身体」は、心的な出来事と身体的な出来事（「心身的な出来事《サイコフィジカル》」）の多様体なので、間主観的な場と「身体」を区別するのは不可能になり、そこでは、主体と客体の混合は、その矛盾が本当に解消されることなくさらに進んでいくだろう。もしも私たちが、身体的な障害のためかもしくは知覚の場における変化のために身体障害者になるとしたら、現実は異なって現れるようになるだろう。フッサールは、そのジレンマゆえに交差反転法を使用しているが、それはちょうど犬が自分の尻尾を追いかけるようなものである。「私の経験の各々は私の「環境」に属しているが、それはなによりもまず、私の身体がまさに身体として環境の一部であるということを意味する」*98。

あなたが私であり、あなたが彼であるのと同じく、私は彼であり、そして私たちはみな一緒である。この場合、わざわざ「私の」および「私」なる単語をつかわなくてもいいのではないか。現象学に触発されたエコロジカルライティングの中には、エコシステムは間主観性なる考えを利用できると考えようとするものがある。そこでは、心が他の心と、そしておそらくは心をもたず不活発な事物と絡まり合うと考えられることになるだろう。主体と客体の二元論を、「よりよい」やり方で、主観／間主観性の二元論として再設定することは、同じ二元論の「新たに改良された」変形版である。「身体」にかんする現象学的な議論は、ロマン主義的な希望的観測のように感じられる。間主観的な場の現実性をしっかりと確立する方法がある。ただし、私たちが本当に話題にしているのは特定の物理的な場であると主張するのでなければの話だが。この場合、間主観性よりはむしろ間客観性を論じるほうがいいだろう。主体はそれが発生する前に消滅していく。現象学的な修辞は、繊細で激しくてきわめて主観的な内省としてだけでなく、一連の科学的な過程へと主体を還元することとして生じる。デイヴィッド・エイブラム（彼についてはあとでさらに論じる）にとって、カラスとの出会いは、別々の種のあいだでの接触という、ぞくぞくさせる瞬間である。そしてそれは一つのデカルト的な実験であるが、そこで私たちは、カラスを語っている私と、カラスを経験している私と、紙上で召喚されることになる思考実験から十分には区別することのできない実験において客体になる私といったものを、かならずや区別することになる。[*99]

エドワード・ケイシーは、身体のせいで場所が再び現れることになったと論じているが、それはデカルト以来の西洋哲学を悩ませてきたものである。カントが空間について抱くのは、超越論的な範疇という一般的な考えであるが、それにもかかわらず彼は、身体的で経験的な方位性なるものを援用するため、状況の中に位置づけられていることを考えないですませるという一般的な目標を自分で否定している。[*100] 場所は「身体」という直接的な空間へ縮減されていった。抽象的でもなければ空虚でもない小さな領域をとらえるのが可能になった。身体を騎兵のように乗りこなし、それを西洋的な二元論から救い出すことを欲する哲学もある。「身体」は、「世界と場」について考えることと相関する、あいだ的状態である。身体は、改定された美学の場である。環境ライティングの典型的な特質の一つは、腕と足をもつ身体は限られていて、見られる身体や聞くことのできる身体も限られているという事実にあまりにもわずかな注意しか払わない、ということである。一部の身体だけが見られ、あるいは聞くことができる。身体という言葉によって、ジェンダーや人種や身体的な能力で特徴づけられていないなにかを意味するのだとしたら、身体というもののようなものは存在しない。環境ライティングは、他の種を包含しようとするが、人間という種の「身体的に障がいのある」人たちの環境を探究することには、いつもはさほど興味をもたない。それは元気旺盛な気晴らしで、さらなるビタミン摂取による元気ハツラツの美学である。だがもしもジェンダーと人種と能力が身体を調整するのだとしたら、それらは場所と環境をも調整せねばならない。なぜなら現象学によると、身体と場所は互いに交差反転的な関係にあるからだ。共有された世界へと到達することは、自身の身体性を超越することではなく、身体に決定されていることに意識的になることである。[*101]

身体について考えれば考えるほど、自然という項目は薄れ始める。自動車にかんする第一章での議論（私がそれを改造するとき、それは同じままであろうか）は、身体を私たちの悩みのための解決として考えるやり方に、影響をおよぼす。身体は、ニュアンスやリゾームのような言葉が見いだす避難先の上に開かれた、傘のようなものである。もしも私がこの身体になにかを追加するかもしくは取り除くなら（人工装具のようなものか、もしくは切断手術のようにして）、それはいまだに（同じ）身体というものなのか。この「身体」なるものは、形而上学の特殊版である。それは文字通り、身体的な領域を「越える」（メタレベルに立つ）ものではない。だがそれは普通に奇妙で人を魅了するものであり、他の用語を引き寄せていく磁力を生じさせている。その「あいだなるもの」は、よく考えてみると、形而上学における「越えているもの」と同じくらいに独特である。この奇妙さを記すには、メゾフィジカルのような言葉が必要になる。それは、湿地のような境界的な空間が、いかに最近になって身体と同じように賞賛されるようになっているかを説明するのに役立つだろう。ロッド・ギブレットによると、ソローは湿地を「感覚と手足を落ち着かせてくれるのにふさわしい場所として見出し、さらに、白紙《タブラ・ラサ》ではなくて感度を持つ表面としての身体に沼地が触れ、そこから言葉が発されることになるのを可能にするのにふさわしい場所[*102]」として見いだす。泥よ、泥よ、栄えある泥よ。身体はさらに、ポスト構造主義の思考においては、身体とともに始まりながらも身体を超越することで終わってしまう美学から伝統的には除外されてきた全てのもののための名である。大きな物語に対し激しく対抗することを主張する言説であるポスト構造主義が身体というものを生産していたはずであるというのは、驚くべきことである。

ロマン主義時代の美学は、理性と情念のあいだ、主体と客体のあいだ、事実と価値のあいだにあった。今日、その役割は、身体にゆだねられている。身体が美学なのだが、そこでは美学が普通は除去する、嫌な思いをさせるものの全てが取り戻されている。身体は反美学であるが、その美徳（あるいは悪徳）は、それが完全に美学とは違っていながら同時に美学の代替版にもなる、ということである。たとえば、実験的なノイズミュージックは、普通は作品から排除されてきた諸々の要素を「取り戻す」。それは音楽の録音が行われたところである空間の音であり、楽器と音楽家の身体であり、私たちが物理的な媒質を聴いているという事実へと注意をうながす「ノイズ」の現前といったものである。

身体は、私たちが失ったと考えるもの、小さな世界、浮遊する島の代わりをする。だがこの身体を脱構築するのは簡単である。それはどこで始まりどこで終わるのか。テニスラケットは私の身体の「延長」なのか。テニスボールはどうか。テニスコートはどうなのか。この身体が「私の」身体であることをやめるのはいつなのか。フロイトは電話を「人工装具」の耳と呼んだ。ダナ・ハラウェイは、サイバネティクスと人工装具が人間存在についての感覚を再構成したと、説得的かつ影響力のあるやり方で論じた。[*103] 私たちが事物を身体から取り除くときはどうだろうか。手や腕を失ったとき、それらはいまだに私の身体なのか。メラニー・クラインの「部分対象」という考えや、あるいはウィニコットの「移行対象」といういっそう曖昧な観念すらもが、対象の首尾一貫性にかんする私たちの偏見を掘り崩す。部分対象のような事物があるということを認めてしまえば、全ての事物が部分性という観念で汚されていく。身体的な首尾一貫性は、適切ないしは望ましい審級なのか。

これが現実の緊急の問題である。環境主義は、私たちが世界から切り離されていることを憂慮する。だがもしも問題のうちの一つがこう考えることそのものであるとしたらどうだろうか。科学がまったき思弁を後押ししてくれる。「いわゆる」身体は、エネルギーを産出しながら各々の細胞の中でミトコンドリアになる、バクテリアのような共生的な組織の多層構造である。[*104] 産業社会はラトゥールが「準-客体」と呼ぶもの——アスベスト、放射能、ダイオキシン——を産出するが、それらは身体を、否定的なやり方によってではあるが、環境に向けて開いていく。準-客体は人間と自然のあいだの古くからある差異を掘り崩してきた。[*105] したがって、それらの「あいだ」にはなにもない。準－客体は、主体と客体、自然と社会という古くからある概念の「あいだ」に存在すると、ラトゥールは主張する。彼は、それらを「リゾーム」と呼ぶほどにまで、徹底的に議論を進める。[*106] リゾームは、よくみたところで「線形的で」「階層序列的な」形態と同じようには支持されていない。だがそれら区分のあいだにあることで、準－客体は、形而上学にたいして肯定的な影響よりは純粋に否定的な影響をおよぼす。残念ながら、私たちは世界であ、る。したがって身体の逆説への一つの解決は、それを環境そのものに転じていくことであるが、そこで環境は、裏返しにされた神性のようなものとして、自然な超自然の形態としてとらえ直されることになるだろう。メルロ＝ポンティは「肉」を論じ始めたが、この言葉は、デイヴィッド・エイブラムが「それぞれの内発的で無意識的な行動の相互依存的な様相としてある、知覚するものと知覚されるもの双方の基礎やもととなる神秘的な組織あるいは母胎」[*107] と呼ぶものに対応する、示唆的な用語である。「二」（二元論）の世界と「二」（知覚するものと知覚されるものの二元論）の世界のこの結合は、いずれの視点にもつきまとう問題に、必ずや苛まれることになる。「肉」ないしは「肉なるもの」の観念――全体論的な構造もなく、中心や周縁もないものとして身体を見ていくこと――は美的なものであり、それゆえに私たちが探究してきた逆説に従属している。

　身体につきまとう問題は、環境にも影響している。エコロジカルな修辞は自然を、最終的には内部で全てがリサイクルされる閉じたシステムとして想像しがちであるが、それはちょうど美的な対象を有機体的な総体としてとらえるロマン主義的な考え方のようなものである。ちょうどジョルジュ・バタイユが普通の「限定経済」よりも広範な「一般経済」を示唆したように、「一般エコロジー」を仮定することができるだろう。*[108] バタイユは経済を考えるとき、暗黙のうちにエコロジーをも考慮に入れている。「経済的な諸力の恒常的な発展のもとでは、地球におけるエネルギー運動と関連する一般的な問題を提起すべきではないか」。*[109] どうしてここでやめるのか。小惑星は、おそらくは生命体の破片をたくさん積んで降下し続けているのだから、なぜエコロジカルな観点が生命圏の周縁部で終わらなくてはならないのか。そして太陽が生命圏そのもの「の中の」重要な構成部分であるからには、この周縁とは何か。環境主義は、経済的な諸々の思想を長い一八世紀から継承するものであるため、普通の経済学のイメージチェンジ版になるという危険を冒している。ポール・ホーケの「自然資本」はより広い視野を考慮に入れるが、基本的な設定は変わっていない。*[110] 周縁化され搾取された現象を経済的な「進歩」によって説明する全ての試みは、時代精神から身体、世界からシステムにいたるまで、困難を抱えこんでいる。資本主義は未来の発展を正当化するために希少性というエコロジカルな修辞を使おうとしているように見えるが、それゆえに、私たちが探究してきた抽象の水準においてさえ、エコロジカルな観点を限界の概念に依拠して想像することには深刻な問題があるということを認識することが大切である。そして、希少性や限界だけが一枚岩のエコロジカルな概念ではないことに注意する必要がある。問題はじつは、下手に配分され物象化された剰余価値そのものであるとしたらどうだろうか。

環境ないしはアンビエンスの代用となりうるもののいずれもが、十分ではない。新しい用語に飛びついたところでなんの助けにもならないだろうが、というのも、すでに示された理由により、包括的な隠喩には欠陥があるからだ。エコロジカルな客体なるものも言うまでもなくダメである。これからは、アンビエンスなもののための文脈を、別のやり方で、そこに主体性をいかにして向けていくかを検討することで、考えてみよう。

美しき魂――ロマン主義的な消費主義と環境主義

一九八八年、サッチャー首相は彼女自身を「緑化」し、「我々が最初になすべきことは、この国を徹底的に整理整頓することである」というようなことを主張した。それは、人を消耗させる類の「整理整頓」の、きちっとした感じであった。エコロジーとはまるで、家具の位置を並べ替えることのようではないか。サッチャーは、ヒトラーと同様、生存圏《リビングルーム》という観点で考えていた。ヒトラーは、ドイツ人の宿命は生存圏（*Lebensraum*「リビングルーム」）を増やし、清めることだと提唱していた。一九八〇年代が目撃したのは、〈グリーンハム・コモン・ウィメン〉という逸脱的な形態での、清潔であるとは言い難い近代批判の一つであった。彼女たちは、英国内で巡航ミサイル基地として予定されている場所の外側にテントを張り、実際にオルタナティブな社会をつくった。[*11] サッチャーは直接的にはグリーンハムの女性たちに対応せず、彼女たちを、危険なほどにまで例外的で、魔女のような連中と言って切り捨てた（皮肉なことに、彼女たちの中には自分たちを魔女だとほんとうに考えているものもいた）。サッチャーは、「環境にやさしい」製品が山のようにして増えていくことには反応していた。緑の消費主義のおかげで、資本主義の支持者でありつつ環境保護政策支持者でもあることが可能になったが、そこでは、反抗することと売りさばくことのあいだでの、ロマン主義的な争いが繰り返されている。

サッチャー流の「整理整頓」の中には、世界の核廃棄物をシェフィールドで処理することも含まれたが、それはあまりに儲かりすぎる事業なので、英国核燃料会社（British Nuclear Fuels）は、いまや米コロラド州ボルダー近郊のロッキーフラッツという核爆弾起爆装置製造工場での「廃棄物処理」に興味を示している。ロッキーフラッツは、一時期は「環境保全用地」へと改名された。これは、空き地となった原生自然の保全を行うのにふさわしい「安全」レベルに適うのに十分なプルトニウムを除去することを意味している。郊外の家々にとっては十分に安全ではないが、どうやら最終的に地下水へ入り込む微生物にとっては十分に安全ということのようだ。緑の政治をこのように愚劣な形で取り入れることに対抗する、一つのロマン主義的な叫びが、完全に筋の通ったものになる。それは、現代生活の機構に対する怒りである。ロッキーフラッツへと向かう線路の上で行われた行動を祝福するアレン・ギンズバーグの「プルトニウム頌歌」は巨大な叫びだが、ウィリアム・ブレイクやウォルト・ホイットマンによる、広がりゆく行配列をめぐるロマン主義の実験に由来する、並列的な超大詩である。*112

それにもかかわらず――そしてこの「それにもかかわらず」が重要なのだが――ロマン主義こそが消費主義である。消費主義はロマン主義である。「消費主義」という言葉に注意してほしい、「消費すること」ではないのだ。そして消費主義は、長い一八世紀をつうじた消費社会の成長の結果現れた、消費の一つの独特の様式なのである。[*113] ばかげた考えにもほどがある、と言われるかもしれない。他のいろいろな力も作用していた。たとえば、肉の値上がりは、労働者階級の食べ物の質が実際に低下したことを意味した。一七世紀には、パンの値段が高いことは、下層階級にとって命にかかわるような重要なことではなかった。彼らはいろいろな安価な食べ物で生活し、土地を占拠していたのだから。ロマン主義時代までには、お茶と白パンが必需品になっていた一方で、下層階級の人たちには肉を買う余裕などほとんどなかった。だが、労働者階級にも一種の消費主義があり、それがロマン主義の時代に発展したのである。ちゃんとした白いパンへの政治化された要求があり、労働者階級版の菜食主義さえあったことを考えてみよ。つまりそれは、別の状況であれば食べねばならなかったたぐいの食べものを自己言及的に「選択すること」である。[*114] ゆえに消費主義は完全に中産階級的でもなければブルジョワ的なことでもない。

ロマン主義の時代までには、消費主義者になる(あるいは消費主義者として行為する)ことができるようになった。消費主義は、消費の再帰的な様式である。それは人がいかにして特定の種類の消費者として現れることになるかについてのものである。人はただ人参を食べるのではなく、人参を食べる人として自分自身を演出する。この考えは、さらに進めていくことができる。再帰的な消費主義のようなものが存在する。[*115] 近代社会では、私たちは全員が潜在的な再帰的消費主義者だが、これはロマン主義時代には特定の前衛的な分野の人たち（ボードレール、ド・クインシー）に限定されていた。再帰的な消費者は、なんらかの形式の消費主義——主体のショッピングモールにおけるウィンドウショッピング——を経験するときなにを感じるかということに関心を抱くが、これは「目的」や購入を欠いた、「カント的な」美的消費である。[*116] 遊歩者（ふらつく人、ぶらぶらする人）が誕生した。好むと好まざるとにかかわらず、私たちは今や全員が遊歩者だという感覚がある。客観的な社会的諸形態（テレビ宣伝、インターネット、モール）のせいで、再帰的な消費主義者にならないでいるのは不可能になった。

消費主義者になるためには、何かを消費しなくてもよくて、消費なるものの思想について考えるだけでいい。高次の力へと高められていく消費主義は、自由に浮遊する同一性であり、過程の中にある同一性である。これはとりわけロマン主義的な消費主義である。[*117] 自分が変容するという経験が価値あるものとみなされるが、それはつまり薬物使用や、ワーズワースの言う「原体験」のような強度的な経験から発生してくる経験であり、自己をその円環の外へと連れ出しなにか新しいものの周囲を巡るよう強いるトラウマ的な経験である。（必然的に）外的な出来事が、改められた自己という真珠の発生を手助けする砂利になる。エミリー・ジェンキンスの『まずは舌から』という表題は、一九世紀の語法における、再帰的な消費の方法ないしはボヘミアンを示唆するものである。[*118] それは、以前には避けられていたもの（ジェンキンスの場合にはヘロイン）を消費したり異なる役割をこなしたりすることによって、主体性の新たな形態へと飛び込んでいくことである。他人の経験を自分のことのように感じることである。そこには常に、こなされることになる役割へのアイロニカルであるかシニカルな距離という形態での、命綱が存在する。

これは根本的にロマン主義的な詩学の声である。ド・クインシーは、その諸々の経験を人工的に獲得していると普通はレッテル貼りされているのにもかかわらず、彼との比較で「自然」であるとレッテル貼りされているワーズワースと同じくらいに多くのことを環境ライティングについて語ってくれる。ロマン主義時代以来の資本主義は、この逆説的な同一性――自由に選択された自己愛的な状態のようなもの――を人びとのもとへと売りつけることに精通してきた。[*119] 全ての消費物が、私たちがそれらを贅沢品と考えるか必需品と考えるかとはかかわりなく、この贅沢の状態へ近づいていく。[*120] フロイトが「海の感覚」と呼んだもの――乳児期か胎内の経験に由来すると考えられ、はっきりとした同一性が失われていくほどにまで媒質の中へとさらされていくという感覚――が、最高の資本主義的な産物の一つになった。[*121] アンビエンスは、このような環境意識の前提にある状態である。海の状態は、シェリーのようなロマン派の詩人に大いなる興味を抱かせるものであったが、そのシェリーは、「生について」というエッセーで、「私たちが、見たり感じたりする全てのものを自分たち自身から区別するのを、子どもたちはあまり習慣としてこなかった」と書いていた。この「夢想と呼ばれる状態に」近づくことがなおもできていることに気づいている大人たちは、「自分たちの本性が周囲をとりまく宇宙へと解体されていくか、もしくは周囲を取り巻く宇宙が自分たちの存在へととりこまれていくかのように感じている」[*122]。人類の未来状態にかんするニューエイジ的な言語では、海は日常経験へとふたたび統合されていったが、これは商品のもっとも洗練された——批判的になるほどにまで精緻化され、そして逆説的でもある——形態である。インターネットの周辺に漂う最近のグノーシス的な精神（私たちが全員束ねられるとき、私たちの身体はエーテルへと融解するだろう）とテクノ・ダンスミュージックと大規模な野外レイブは、「環境的」であろうとする、客観化された主体性の二つの表現である。より日常的な水準では、自由に浮遊する「ウィンドウショッピング」的な同一性のモデルは、私たちが第一章で美的な出来事として検証した「あいだの」状態の社会的な表現である。ピエール・ブルデューは、この再帰的な消費主義を消費のカント的形態と名づけたが、そこではなにをも目的としないことが目的である。ロマン主義的な消費は、実際のところは同語反復である。

　融解と変化としての同一性は逆説になる。私たちの定まった部分はそのままで、「深々と腰かけ、くつろいで、周囲を眺め回している」。同一性と非同一性の融合は不可能である。だがイデオロギーは、それが唯一の存在の仕方であるとでもいうようにしてふるまい、全ての消費者を一〇代の若者《ティーンエージャー》に変えていくのだが、これは権威主義的な反共主義の時代における広告によって発明された分類であった。この観点から言うと、キーツの「カメレオン詩人」という考えが示唆する流体的な主体性は確かに主体性一般についての「新たな改良」版であるが、それはまた、キーツが「自己中心的な崇高性」と呼ぶものと同じ逆説とジレンマにはまり込んでいる[*123]。キーツは本当の詩人の正体は変成的であると主張している。それは世界へと融解し、環境へと適合すべく形姿を変動させていく。「カメレオン詩人」にしてみれば、その正体はエコミメーシスである。詩人はそこで、消費の対象から隔たったところで手をこまねいているのではなく、この対象になり、本来的にとらえどころがなくて客体的である形態へと入り込んでいこうとする。この幻想において、主体が客体に転じるやいなや、客体は自然と主体のようにふるまい始める。キーツはこのことを、とてもそっけなく行っている。彼は胃の中で広がる赤ワインを、『アラビアン・ナイト』での、魔法にかけられた地下にある宝石の庭のあたりで静かに歩むアラジンのようなものとして描き出す。[*124] このイメージは、美食家のブリヤ・サヴァランと哲学者のルードヴィッヒ・フォイエルバッハが用いた言い回しである「あなたはあなたが食べているものである」というロマン主義的な消費主義の考えを反転させた形態を提示する。[*125] キーツの考えでは、あなたはあなたであるものを食べていた。「カメレオン詩人」は、私たちがみな消費主義者だという事実と和解するとはいえ、主体と客体の二元論にある内的な緊張を解消しない。

　ロマン主義の消費主義が生産した主観的状態は、次第に技術的に再生産される商品になった。だがそれはまた、現実に存在している環境の建設と維持に影響を与えた。いかにしてワーズワースの湖水地方が〈ナショナル・トラストの湖水地方〉となり、アメリカの原生自然が、行政管理された世界から休日に出かけていく場所になったか、そのことについて考えてみよう。環境がロマン主義的な消費主義の論理にはまり込んでいた。不断の緊張と争いが明らかにするように、原生自然は、未開発の資本の備蓄物としてのみ存在しうる。それは一つの抽象である。わたしはこれをジャック・ターナーよりも強い意味で言うのだが、というのも、ターナーにとって原生自然は、具体的で美的な細部で埋められるべき抽象だからである。[*126] これらの細部は、ただ抽象の度合いを高めることになるだけである。原生自然は、資本主義のイデオロギーの基盤である、決定論からの自由を体現する。それはいつも「あちら側に」、隔絶された美的経験のショーウィンドウの後ろ側にある。多くのネイチャーライティングの憂鬱な熱狂が論じているように、その「中に」いるときであってもそうである。環境への「敬意」は、純粋に倫理的な反応ではなくてむしろなんらかの美的な反応をもたらすが、それは崇高な対象を維持しておくのに不可欠であるとカントが述べる距離をともなう。

サヴァリは、エジプトに関する記述のなかで、ピラミッドのもつ量から間然するところのない感動を受けるためには、ピラミッドに近づき過ぎてもいけないし、さりとてまたピラミッドから遠ざかりすぎてもいけないと書いているが、このことは上述したところからよく説明できる。ピラミッドから遠ざかり過ぎると、捕捉される個々の部分（積み重ねられた石塊）の表象がぼやけてしまって、主観の美学的判断にまったく効果を与えなくなるからである。しかしまた近づき過ぎると、眼がピラミッドの基底から頂上まですっかり捕捉し終るまでに幾許かの時間を要するので、こういう捕捉の仕方では、構想力があとの部分をまだ取り入れてしまわないうちに、初めの部分がいくぶん消滅してしまうから、けっきょく総括が完全に行われないことになる。[*127]

原生自然にかぎって言うと、この距離は経験的なものではない。たとえあなたが原生自然にいるときであっても存続する、社会的かつ心理的な距離である。たとえば原生自然に住むことによってそこにものすごく近づくならば、それはもう原生自然ではなくなるだろう。サルトルは、他者がただ現前するということが存在における「内出血」として作用し、現場の総体を消費する自己の能力を掘り崩していくと述べている。[*128] 排除と暴力は、静寂と孤独が保たれることを可能にする唯一の方法である。サルトルのいう出会いの現場は、無垢であるようにみえる郊外の芝生である。だがすでに見てきたように、芝生は、それが組織する共同体主義的なルールゆえに、ないことにされた暴力の空間であり、広くて空虚に見えるように擦り消された区画である。それは、人びとが平和と静寂、さらには抽象的な自然の感覚を発見するために訪問する、原生自然の大量生産版である。芝生は「即席の距離」のようなものである。ただ草を敷き詰めぼんやりとくつろぐ、というように。

原生自然は「柔らかくて」「浅い」ロマン主義――機械的であるか全面的に行政管理された喧騒からの一時的な通路――と、「深い《ディープ》」観点からの、急進的な代案を体現している。原生自然は、新しく開拓されたアメリカでの神の内在に関する清教徒的なユートピア主義と、ワーズワースやエマソンのような著者たちを通り抜けていく汎神論との系譜の混合である。[*129] したがって原生自然は、さまざまな種類の否定的なものを表現している。近代社会に対する、強いこともあれば弱いこともある指弾である。原生自然空間か、それらを創出した法律が存続するかぎり、私たちは文字どおり、ロマン主義時代の中にいまだに住んでいる。洗浄液のボトルと山並みのあいだに秘密の通路を発見するというのは奇妙である。だが通路は一つあり、それはロマン主義的消費主義と呼ばれている。緑の消費主義は環境的な消費主義の一つのものでしかない。環境主義は一般に消費主義的である。

環境にかんする文学は、消費主義の中でさまざまな役割を果たしている。国立公園が私たちの平日の世界を慰撫するように、その一つの機能は、工業社会の苦痛とストレスを和らげることである。エコクリティシズムは、詩は傷ついた心と身体を慰めるものであるという考えをよみがえらせるが、これはジョン・スチュアート・ミルが、一九世紀の支配的イデオロギーであるあからさまな功利主義から自分を癒すべく、ワーズワースを回復のために読解するときに生じた考えである。[*130] 良薬としての文学というこの考えは、英文学の研究そのものの確立をうながす、温情主義的な議論の支配的な様式である。[*131] ジョージ・サンプソンは、下層階級の人たちが共産主義の中に求めた集散性の精神的な表現である「非物質的なものへの共同的なかかわり」が与えられなかったらとしたら彼らはすぐにでも現実的な事物を要求することになっただろうと主張した。[*132] エコロジカルな言説は、集散性にかんするものでもある。この地球を、他の人びと、動物、植物、そして無機物とどうやって共有するか。多くのエコクリティシズムは、政治的には左派でもなければ右派でもなくましてや中道でもないところに位置づけられるものとして、左派と右派を超越し、普通に言われる政治そのものよりも深いところにあるものとして（「ディープエコロジー」のように）自分のことをイメージする。

そうすることで、エコロジカル・ライティング（批評も含む）は、消費主義の標準的な形態の中にある溝を埋めていく。それは消費主義からまったく脱落するのではない。消費主義の「新たな改良版」を提供する。このような文学と批評に関心を向けるものがこの改良版をわずかしか好まないとしても、そうである。したがって、動物の権利の提唱者、エコフェミニズム、環境正義の批評のような、より批判的な形態のものが存在する。これらは全て、異なったあり方ではあるが、拒否の形式である。世界を消費する今のやり方を否定し、なにか別のものを――この別のものが明快に説明されているかどうかはともかく――提唱する。このような批判は、それ自体、消費主義の新たな改良版になりかねないが、それはちょうど、その縮小版において、エコミメーシスが美的なものの再ブランド化された表現になるのと同じである。これもまたつねに、消費主義との、敵対的であるか補完的である関係を維持してきた。

シャルル・ボードレールは、「照応《コレスポンダンス》」で、香辛料の詩学と戯れている。森林のアンビエンスは、音と匂いの戯れをつうじ、浸透性があるがそれでも不可思議で、空間的だが不透明なものになり、意味のある状態にむかいつつそれを妨げていく。

夜のように、光のように広々とした、
深く、また、暗黒な、ひとつの統一の中で、
遠くから混り合う長い木霊さながら、
もろもろの香り、色、音はたがいに応え合う。*133

ロマン主義における想像上の自然崇拝と関連するこの詩の「頽廃《デカダンス》」は、それが自然を人工物へとつなぎあわせていくところに存在している。柱は木になり、木は線香になる。自然の匂いは商品化されたアンビエンスになる。こうやってつなぎあわせていくことは、ロマン主義にすでに潜在していた特徴である。だがそれはただ潜在しているだけではない。遊歩者やダンディーと戯れるボードレールに即してベンヤミンが論じる商品形態との神秘的な関係を可能にしたのは、ロマン主義的な消費主義であった。森を商店の窓にし、商店の窓のアンビエンスが自然の聖堂として経験されるのを可能にするのは、ロマン主義的な消費主義なのだ。

『森の生活』の「音」と題された章で、ソローは、彼の理想郷である住まいをサウンドスケープとして探求している。彼は、「東洋人が瞑想と仕事の放擲ということによって何を意味するかをさとった」と書いている。この効果は、はっきりと活版印刷を思わせる隠喩で表現される。「わたしはわたしの人生に幅のひろい余白をもつことを愛した」。ソローにしてみると、この幅のひろい余白には、歴史的な痕跡が含まれている。電車の音は、他の場所(電車はどこからやってきて、どこへと行くのか)と他の時間、そして一般には商業の時間を思い起こさせる。これは、自足した自然の中で囲い込まれた隠遁者の神話という、ソローが多くの人に思わせる神話からはほど遠いものである。だがこの経験の全体は、一人の主体に、つまりはソローというロマン主義的な消費主義者に影響する。「次の夏にニューイングランドの亜麻布の頭髪をおおう帽子につくられるシュロの葉や、マニラ麻や椰子の実の殻、古づな、麻袋、屑鉄、錆釘などを見るとわたしは一段と世界の市民のように感じる」。電車の音が入り込むのは、瞑想的な状態の中断ではなく、知覚環境においてはむしろ望ましい変わり種の音である。*134

客観化された主体性は、芸術の内容と形式になる。この主体性は、私たちが芸術を批評する方法にもなる。オスカー・ワイルドが述べているように、それは芸術家としての批評である。シュレーゲル以来、理論そのものは芸術になり得た。このような種類の理論はロマン主義と特別な関係をもつ。ポスト構造主義の観念との緩やかな類縁関係にあるものとしての理論そのものは、美的なポーズになり、「聴く」ことについての想念を、いぶかしげに、なかば内省的に喚起する。禅について語り、瞑想に言及しながら、実際はそれをわざわざすることにはならないのだが、それが引き起こしうるいらだちと苦痛の全てを引き受ける。デイヴィッド・トゥープは、最近のサウンド・アートについて書かれた自分の本で、彼の朝ごはんのテーブルのアンビエンスを追求している。*135 余暇の様式は、穏当な理論――その根底的な問いかけがやわらかな感嘆詞へと鈍化する――に認可されることで正当化される。

理論にはつねに、これよりももっと強烈な辛辣さがあった。消費主義者であるということは、ガツガツ食べるという資本主義の論理にとらわれているというだけではなく、それに抵抗し挑戦する潜在能力をも保持しているということである。誰であれ、現代社会を批評する様式としてのなんらかの方法で、特定のものを消費することを拒否することができる。自分たちを消費主義者であるとは考えることのないほどにまで徹底している、緑のロマン主義的消費主義者が存在するということには、疑いの余地がない。ジュリア・バタフライ・ヒルのようなディープエコロジストは、自分は消費主義者ではないと反論するだろうし、「アース・ファースト！」グループの活動家たちは、自分たちの戦略が消費主義から派生したということに気づいたらショックを受けるだろう。悩める反消費主義者のためのアメリカのファッション雑誌『アドバスターズ』が「精神の環境」についての雑誌であることを標榜するとき、消費主義を超えたなにかを約束してくれてはいる。しかし、この約束は、ロマン主義的前衛の逆説を典型的に表すことになっている。もしわれわれにその美的形態を正確に理解する能力があるならば、現実に裂け目を入れ、その裂け目を広げ、現実を変えることができるだろう。広告のスペクタクルのみごとなまでのパロディを駆使する『アドバスターズ』のやり口は、汝にもまして緑であると称する消費主義であり、他の消費主義者たちを過度なまでに消費主義だと言いつのるものである。たしかに、こういった理由のために、ディープエコロジーは、「浅い《シャロー》エコロジー」に対抗するものとしてみずからを名指すことになる。これら「浅いエコロジスト」たちは、ディープな観点から見たとき、日帰り旅行者のようなものでしかない。

効果的な消費主義者の役割は、排斥運動ないしは不買運動を典型とする拒否である。この役割は、完全に消費者になるということがなにを意味するかをめぐる考察に基づくものである。ロマン主義時代における砂糖の不買運動や菜食主義は、私たちが今エコロジカルなものと見なすことになる様式の典型である。[*136] 初期のロマン主義者たちが直面したのと同じような状態に、今日の「緑の」消費者は直面している。オーガニックな食材を買うことが本当に惑星を救うのか。ロマン主義の消費主義は、選択についての考え方を、広げると同時に狭めた。私たちには「選択肢」があるという気分は、ユートピア的な欲望を高めていくが、可能性だけでなく社会的な隘路の徴候でもある。

　前衛的な消費主義の形態には、本当のところは問題ない。芸術とおなじくそれらは、テオドール・アドルノ――ヘーゲルに取り組む偉大なロマン派――が現実にかんする否定的な認識と呼ぶものを具体的に表現している。[*137] この否定性は、「悪い」という意味で否定的なのではない。否定という弁証的契機の観点から見て、否定的なのである。ロマン主義的消費主義は、否定され、ないことにされ、排除され、黙殺されてきたものを体現している。それはただ、本当にものごとを変えるためにはどれくらい徹底的にやる必要があるかを示しているのに過ぎない。不買も抗議行動も、アイロニカルで内省的なかたちでの消費主義である。特定の製品を買うことを拒否し、企業やグローバリゼーションのような抑圧的な社会的形態を疑問視することによって、このような活動は現状の変革の諸々の可能性を指し示してはいるのだが、実際に変えることはない。それらは、薄情な世界の中での心の底からの叫びであり、スパナーを使った破壊活動である（ディヴ・フォアマンが環境保護の直接行動をさして使った言葉は「破壊活動《モンキーレンチング》」である）[*138]。したがってそれらには、実践的というだけでなく、宗教的な側面もある。多くの宗教実践者たちが環境運動に携わっている。たとえば、コロラドの核ミサイル格納庫を激しく非難する、ミネアポリスのディープエコロジー教会の修道女たちだ。修道女たちは、ミサイルを花々に変えはしなかったが、文字通り人びとの裏庭に潜むこれらの大量破壊兵器へと関心を払いはしたのである。

　私たちが緑の消費主義のプロセスを首尾よく理解するときには、ヘーゲルの美しき魂の弁証法を経由するが、これは彼のいうさまざまに異なる意識の歴史のなかにある一つの契機である。*139 美しき魂は、ヘーゲルがロマン主義と同一視する、特定の歴史的瞬間において現れる。それは人間と自然を分離する「不幸な意識」のペルソナである。厳密な年代順の時期でいうと、美しき魂は、啓蒙とフランス革命のテロルの後に現れる。ヘーゲルはそれを、シャフツベリー（巨匠的人物）からノヴァーリスおよびシラー（「美しき魂 *Schöne seele*」）にいたる、一連の文学および美学のテクストにもとづいてモデル化する。*140 だが美しき魂はエコロジカルな観点とものすごく関連している。ラスキンは、現代生活のおぞましさの一つはその醜さにあると不満をもらした。レオポルドの『野生のうたが聞こえる』は、原生自然の鑑賞の美学に捧げられている。動物の権利の運動の中の特定の立場は美的なもので構成されている。菜食主義にある、動物を食べることへの嫌悪感は、ある程度は美的である。

　多くの人は美しき魂を、まったき非行動の領域に存在するものとして、静寂主義の一形態として解釈する。それでは「破壊活動《モンキーレンチング》」および他のエコロジカルな活動の諸形態はどうなのか。静寂主義と行動主義は、美しき魂というコインの両面である。美しき魂は、美的なものと道徳的なものを一緒にする。美学化には道徳的な側面があるが、それはつまり、達成された距離の帰結としての側面である。美しき魂は、自己と世界のあいだの亀裂を保持しているが、それは良心の呼びかけ——

あるいは活動家であれば「自己の発見」というかもしれないもの――によりつくりだされた解決不能な割れ目である。それでも美しき魂は、この溝を埋めることを求めてやまない。ヘーゲルは、エコロジカルな意識にとって、選びとられてしかるべき理論家である。哲学の他の形態――とりわけ「オリエント」の哲学――は十分でないと確信していたために、ヘーゲル自身も美しき魂症候群の古典的な事例に悩んでいた。

かつて英国「緑の党」の事務次官だったデイヴィッド・アイクが書いた、一九八〇代後半の、通俗的な環境保護の本のタイトル――『こうあるべきとは決まっていない』――が全てを言い尽くしている[*141]（それ以来アイクは、偏執的といえるくらいにまで、いっそう極端な拒絶信奉者になった）。現代アートと緑の消費主義は、この拒絶を特徴とする。この特徴をどれほどまでに深くみずからのものとしているかが、問題である。一貫性と偽善が、信仰を保持することと売りさばくことが、拒絶の度合いがどれほどであるかを測定する方法になる。これは皮肉なことだが、というのも、ヘーゲルの主張によると究極的な偽善は美しき魂そのものであり、それが弾劾する悪が美しき魂の存在にとって本質的であることを見ようとしないからである。実際、純粋な主観性としてのその形態そのものが、この悪である。その割れ目は完全には橋渡しされ得ない。ましてや、魂の美しさそのものを損なうことなしには、無理である。[*142]

美しき魂症候群は、それがヘーゲル自身の思考において難題であったことを、知らなかった。ヘーゲルとコールリッジはいずれも、主体が客体と一致するのを望んだが、それは主体の観点からの一致であった。一致への願いは、ショーペンハウアーの疑似仏教的な見解である自己放棄において、そしてニーチェの超人という自己肯定的な戦略において、危機的になった。ショーペンハウアーは平和を、自己中心的な意志の消滅として、他の全てを無へと解消する海のような静けさ（仏教思想の空についてのよくありがちな誤解）の状態として想像した。[*143] ショーペンハウアーは、「すでに意志を否定し、意志を転換し終えている人々にとっては、これほどにも現実的にみえるこのわれわれの世界が、そのあらゆる太陽や銀をふくめて——無なのである」[*144]という見解を抱いていた。この状態は、心を穏やかな溶解状態へと和らげていく、美的なものにおいて触れられる。ショーペンハウアーはこれを、環境の用語で表現し、美的な状態を、「私たちが意志の激しき圧力から解放されるとき、地球の重い大気から現れる」ものとして論じている。[*145] 音楽がこの状態を最上のかたちでうながしていくが、なぜなら、それはもっとも形なき芸術様式だからだ。ショーペンハウアーはアンビエンスの理論に肉薄している。たとえそれが個人を救済してくれるとしても、この見解は（ユートピア的とも言えるし反ユートピア的とも言える）は、あきらかに「明日の後の日《ディ・アフター・トゥモロー》」のあたりにいまだにとどまることになる世界にいる私たち貧しい間抜けたちには、あまり役立ちそうにない。ちょうどグローバルな温暖化にかんする映画のタイトルが示しているように。[*146] ショーペンハウアーの禁欲的な美学は、自分と世界のあいだには亀裂があるといまだに主張する自己に訴えかけるものである。そうでないとしたら、自己がその「きびしい環境」からどうやって「出現する」というのか。

ニーチェの解決はまったく違っていた。彼は常なる克服の過程を提唱したが、それは終わることのないものであるという点で、批評に酷似している。だがこの克服は、なおも主観性の様式である。そのうえ、暗闇や弱さや否定的なもののための時間が乏しい。マルコム・ブルは、ニーチェを越えようとするいかなる試みもただ彼を再肯定することにしかならないのは、その哲学が敗者ではなくてむしろ勝者の哲学だからだと論じた。エコロジカルな方法はみずからを敗者と同一視するはずだが、それをブルは超人ではなくて「人間以下の人間（subhuman）」と呼んでいる。*147 この同一化はじつは困難であるが、それでも徹底的な脱美学化をともなっている。というのも、ニーチェにとって、美学は正当化と勝利の究極形態だからである。あきらかに人間以下のものとの、ダサいだけでなく危険ですらある同一化は、「俗物的なエコロジー」を創出するが、そこではたとえば猿の権利を生じさせることが可能になる。*148

主体と客体のあいだの裂け目の反対側にある風景は、反転した形態における美しき魂に転じる。それを「美しき自然」と呼ぶことができるだろう。それも美しき魂と同じ病に苦しんでいる。不透明で、排除的で、絶対的に当然で正しい。この章のなかの環境のモデルの全ては、一見すると没入的なものであるのにもかかわらず、美しき自然の例である。美しき魂は硬い壁にむかってその心拍を打ち鳴らす。自然は物象化された客体で、「あちら側」にあるままである。かつてはロマン主義の詩人でヘーゲル主義者でもあったマルクスが自分の大学時代の経験について主張しているように、「真実のポエジーの国がはるかかなたの妖精たちの館のようにきらめいて、わたしの創作物はことごとく雲散霧消してしまった」。[*149] マルクスは、アンビエントな世界についての考えをみごとなまでに表現している。この世界が、彼から隔てられている美的なもので、それゆえに近づくことのできないものであっても、そうなのだ。ロマン主義的環境は、瞬きするバンビの瞳のように、キラキラと光り輝いている。マルクスが意図したものについての、無数のエコロジカルな実例を思い描くことができるかもしれない。しかし、それら多くの中でも名前を挙げるとすれば、アメリカでは、ソローだ。彼においては、関与の仕方をめぐる選択は、静寂主義と行動主義のあいだにある強い緊迫状態のようにもみえるし、それらの混在した状態のようにもみえる。ソローはそのどちらをも実践した——かれは刑務所に収監される覚悟で非暴力抵抗を主張したが、それでいて自然界を凝視するのが重要であるということについても書いたのである。

極端な場合、美しき魂症候群は、ファシズムに繋がる可能性がある。作曲家のリヒャルト・ワーグナーは、音楽業界の冷酷無比なまでに商業資本主義的な状況への抵抗として、自分の人生を劇的に表現した。一つにはこれは反ユダヤ主義に立脚していた。[*150] ワーグナーの「美しき」抵抗の核心には、憎悪という幻想的対象があったが、彼はこの周囲にあらゆる類の生物学的な本質主義の（人種主義の）思想を生じさせた。しかし、美しき魂症候群はまた、ヒッピーの世界にも向かい得る。一九六九年のウッドストック・フェスティバルで、ある男性が言ったのは、私たちが一生懸命に考えれば雨はやむだろう、ということであった。さらに、ファシストとニュー・エイジ版の環境主義がある。ネオ・ナチのアメリカ人であるエリック・ルドルフは、二〇〇三年の夏に逮捕された。テロとの戦争を背景にして考えるなら、彼が主要メディアでロマン主義化されたのは逆説的なことであった(私は、自分の議論が環境主義とテロリズムを同等と見なすものではないと強調するのに腐心している)。報道では、ルドルフはソロー的な森林居住者で、彼に同情的な町の住人が裏庭に置いたツナ缶で食いつなぐ孤立した変わり者で、「大きな政府」がFBIになって襲撃するのに抵抗する者になったが、これは巨大な理性の侵略に耐えるロマン主義詩人の芝居がかった表現であった。この点で彼は、二〇〇一年に世界貿易センタービルを破壊したようなイスラム主義のテロリストよりも幸運であったが、というのも、メディアはテロリストたちを内向性や主観性といった言葉で聖別化しなかったからで、さらにいうと、九・一一以来政府がいわゆるテロリストとして標的にした環境活動のグループよりも幸運であった。ルドルフは、二つの妊娠中絶病院と一九九六年のオリンピック会場を爆破したと言われていた。彼はテレビを「電動《エレクトリック》ユダヤ人」と呼んだ。孤立していたどころかむしろ、彼は極右の生き残り主義者と白人至上主義のテロリスト集団に参加していた。

ルドルフは、現代において美しき魂が存続していることの、古典的な事例である。ルドルフのイデオロギー的な立場の核心では、感じられる生と客観的な現実が分離しているが、この分離が、ルドルフの事件の客観的な特質と、メディアが彼の主体をでっち上げロマン化しもてはやしていくやり口とのあいだの亀裂によって再生産された。『ニューヨーク・タイムズ』の論説委員は、美しき魂の構築にふさわしいエコロジカルな吟誦詩《ラプソディ》をうまいこと書き記した。すなわち、ものすごく内的でありながら外的である、というように。*151 ここで私たちは、内的な風景が構築されるのを目撃するが、これはネイチャーライティングとエコロジカルな文芸批評で、外的世界の無害な模写として賞賛されたものである。[*152]

ルドルフは、静寂主義者とテロリストに同時になろうとするが、それはつまり、美しき魂にふさわしい両方の立場を占めていく、ということである。社会の目から見ると、ルドルフの罪業は、女性蔑視と人種主義と同性愛嫌悪の訓示を真に受けすぎたということにある。私たちが彼を、より大規模なイデオロギー的枠組みの中で幻想的な人物として考察するなら意味をもつことになる反政府的な観点から見ると、これは逆説的である。彼をロマン化することで、メディアは、彼をイデオロギー的な基盤へと再挿入するという有益な役回りを政府のために演じることになった。私たちはソロー的な孤独者のイメージを強要されたが、彼がおこなったことを、あまりにも真面目に、つまりはそれにふさわしく真剣に受けとめることは禁じられていた。私たちはそこに巻き込まれていたが、距離を置いていた。

美しき魂は、エコロジカルな主観性である。アンビエンスはじつのところ、美しき魂の外化された形態である。美しき魂がエコロジカルな消費主義の形態として発見されるということが本書におけるもっとも重要な考えであるということには、疑いの余地がない。美しき魂は、量子的な積み重なりのような状態で、みずからの内に選択肢を確保している。物理学はこれを、測定に先立つ(もしも「先立つ」ということが、測定しえない状態を記述するに際して意味をなすのであるとしたら)U状態として、つまりは粒子が測定される瞬間であるR状態とは正反対のものとして指し示す。[*153]

ヘーゲルは、倫理的な可能性の積み重なりを、美しき魂において描き出す。

純粋意識の単一態に比べると、絶対的他者、言いかえれば、多様性自体である現実は、絶対的に多数の事情であり、この事情は、ふりかえれば、諸々の条件に、傍らを見れば、並列しているものに、前を見れば、継起するものに、限りなく分かれて行き拡がって行く。――つまり、良心的な意識は、事柄のこの性質と、それに対する自分の関係とを意識しているが、そのときわかることは、意識が行為している「場合」を、求められたこのような一般態の上から知っているのではなく、全ての事情を良心的に思案したと称してみても、それが空しいことであるということである。とはいえ、全ての事情について知り、また思案することが、全然ないというのではないが、それはただ契機であり、他人にとっては在るにすぎないようなものであるに止まる。そこで良心の不完全な知は、良心の知であるから、良心にとっては、充分で完全な知と認められることになる。*154

倫理的な空間が開かれ、「限りなく分かれて行き拡がって行く」。つまり、倫理的なアンビエンスである。美しき魂は、己の立場以外の全てへの批判的な立場を維持している。この状態において、「このような純粋態に純化されたいま、意識はその最も貧しい形態となっている。そして、意識の唯一の所有となっているこの貧しさ自身は、消えて行くことなのである」。美しき魂は、「意識の、それ自身への没入」という海の中を漂っている。美しき魂症候群では、没入は混濁へと変容する。美しきエコロジカルな魂は、アンビエントな修辞をひたすら循環させていくことで、主体性というオリーブオイルが客体的な世界のビネガーと交じり合うことになるのを望んでいる。この混濁は、それ自体、自然と歴史のイデオロギー的な分割の兆候である。美しき魂症候群の「新たな改良」版は、主体が世界中へと広げられ、客体のあらゆる分子をコーティングしていくことになる条件を確立する。これが同一性と主体性の問題を逃れることは断じてない。[155]

アンビエンスは、ローカル化と主観化という限定されたモデルを拒否する積極的な概念と、さまざまな素朴な環境主義を支える概念とのあいだで揺れ動いている。同じように、美しき魂の状態にもいいところはある。熱烈な宗教の形態のように、美しき魂症候群は、物事を徹底的に変えるためにはどれだけ遠くへ行かなくてはならなくなるかを示している。問題は、美しき魂の高潔な観念にではなく、美しき魂と高潔な観念との関係の形式に存する。美しき魂は、理論と実践をとてもはっきりと区別するので、反省と躊躇は空虚な砂上の楼閣と見なされ、「純粋な」行動が確固なまでに具体的で、絶対的で、罪悪感を生じさせるほどにまで決定的と見なされる。逆に、それは反対の道筋をとおったとしても同じ結論に達する。反省は霊妙な超越になり、行動は、他の啓蒙されていない人たちがする汚れたものになる。逆に実践の観念は、反省は行動の形式になりうる、というものである。そして非暴力的な抵抗のような行動は理論的で反省的なものになりうる。エコクリティックは美しき魂症候群をひっくり返す。もしもイデオロギーが偽装された真理要求だけでなく享楽にも立脚するのであれば、イデオロギーの幻想空間、イメージ、対象への逆説的な戦略を採用することができる。それらを唾棄したり、それらに住み着くのを拒むのではなく、それらを異なるやり方で同定し、過度に同定し、住むことができる。ちょうどロサンゼルスのような都市を変容させ始めた人たちとしてのラティーノのように。

昨今の環境主義者の文芸批評はきわめて狭いものになっている。エコクリティシズムは、ロマン主義者の機械への怒りを別のかたちで現したものになっている。帝国主義のように、エコクリティシズムは、テクストは純粋な意味という素朴な原生自然とであるという見解を提示する。素朴な原生自然を純粋に褒め称えるのはエコロジカルな政治のさまざまな反応のうちの一つでしかないことを理論化し始めている者もいる。エコクリティシズムそのものの中にも、エコクリティシズムをエコイデオロギーへと転じていく小集団の生き残り主義的な精神性が残存しているとはいえ、エコクリティシズムには今や多大なる可能性があり、結果として論争的な領域になっている。それは「来るべきもの」であるかもしくは正統的なものであることの、健康な兆候である。

エコクリティシズムは、世界を気遣うよう呼びかける「無政治的である」か擬似政治的な模造の宗教と、人種とジェンダーと環境を新左翼的に包括していく社会主義者の思考とのあいだで揺れ動いている。いずれもが、ロマン主義との重要な結びつきを有している。資本主義のイデオロギーは一七七六年にアダム・スミスによって定式化されたが、他方でロマン主義からは次第にマルクスやウィリアム・モリスのような人物が現れた。右翼的な傾向のあるエコクリティシズムのいくつかは、ロマン主義へと回帰するために、社会主義者と共産主義者の増大がまだ起きていなかった歴史的状態へと逆行する。逆行は、ロマン主義の反近代的で中世的な形態を擁護する際に強まっていく。逆行は、あけっぴろげなものの美学における経験の感覚を伝えようとする熱烈な環境的修辞の形態をまとうことがあるが、これがエコクリティシズムは私たちにとって良いものであるという動機づけ的な感覚と結びつく。

退行は完全に「誤っている」のではない。それは社会の病の徴候である。アドルノが述べているように、「功利主義により歪められた進歩が地球の表面に暴行を加えるかぎり、今の世の動向よりも以前にあったことがその後進性ゆえによりすばらしく人間的であるという知覚に完全に逆らうのは、それに反するありとあらゆる証明があるのにもかかわらず、不可能だろう」*156。経験論と、資本主義のイデオロギーそのものの構成要素として分化したその経験的な対応物は、「否定的なもののもとに滞留し」物事の影の側面を見ていくことを矯正するものとなる。もしもエコロジカルな批評が進歩しようとするのであれば——それも、自然を支配することとしての進歩の観念そのものを越えていこうとするのであれば——それは否定的なものの知覚を妨げるものを形成するよりはむしろ否定的なものに十分にかかわっていかねばならない。

本当の問題は、ポストモダニズムとエコクリティシズムのあいだでの論争ではない。それらは、一枚の曲がったレコードの両面のようにしか聞こえない。難しいのは、酔いが回れば回るほどに、決り文句になったポスト構造主義の相対主義は、それが粋なニヒリズムであってもいっそう宗教的ななにものかには適合しなくなる、ということである。それは実のところ宗教の反転された形態である。なにものも信じないというのは、はっきりいって維持できない一方で、依然として信仰の一形式である。いずれにも、問題なのは技術と言語ではなくてむしろ抑圧と苦難であるということをみることができていない。いずれもが地球にかかわる諸条件を見過ごしている。一方はそれをないことにすることで、他方はそれにかんするただの観念を保持することで見過ごしている。

リアリティ・ライティング

原生自然についての著書から終末論者にいたるまで、環境についての言説は、知性を越え、直に説得力のある事実の領域にまで行くことを欲している。経験論は、無思考的であろうとする思考の別名である。[*157] 経験論は、事実はそれ自体のために語り、事物には真実らしさの内蔵されたバーコードが付与されていると考える。どことなく確かではある、おおよそ物理的であるブザー音は、私たちが正しい軌道にいることを保証することになるだろう。このブザー音は、バークリの観念論を反駁する際に石を蹴ったジョンソン博士の靴がたてる音である（私はこうやってそれを反駁する）。[*158] 環境にかかわる修辞には、この事実による暴力性のようなものがある。バシッという音は、反駁ではない。心と世界のあいだにある関係性についてのこのような危険な誤認は、最近になって、新カント的な哲学の耳目を集めることになった。[*159]「与えられるものの神話」では、事実的な事物の空間は思考をやめさせることができると考えられているが、そうはいっても、「(思考の外側にある事物についての)概念を作り変えたいという意欲が反省において要請されるのであれば、長続きするはずである」ということは自明である。[*160]

経験的な直接性のブザー音やバシッという音には、なにかを切望するようなものがある。「せめて、このようであってくれれば……」という気分がある。バシッという音はバシッという音でしかなく、反響音の印象でしかないために、エコミメーシスの目的とは適合しないまま、アンビエンスの詩学に悩まされている。哲学的に石を蹴り飛ばすことにある攻撃性は、その内に、みずからの無力を伴っている。環境の文化についても同じことが言えるが、というのも、それは菜食主義のような一八世紀のエコロジカルな言語の原型となるものから、感傷的な経験主義の言説を継承してきたからである。美的な所作が高慢なものになればなるほど、それはいっそう距離のあるものになる。ネイチャーライティングは、「自然へと戻る」ことを試みつつもこの可能性が永遠に排除されているることを知れば知るほどに、ロマン的なものになる。「人工物が自然なものの幻想を促すことを欲するやいなや、それはダメになる」。[*161]アドルノはうまいこと述べている。ただし実際は、自然詩はいつも今では時代錯誤であるという彼の主張は補正を要するものではあるが。というのも、自然詩はいつも時代錯誤だったからだ。

今日、美的なふるまいの直接性は、もっぱら普遍的に媒介されているものとの直接的な関係だけである。今日では、森のなかでのいかなる散歩も、最大限に遠く離れた森を探していくためのものとして入念な計画が考案されたというのでもないかぎり頭上のジェットエンジンの音につきまとわれるということは、たとえば詩的な賞賛の対象としての自然の現在性を破壊するというだけの話ではない。それは模倣への衝動に影響を与える。自然詩は、ただ主体として、時代錯誤なのではない。その真理内容が消滅してしまった。このことは、ツェランだけでなくベケットの詩にもある反有機的な側面を明確化するのに役立つだろう。それは自然をも、産業化をも切望しない。それは、すでに印象主義の次元であった詩化へと至ることになる産業化を統合することであり、平和ならざる世界との和平の実現に、部分的に寄与することである。理性に先行する形態としての芸術には、原初の自然を体現することも、あるいはそれを枯渇させてきた産業を体現することももはやできない。たとえかつてはできたとしても、そうなのである。その両方の不可能性は、おそらく、美学的な非表象主義の隠された法則である。脱産業化された世界のイメージは、死体のイメージである。それらは核戦争を禁止することでそれを避けることを欲するが、ちょうど四〇年前にシュルレアリズムが街路で草をはむ牛のイメージによってパリを救おうとしたのと同じである。そして爆撃されたベルリンの人びとは、この同じ牛にちなんで、クアフェルステンダム通りをクーダムとして再び聖別した。*162

ジェットエンジンのアンビエントな音が「詩的な賞賛の対象としての自然の現在性を破壊する」。ネイチャーライティングはしばしばこの消極的な（negative）アンビエンスを排除する。それがこのアンビエンスを含むときには、消極的なアンビエンスは、さらさらと音を立てる樹木や湖の上の静かなさざなみという積極的なアンビエンスから区別されている。近代は、このような音——大きなものも小さなものも——に満たされているということは、言うまでもない。ジャック・グラッドニーは自分の冷蔵庫にあるプラスチックのひび割れに悩まされたが、これはドン・デリーロが『ホワイトノイズ』と正確に名づけたもののことである。[*163] 一度聞いてしまうと、けっして忘れられなくなる。「悪い」アンビエンスが「良い」アンビエンスに取り憑いている。広大な山の森林でさえ、私たちがそこへと辿り着くのに使った自動車と道路の記憶の中で縮小していく。世界に埋め込まれていることがそれ自体で良いことだとしても、ピーター・クックとダドリー・ムーアの映画『悪いことしましョ！』に出てくる悪魔の言葉で言われるように、そこが「ウインピー・バーガー、コンクリートの通路、高速道路、航空機、造花、超音速の衝撃音[*164]」で満たされた世界だとしたらどうだろうか。ネイチャーライティングは、「直接的」なものになろうとする。言語化の過程と、幻想の技巧的な構築なしで、行おうとする。それは直接であることの印象を維持することを欲する。だがこれは、南極大陸でコーラの空き缶を見つけ出すことのできる世界では、皮肉なことにも空前絶後の幻想でしかない。ネイチャーライティングが重視する直接性そのものは、コーラの空き缶と同じくらいに物象化されている。

ネイチャーライティングは、エコロジーのために戦うのではなく、ある程度はエコロジーに対抗して戦っている。それは、自然を「あちら側」にある客体——人間が触れた痕跡の全てを超えたところにある原初的な原生自然——として設定することで、それが消し去ろうとする分離そのものをふたたび確立することになる。ネイチャーライティングにおける主体性の役割を考えることで、この問題に取り組むことができる。いかなる主体の位置をネイチャーライティングは喚起するのか。樹木を見るのではなく、樹木を見ている人を見てみたらいい。

連続ホームコメディでは、前もって録音された笑い声が、観衆を笑う義務から解放してくれる。ネイチャーライティングは、非同一的なもの、つまりは「自然」と呼ばれるもの、「人間以上のもの」、「人間ならざるもの」と直面するという義務から、私たちを解放する。昼間の対談番組のように、その状態は逃避主義よりはむしろ回避的なものである。書くことにある、美的で、技巧的で、工夫された性質は、低く見られている。ちょうど「リアリティ番組」が現実的なもののように思われているように（そして私たちは皆そうではないということをとてもよく承知しているように）、ネイチャーライティングは現実のまったき演出であるように思われている。ネイチャーライティングは「リアリティ・ライディング」のようなものである（そして、私たちは皆、そうではないことをとてもよく知っている）。ヘーゲルの美学の講義には、これと同じようなものがある。芸術は、感覚的なものの領域内にとどまることによって、私たちを「感覚的なものの力」から解放する。プロの嘆き人は、葬式において、悲しむ人をその内的状態から解放する。ヘーゲルは、自然と一体的になれという命令を批判することによって議論をつづける。「私たちはしばしば、人間は自然と一つであり続けるべきであるというお決まりの言葉を耳にするが、抽象におけるこの一体性は、ただひたすらに雑である」[*165]。

昼間の対談番組は、家でくつろいでいる人のために制作されている。ネイチャーライティングのターゲットはこれと同じだろうか。誰かが対談番組に出てくるときであっても、何らかのごまかしがそこにはかかわっている。テレビを見ながらソファーに座っている人はテレビに出てくる人びとを迎え入れるが、この人たちもソファーにやってきてしばらくのあいだ座っている。現実から距離をおく「カウチポテト」症候群は、テレビ画面の内側と外側の両方に存在しているように見える。同じことはネイチャーライティングについても言える。語り手は自然の内側で格闘するが、そのあいだ、彼自身か彼女自身を観想的な距離をおいて眺めている。ハイデガーは、実際は黒い森《シュヴァルツヴァルト》で生活する農民ではなかった。原生自然にいる白人男性のネイチャーライティングの書き手は、ある程度は「現地に行く」かもしれないが、彼はまたこの原生自然を、彼自身からも、彼の語りの行為においても、うまいこと引き離す。

ルイ・アルチュセールは、イデオロギーは特定の主体に「呼びかける」ことによって作動すると示唆している。[*166]スーパーマーケットにある雑誌があなたを呼んでいるように思われるとき（あなたは以下の……のような人の一人でしょうか。簡単なアンケートに答え、お試しください）、それは私たちに呼びかけている。イデオロギーは、（強く固守されている）信念と思想を意味しうる。だがそれはまた、私たち自身が、私たちの経験の諸要素――たとえば諸々の思想のような――に先立ち、その上部で、それを超えたところで存在するという考えをも意味しうる。心はスーパーマーケットのようなものであり、私たちの意識は、多くの異なるシャンプーのボトルや雑誌のように、意志により選択できるさまざまな観念の中でそれらを自由に選択できるものとして漂っていると考えるのであれば、それ自体が消費資本主義のイデオロギーそのものである。意義深いことに、アルチュセールは、たとえ詩的なやり方ではあっても、イデオロギーは存在することの基本にあるものであることを示唆している。つまり、私たちはイデオロギー「の内側に」存在している。[*167] より活発なエコクリティシズムであればこの環境の存在を認めることになるかもしれない。つまり、私たちがそれを判断するときであっても、その中にとらえられてしまっている環境のことを。

　レヴァトフの「読者へ」は、本質的にあてにできない一人称の語り手に読者を直面させるかわりに（彼もしくは彼女を「私」と呼んでいる誰か別の人のことを誰が本当に信用するというのか）、私たちに呼びかける。「あなたが読んでいるとき……そしてあなたが読んでいるとき……そしてあなたが読んでいるとき」。この呼びかけは、内容（詩におけるイメージ）へとなんらかのかたちでかかわることをうながしていく。ネイチャーライティングがいかなる主題を選ぶかをめぐって悩まされているのは、自明なまでに真実である。たしかに、それがジェットエンジンや放射性降下物に言及するのは稀である。少なくとも、アンビエントな世界の本質をなす部分としてそれらに言及することはない。「読者へ」は、あなたがこれを読んでいるときイスラム系の人たちが拷問されてい

ると は言わない。新歴史主義者の読解は、詩が特定の悲惨の形態にかんしてはっきりしないということを咎める。ワーズワースはなぜ「ティンタン寺」でホームレスの人たちのことを話題にしないのか。[*168] 主題の選択は、たしかに考えるべき問題である。エコクリティークは、エコミメーシスが私たちの前に提示する幻想の対象のようなものを扱うべきである。だが別の意味では、明確な内容はじつのところただの幻想の餌であり、それによりイデオロギーの基盤が現実の対象としての私たちを捕捉する。

そのうえ、ここで捕捉された「私たち」は、曖昧にではあっても明確に位置付けられている。「私が書いているとき」や「あなたが読んでいるとき」は、私たちをテクストの前へと置く。そこは野外の環境というよりはむしろ内側であると想像させるところであるが、それにかんしては、読むことは私的で静かな行為として発展してきたことと関係があるという、歴史的にはっきりとした理由がある。私たちは私的な状態にいるが、それでも外部の世界へと到達することができる。私たちは、世界がテクストの中に、あるいは窓の外、鏡のなかに反射されているのを見出す。エコミメーシスは、直接的なものの模倣であるのにもかかわらず、とりわけ現象学的な散文においては、外部空間だけでなく内部空間をも作り出す。そのうえそこは、読み物、窓、鏡で設えられている。アドルノが、キルケゴールの著書がしばしばリビングルームというブルジョワ的なインテリアの中にあることを明らかにするとき、的確なことを述べている。[*169] ジェフリー・ハートマンは、ワーズワースの自然について、思考のための「外部空間」と述べているが、こういうと、そこはむしろ勉強部屋か応接間のように感じられる。現象学はデカルトから逸れた後またデカルトに戻るが、そのデカルト自身は、火のそばにいるという状況を描写している（第三章を参照されたい）。ハイデガーが黒い森《シュヴァルツヴァルト》の小屋にいるというのは、ある程度は、自分がいかなる状況にいるかを示す修辞の一種でしかない。そして、絨毯を外へと拡張させたものであるサルトルの芝生にもまして内的でありうるものとはなんだろうか。原初的な内部空間は、テントかあるいはレクリエーションのための乗り物であろうが、あるいは、内面化されたプライバシーを意味するテクストそのものであるかもしれない。それは、アンビエントでサイケデリックな通俗作品の名手であるピンク・フロイドの曲「グランチェスターの牧場」で、忍び寄ってくる。

おだやかな牧草地で、私は寝そべっている。
まわりでは、黄金の陽光が地上へとそそがれている。
過ぎ去った午後の日の輝きに浴しつつ
昨日の音をこの都市の部屋のなかへと入れていく。[*170]

これは中間的な音楽である。歌詞は接触を演出する。「昨日の音」は、文字通り、スピーカーをとおってあなたの「部屋」へとやってくる、ＬＰの録音された音である。歌は、さざめく水と脚の長い鳥たちのたてる鳴き声にとりまかれ、部屋の中をとびまわり大きな音とともに叩かれるハエの音響効果で終わる。この演出と、交感的な韻文により、歌は私たちを、私たちにふさわしい場所へと連れて行く。部屋の中に座り、現実的であるか想像的である（実際のところどうであるかを私たちに言うことができるのか）音の景色を注意深く聞くか、あるいは幻覚として経験する。

「私が書いているとき」「あなたが読んでいるとき」「あなたが聞いているとき」が、冒頭ではなく終わりにおいて生じているという事実は、エコミメーシスの幻想的な直接性についてなんらかのことを理解するのを容易にする。シミュレーションの効果が、私たちに、「外にあるかもしくはあちら側」にある自然のことを完全に信じさせるということはない。それらはまた、直接性への適度にシニカルでイデオロギー的な距離を設定するのを可能にする。私たちには（苦痛を）経験することができるが、しかし安楽にそれを経験する。そしてこれは、ロマン主義的な消費主義の信条である。ロジャー・ウォーターズの歌詞が、二重に状況付けられた詩であるコールリッジの「クーブラ・カーン」の韻文ととてもよく似ているのは、とても印象的である。「そして緑の川は、木の下を目に見えずして流れていく。それは和やかに、終わりなき夏をくぐって、海へと向かっていく」は、間違いなく、「そこから聖なる河アルフが、いくつもの人間には計り知れぬ洞窟をくぐって日の当たらぬ海まで流れていた」の改定である。コールリッジによるよく知られた前書きは、詩を「心理学的興味」として、「サマセット、デヴォンシャー両州の北辺に広がるエクスムア高原の、ポーロックとリントンの間にぽつんと一軒建っている田舎家[*171]」で鎮痛剤を摂取したときにみた夢として正確に位置づけることで、距離化している。裸形で直接的で自然な経験を表現しようと可能なかぎりで試みつつ、エコミメーシスは、ドラッグ、書くこと、酩酊、そして回想のあいだにおいてありうる多くの連想をみずからのもとへと寄せ集めていく。

鮮やかであることと隔たっていること、自然さと人工性、思い出すことと記録すること、現実に調子を合わせることと幻覚を感じることとの奇妙な結合を注視してみよう。デイヴィッド・エイブラムの『感応の呪文』は、新鮮でエコロジカルな同一性の感覚をつくりだす方法としての現象学を、はっきりしていてわかりやすいやり方で研究するものである。それは豊かなエコミメーシスの文章を多く含んでいる。まさに最後のところで、エイブラムは全ての抑制装置を解除する。

技術に仲介された世界が無限でグローバルにみえるのとは対照的に、感応的世界——私たちの直接的で仲介されていない交流の世界——は常に局地的《ローカル》である。感応的世界は私たちが歩く具体的な地面であり、私たちが呼吸する空気である。これを書いている私自身にとって、それは、北米大陸の北西海岸の沖にある半分森林が切り開かれた島の、湿り気のある大地である。ヒマラヤスギやトウヒ、そしてこの小屋の前に立つハンノキの根に養分を送る石の多い黒々とした土壌。木々には、初冬の嵐で吹き飛ばされる前の最後の葉がぶら下がっている。立て付けのゆるい窓から入ってくる潮気のある空気、その空気にはヒマラヤスギや海藻や、ときには整然と木をつなげた大きな筏を引いて南に向かう船のディーゼルのようなにおいが混じっている。カワウソの糞の魚臭いにおいが微かにすることもある。毎日、カワウソの群れが満潮時に緑の海から近くの岩に滑り上がり、一頭か二頭が大人で、三頭が小さく、なめらかな身体をしていて、少なくとも一頭は歯の間にまだ生きている魚をくわえて引きずっている。カワウソたちもこの野生の空気を吸っている。そして、嵐が島を直撃すると荒れた海にもまれて水を大飲みし、目に見えない波動に首を伸ばす。

この島の内陸、森の奥深くは、さらに静寂である。風にかき乱されることなく、巨大で高くそびえる力が鎮座している。樹皮の外皮には割れ目が生じ、その上を蟻の行列やシャクトリムシや様々な形や色合いの甲虫が横切っている。キツツキがどこかで木の幹を激しく叩き、打楽器のようなリズムが反響することなく私の耳に届き、上の林冠から何時間もかけて幹を伝って落ちてきた水滴をたっぷり含んだコケや針状葉に吸収される。(一粒一粒の水滴は連続的な割れ目や裂け目に身を置き、続いて落ちる雫を受けて重くなり、そして地衣や小さな蜘蛛を追い越して次の隆起部や枝に滴り落ちる。)倒れたシダやツガ、そしてシロアリがトンネルを作った古いトウヒの木が、シダの茂みの中で横たわり、乱雑なトウヒの枝が、私のたどる微かな鹿の跡を塞いでいる。*172

この論述は、著者の議論の歩みの脇に位置する幻想の環境を生じさせようとするが、その歩みを説明するというよりはむしろ、この議論を美学的に強化する、諸々のイメージの、説得力はあるが必然的に不整合的な系列を提示する。その心象そのものはアンビエントなもので、語り手をとりまくものを指し示している。比喩的な広がりにより、私たちが手にするページをとりまくものを指し示している。世界はあまりにも濃密で、現実の「もの」に満たされているので、そこには実際のところ反響音など存在しないと私たちは言われてきた。これはケージの無音の部屋のエコロジカルな表現であるが、静寂のようなものは存在しないということをケージに教示することになった。[*173] この幻想世界は、静かな読解の技法に基づくものだが、セレスタ・ランガンが論じたように、エイブラムがエコロジカルな自覚への道として評価する共感の過程のことである。[*174]

幻想は教訓話（exemplum）である。論述を比喩的にぼんやり示すものである。それは、教訓話がはたして論述の一部なのか、それとも厳密に言うと論述のその実例なのかという問いを提起する。修辞と論理のあいだの亀裂のどこに落ち着くのか、それとも落ち着くことはないのかという問いを提起する。エクフラシスは、書くことの痕跡を消し去る。書くことは読むことへ吸収されていくが、その隠喩的な類似語は知覚すること（あるいはエイブラムが述べているように「跡を追うこと」）で、つまりそれは、外の世界を孤独の（読むための）部屋へと転じるだけでなく、読むことの内向的な空間を外部のおそらくは健康的なそよ風にむけて開いていく。[*175] 語り手は記述するのではなくて交信する。つまり、風音をかなでる竪琴である。他方で語り手は環境へと完全に吸収されていく。彼もしくは彼女は諸々の客体のうちの客体であり、感覚装置の集合である。すでに考えてみたように、間主体性（エイブラムのお好みの概念だが）よりはむしろ間客体性を論じるほうが適切である。だがさらに、これとは別に亡霊のような質がある。つまり、感覚器官の感受性を経験するかもしくはそれを確かめるということである。それはちょうど、第二次イラク戦争のテレビで放映されている報道地域で、「そこに埋め込まれている」レポーターとニュースキャスターが、その画像化機械の性能を確かめていたのと同じである。

主体と客体の二元論はみずからを再生産するが、それでもエクフラシスは言語の奔流の中でそれを決壊させようとする。アンビエンスの風音の詩学が、思考と事物の、唯物論的で物理学主義的な、あるいはとにかく一元論的な連続性――私はよい振動を選び取る――を強調するとしても、決壊は起こる（私はときどきカリフォルニアはスピノザそのものであると考える。すなわち、ボードが波に触れていくのと同じくらいにスピノザそのものだ、というように）。環境に的確に調子を合わせることができさえすれば、いっそうエコロジカルになることができる。これはただの思い込みだろうか。批評は詩を、その現実的で具象的な環境へと関連させていくべきだが、それはちょうど、エコロジカルな分析が、汚物がトイレから下水道と海へと流れていくのを追尾すべきであるのと同じである。この場合、なぜ詩をただの起こることへ、事物の集積へ還元しないのか。なぜもっと遠くへ行かないのか。なぜすでにある世界における事物をただ描写するだけでないのか。ありとあらゆる多くの換喩が存在する。銀河系の中心には変ロ音を放出するブラックホールが存在する。ただし、それを聴くことのできるほどに十分大きな耳を私たちが持つのであればの話だが。これはバークのいう意味で恐ろしい想念である――あからさまに巨大なものがその権威性とともに私たちを圧倒する、ということだ[*176]。つまるところ、風音の詩学が立脚することになる、崇高にかんする物理主義的な見解は、権威主義的である。他方で、まさにここにある他の宇宙、他の主体からなる宇宙についてはどうだろうか。環境の詩学は、あなたと私のあいだにある、まったき裂け目を無視している。カントは、この裂け目の類似物が、バークとは異なるやり方で把握される崇高なものに見出されると述べている。この崇高においては、無限の観念が、いかなる数や大きさ――それがどれほどまでに広大であっても――をも超えていき、圧倒的な身体の力ではなくて精神の力で私たちをおびえさせ触発する。

エコミメーシス的なエクフラシスはテクストに対し斜めの関係にある。したがって、その形式そのものにおいて、それはアンビエント的である。それは論述に沿って現れる。どことなく、論述は、自然をそれ自体で支えるのに十分なほどには豊かではない。私たちは、この斜めの歪像的な参照点を、メメント・ナトゥラーレを必要とする。それはちょうど、ハンス・ホルバインの「大使たち」で描かれている歪められた頭蓋骨がメメント・モリであるのと同じである。この斜めの関係は、修辞そのものにある、直接的で明瞭でとてつもない性質とはまったく異なる。エコロジカルな論述はより強烈なものを求めている。重要なのは理性によって説得するということではなく、特定の主体の位置を読者に叩きこむようにして伝えることである。書かれたものが反響音なき部屋になることができるのであれば、記述の繁みは明瞭な言語で満たされていき、失われたものを思い出させることもなく、私たちの心のなかで直接に響くことになるだろう。ロマン主義的な渇望が、エイブラムの散文のやむにやまれぬ経験的なブザー音の中で響いている。

エコミメーシスは、ヘーゲルがその美学についての講義で偶然にも表現していることを意識的に行っている。自然は彼の論述のそばに現れるが、真の芸術を取り巻いているアンビエントな世界を皮肉にも呼び起こしている。

鳥のまだらな羽毛は見られずに輝き、その歌は聞かれずに消滅していく。夜にのみ花咲くセレウスは南方の森の野生地帯で賞賛されずに消え去っていく。これらの森は、とても美しく盛んに生い茂る植生のジャングルであり、とても芳しく香ばしい匂いで満ちているのだが、楽しまれることなくして朽ち果て、ぼろぼろになる。芸術作品はこのように素朴に自己の中心に向けられている存在ではないが、本質的にいって問いであり、感じやすい心への呼びかけであり、情動と精神への訴えである。[*177]

エイブラムとは対照的に、ヘーゲルは、言語では到達することのできない、テクストを越えた世界があると宣言している。それは経験できるものとしては現実的だが、私たちはそこに耳を傾けようとしない。それは、かの有名なバークリーが提示する木を皮肉にも物質的に表現したもので、つまり、それを聞く耳がなくても倒れていく木のようなものである。だがこの世界は私たちの情動に訴えかけてくる。陽否陰述は、論述が主張するまさにそのものを、別の水準で、知覚されることのない状態において崇高なまでに演出するが、それは、踏み入られることのない道、人通りのわずかな小道、選ばれることのない道筋をつくりだしていく時代においてはありふれた言葉遣いである。[*178]

ヘーゲルは、否定的なものを経過して、肯定的なエイプラムと同じ場所へとたどり着く。ヘーゲルの言語は哀れで、悲しげである。それは自然世界を死につつあるもの、死去しようとしつつあるものとして喚起するが、私たちはそのことをあまり意識化しないでいる。ヘーゲルがこの世界にあると考えている「自己の中心に向けられている」存在は、悪名高き「私＝私」、自己へと飲み込まれ自己を否定する主体と驚くほどにまで似ているが、それはたとえばヘーゲルが「自己の内にある存在」（Insich-sein）の宗教として考える仏教の産物である。[*179] そしてこの「私＝私」は美しき魂でもある。[*180] ヘーゲルの、内容なき純粋意識なる想念は、ロマン主義時代の美的現象のいくつかを適切に理論化したものである。[*181] ヘーゲルが頻繁に描き出す死にゆくものの世界はこの内面性を内からひっくり返した表現である。もちろん、「私」が「私」について内省し始めるとき、瞑想的な自覚は空無の形態であるというヘーゲルの考えを悩ませるありとあらゆる残響と残像が現れる。

上記の引用では、暗に含意されているエコミメーシス的な「私が書いているとき」が作動している。それは読者の意識を、読んでいる瞬間と書くことが喚起する瞬間のあいだで引き裂く。それでも具体的な世界を喚起する形式的な装飾としてのヘーゲルのエコミメーシスは、根本的にいって筋違いである装飾性と、この論述が達成しようとする本質的な実体とのあいだにある区別そのものを無効にする。聞かれることのない旋律は、いっそう甘美である。ヘーゲルの定式は、まさにその正反対の傾向つまりはロマン主義芸術において無調の歌を響かせるものにたいする彼の批判ときわめて近くなっている。「ロマン主義の芸術では、極端なまでに徹底された内的なものは、いかなる外在性をもまったく欠いた表現である。それは不可視であり、それ自体だけを知覚することであり、あるいは、客体性も形も欠いた音楽的な音そのものであり、水の上における漂いであり、異種混交的な現象の内部およびこれら現象においてのみ魂の内向性の反省を受けとめ反映させることのできる世界のうえで鳴り響くトーンである[*182]。最高に「美しい」がそれでも聞かれることのない実体は、魂そのものである。ヘーゲルの美しき魂の弁証法はまたこの言語をも含んでいるのは、意外なことではない。「意識は、その契機が透明になり純粋になって、不幸ないわゆる美しき魂となるが、これは自らのなかで光を失い、空中に崩れて行く蒸気となり、形を失って消えてしまう[*183]」。美しき魂は、有無を言わさぬ環境の真理である。それはしっぺ返しである。私たちは、手で触れることはできるがはかない自然をもがき苦しんで書けば書くほどに、駆り立てられ、魅惑とともに輝き、幻視する者になる。

芸術的ではないものになることを求めてエコミメーシスは詩的になり、芸術的なアウラそのものの低俗な具現物になる。極端な外部性(あまりにも「外に出ている」ためにあきらかに芸術を越えていく)と極端な内部性(あまりに内向的なので実体的な具現性がない)は、結局は同じ場所に行き着く。アドルノは、ネイチャーライティングは環境芸術に帰着するという考えを弁証法的に転倒させる。「現代の音楽と絵画の多くの作品は、表象的な客体性と表現を欠落させているのにもかかわらず、第二の自然主義の概念のもとに正しくも包摂されている[*184]」。エコミメーシスは、自然世界では私たちにいやがらせをしているようだが、それでいて物象化の論理にとらわれている。

エイブラムの「私が書いているとき」は、始まりの、エコミメーシス的なふるまいである。「とき」はただ「……しながら」だけでなく「まさに……しているとき」をも意味している。私が書いているのとまさしく同じやり方でまさに私が書いているとき、こうした語りが、私が書くことそのものにおいて／私がまさに書いているときに、書き記されていく。書くということは、そのイデオロギー的な効果を超えたところにある。ここに、イデオロギー的なシステムの核心にある、強制的だが扱いにくくもあるものをもたらす無意味な享楽の一貫しない核としてのサントームがある。扱いにくいのは一貫しないからだ。自然なものの見出しのもとで諸々のイメージが統合されると考えられても、多数の換喩がその内的な異種混交性においてまとまっていくのには成功しない。イメージがめまいを起こさせるようにして加わっていくところに生じる質のせいで、私たちは、段落の最初でどこから来たのかを忘れ、どこに行くのかを忘れてしまう。カワウソの糞のところに私たちはどうやって行き着いたのか。だが、「うまくいかなくなる」というのは、「私が書いているとき」の隠喩的な裂け目でしかない。「……とき」は、類推と時間性と厳密な記号的連続性のあいだで滑っており、この滑走は私たちに幻想の世界を思い浮かべるよう誘うために進行するものとして現れないければならないので、「私が書いているとき」は、エコミメーシスの一貫性に穴を空けるまさにそのときこれを破ることになる。

エコミメーシスは、強い場所の感覚を、風景——私は「風景」を、この言葉にある美的な重みを含めて用いている——へと徹底的に埋め込まれていることを抉り出そうとする。換喩の連なりはずっと続いていく恐れがある。それはその量において、カントのいう数学的な崇高を示唆している。無限の連なりは、私たちの精神の能力は無限だという感覚をもたらすことになるが、それはこの能力が無限へと到達するのに失敗するところにおいてである。それが意味するのは、語り手の本来性と能力を反映する、というものである。彼らはそこにいる。「ロマン的なエコロジー」は、世界はロマン的な主観性のための共鳴板でしかないというハートマンの見解に反対する。[*185] だがそれは、ハートマンのロマン主義観へとまたも崩れ去る瀬戸際にある。

成句が成句へと積み重なっていく――ここには、意図せざる帰結が二つある。形式の水準では、堆積物の豊かさは、貧しさに転じる瀬戸際でぐらついている。もしもあらゆる成句が事実上「自然」の隠喩であるとしたら、各々の成句は積極的な価値を軒並み喪失している。各々の語りは、決して到来せず、直接に見られることもないが、ディアナの神像と同じく、歪像において斜めに見られるしかない現象の代理物にすぎない。エコミメーシス的な機会（occasio）にかかわる歪像は、記号の水準で反復される。自然とその類似物であるローカルなもの、つまりは場所の感覚は、この否定性であると考えることができる。自然は、あなたがそれを見ようとするとき、消滅する。このことは、読むという労働をも含めた労働にもあてはまる。あなたが何かに完全に没頭しているとき、それは消滅する。ハイデガーが讃えた愚かさに向かって消滅するのではないにしても、そうなのだ。語り手が背景を前景へと引っ張りだすや否や、背景はその一貫性を喪失する。だがこのような弁証法的な思弁は、語り手が私たちにやってほしいと望むものではない。

内容の水準にかんしていうと、イメージは、エコロジカルに書くことの素朴な原始主義一般を確立する地平の中に埋め込まれていることにかかわる。比喩表現の累積的な効果は自己破壊的だが、というのも、語り手が埋め込まれていく度合いが高くなればなるほど、彼あるいは彼女は、自分たちが再現しようと試みる全体性――全てを包括する間主体的な領域や「感覚と知覚が相互にもつれ合うところの基盤」[*186]――を代弁する者としての確信を抱くことができなくなっていくからである。語り手は、彼もしくは彼女自らのシステムの中で途方に暮れる。エイブラムの言語にある、古英語の頭韻体に着目されたい。「きわめてかすかな生臭い臭い(faint, fishy scent)」、「巨大な一杯を飲み干す(drinking large draft)」「裂け目と割れ目(cracks and crevasses)」「シロアリに食われた(tunneled by termites)」。トールキンのようにみずからを世界の中へと埋め込んでいく人たちは他にもいるが、それと同じくエイブラムも、英語をその神秘的でローカル主義的で前ノルマン的な過去へと回帰させたいと考えている。

磁場はゆらめきながら視界に入ってくる。それは自然らしさのアンビエントな印象で、メルロ＝ポンティのいう「肉」のようにして具体化される知覚の次元で、語り手と読み手をとりまき支えるものになっている。イラクに「埋め込まれた」レポーターが視聴者にアンビエントな描写(「私は私の周辺の砲撃の音を聞いています」)以外のなにものをももたらさなかったのと同じく、語り手は間主体的な力の場を約束するものの、知覚される出来事の一覧以外のなにものをも伝えない。詳細に書くことが、アーノルドのいう意味でエコロジカルであることのための「試金石」だとしたら、それはみずからを、まさにこの性質において裏切っている。試金石は、なんであれいいものだ（飛び交う弾丸の赤外線写真は、なんであれいいものだ）。語り手が指揮者であるのと同じように、試金石としての吟誦詩《ラプソディー》は、熱のこもった著作の諸々の断片だけを引き寄せていく磁石である。

この全てが、私たちが空気汚染にさらされていることに気づくという名目のもとにある。そしてそれは、このエコミメーシスの作品が現れる章の主題である。エコミメーシスが、論理的には説得力がなければないだけ、美的には説得力のあるものになる。糞をめぐる文章がこうして繁茂することにはなにの理由もない。だが全体性としての自然は、逆説的にも、偶然的で全体化されることのない部分でできた、「脱中心的」「有機的」「全てではない」集合である。偶然的な知覚の一覧は誰かのためのものであることを、思い出さなくてはならない。

「私が書いているとき」、語り手は風音をかなでる竪琴に、伝達手段になる。語り手は世界へと直接に接続され、紙がインクを吸うようにして現実を受けとめていく。この条件は、熟練工や親方というよりはむしろ、工場の労働者になるようなものである。労働者は未完成で断片的な製品を受け取り、彼もしくは彼女がそれを完成させるためにできることをする。労働の分業のもとで、彼もしくは彼女は、商品の部品の進みゆく流れの中にある一時的な段階であり、価値を創出する機械の中の必要な道具である。だがエイブラムは、余暇の領域を組織する。そこで参照されるのは、ロマン主義の消費主義者である。ロマン主義時代における消費主義者の誕生を画期とする自由と自律の感覚は、商品よりはむしろ木と一緒のときのほうがうまくいく。それらは役に立たないもの、自由な時間の客観的な相関物だが、つまり、ユートピアに至らんとする瀬戸際にあるものの相関物である。語り手は、「私が書いているとき」の外側と周囲にあるものを記述するふるまいが実演されるとき、自分の作品から目を上げることができることに楽しみを見いだしている。「私は足を得た。私には見ることができる」のような言明のための拡張された隠喩として受け取られる文章にある息をもつかせぬ興奮は、ロマン主義のほとばしりのようなものをそもそも生じさせた疎外と商品化と直接に比例している。とても恵まれた人だけが、目と耳を持ち、歩いて読んで書くことができるが、そのおかげで、このような大それたことをすることができる。自然へともっとも接近できるのは、健常な身体か、あるいは少なくとも、明瞭で混乱することのない知覚器官を持つ人たちであるようだ。黒い森《シュヴァルツヴァルト》のハイデガーへの究極の反論は、自尊心のある農民はだれもそのように語らないだろう、というものである。[*187] 無知であることと、茫然自失することは、別々のことである。「畑にいる農婦は靴を履いている。ここではじめて、靴は靴にほかならないものである。農婦が労働にさいして靴のことを考えなければ考えないほど、あるいはそれどころか靴を注視しなければしないほど、あるいはただ感じさえしなければしないほど、それだけ靴はますます真正に靴が〔本来〕それであるところのものとなる。農婦はその靴を履いて立ち、歩む。そのようにして靴は現実的に役立つ」[*188]。ハイデガー本人は、場所を問いとして、問いにおいてあるものとして定める点で、エイブラムを乗り越えている。エイブラムが場所を提示するやり方は痛烈な批判というよりはむしろ恍惚とした彷徨に似たものであるとはいえ、彼はただそれを積極的なものとして提示する。すなわち、大げさでありながら脆くもある叫び声として提示する。

イラク戦争の場合、埋め込まれているレポーターは、本当のところ、テレビ画面の内側で心地よくくつろいでいるカウチポテトのようなものである。エイブラムにおいて語り手は、強烈で詳細な細部の只中でも、さらにはまさしくそれを記述しているところでも、読者に対して適切な美的距離を維持している。エコミメーシスは、美的な距離を破砕し、主体と客体の二元論を壊し、私たちがこの世界に属しているということを確信させようとする。だがその最終的な帰結は、美的な距離を強化することである。すなわち、主体と客体の二元論が存続している次元そのものを強化することである。距離を解除することそのものが物象化されているために、距離は、周囲をとりまく音において、全景を見渡せるほどの強度とともに、よりいっそう強いものとなり戻ってくる。奇妙な相互作用的受動性（ジジェクはそれを「間受動性」と呼んでいる）は、フロイトがマゾヒズムについて述べていることを思い出させる。マゾヒズムは、他者をつうじた享楽の円環である。ちょうど、フロイトにとってマゾヒズム的な幻想が「子どもが叩かれる」ことであったのと同じようにして、環境が喚起される。[*189]

エコミメーシスは、主体を客体へと没入させようとしてかなりがんばっているが、それでも結局は傍観しながら自分が作ったものを眺めるだけである。それは心（res cogitans）〔思惟する実在〕と身体（res extensa）〔延長をもつ実体〕のあいだでのデカルト的な対立を、それへの意趣返しとでもいうようにして再生産する。この二元論そのものは、エコ現象学的な吟誦詩《ラプソディー》の悩みの種だが、[*190] そこには、その古典的なものとでもいうべき、世界（*Umwelt*）において存在するということの「周囲性」にかんするハイデガーによる描写も含まれている。[*191] 現象学はデカルトを乗り越えていると主張するが、それもただ、世界や間主体的な領野を修辞的に喚起することにおいてでしかない。だが多くの場合それは、デカルト主義とは「どんな感じのものなのか」についてなんらかの見解を提供する。かくしてそれはパスカルのジレンマに、そしてのちには現象学一般のジレンマに陥る。これは、俗悪であれ前衛であれ、エコロジカルな思考とアートにとって、とんでもない問題である。次の章では、この奇妙な出来事の転換についてより掘り下げてみたい。デカルトは全ての人にもましてエコミメーシスを行っていることが明らかになる。

美しき魂と非暴力

「私が書いているとき」を、しばらくのあいだ額面どおりに受けとめ、そしてそれが呼び起こす幻想を探究してみよう。私たちは、「私が書いているとき」と、読むという状況から去ってしまえという命令とのあいだに相関関係を確立した。ワーズワースの「反論」にある「さあ、立ちなさい、本を手ばなせ」という指令は、きわめて逆説的なメッセージを伝えている。それは不可能な超自我の命令という形態をとるが、つまり、コカコーラのボトルの両面に現れている「エンジョイ！」と同じようなものである。ここには明白に訓育的な内容はない。訓育主義は、エンジョイしろという命令に存在している。一般に、自我はこの命令が充足することの不可能なものであることに気づく。それはあからさまな禁止よりも強力である。そこには抗うべきものがない。「エンジョイ！」は、現行の消費主義者のイデオロギーの形態である。訓育主義が疑わしいものになるまさにそのとき（ロマン主義の時代）、明白な一連の指示よりもいっそう力強い指令を伝える叙述の形式が出現する。私たちは今や現代の広告の領域にいるが、そこでは命令が馬鹿げた享楽のイメージと結びつけられている。プラトン的なミメーシスのように、エコミメーシスは、それを悪いミメーシスから、ドラックや毒としてのミメーシスから区別しようとする。だがまさにこの差異化により、エコミメーシスはそれを一段とすぐれた消費のドラックとして規定し、あらゆるたぐいの幻覚的な享楽を発生させる。*192

元気旺盛な修辞のすぐ横には、不気味な亡霊がいる。この亡霊は、どちらかといえば受動的な消費主義のように聞こえる言語を話す。「どうして苦心して知的になろうとするのか。……ただ傍観し、自然に襲われるがままにしていたらいい」。その例が、苦心して思想のようなものをつくりだすのではなく、「春の森がよびさます感動」に身を任せよう、というものである。ここでは、もしもそうしないのならそれは間違いだということが、暗にほのめかされている。ここには、フロイトが内向性と呼んだものに、つまりは内面性のあやしい形態としてけなされる瞑想的な状態にあらがう命令がある。ワーズワースはナチスではなかったが、全体主義の形式は「外向性」を支持し、内向性を自体愛的な引きこもりとみなして弾劾する傾向にあった。*193 少なくともこの意味で、イギリスがナチズムを回避することになったのはワーズワースのおかげだという主張には注意深くなるべきである。[*194] 自然愛好は、現代のスポーツ崇拝からあまり隔たっていない。ネイチャーライティングは、全ての「完全な」手足と器官を備えた身体を、しばしば前提にしている。だが、その男性主義的で健常主義的な性質は別にしても――このような傾向を明示しないときであっても――、ネイチャーライティングは読者に、内向的な状態を抜け出し、彼もしくは彼女がしていることをやめ（すなわち、「今は議論している場合ではない」）、そのかわりに外に出かけてもっと健康的なことをするよう勧めてくる。アウトドア派は多数派であるが、だからこそ、アーロン・ダンケルがシェリーについて書いたエッセーからの引用で十分である。「エコロジカルな批評にある、本当に健康的な側面の一つは、それがテクストに対する「外部」を強調する、ということである」。この外部は、私たちが「文化的独我論」を疑問視することを可能にする。[*195]

内向性と外向性の用語に、内部と外部の形而上学的な対立を見出すのは、難しくない。外部は正常で、内部は病的である。「さあ」の呼びかけは、本当のところは「外部へ行こう」を意味している。「自然世界」のなんらかの真理との「本当の」接触は、外部においてと同じくらいに内部においても見出されるはずである。すなわち、外向性においてと同じくらいに内向性においても見いだされる。すなわち、そのものとしては元気旺盛ではないがそれの支えとなる構造の絶え間なき崩落に悩む瞑想――言い換えると批評――においても見いだされる。だが私たちが見てきたように、消費主義のある形態は別の形態と交換される。そこにあるのは、遠く離れたところでカウチポテト族になることを欲するか、それとも、双眼鏡をもってカウチポテト族になることを欲するか、という選択肢である。

私たちにはいっそう深いところまで行くことができる。イデオロギーは、内向性そのものを、健康的で外向きで素晴らしい洞察に満ちたものと、不健康で内向きで否定的な洞察に染まったものの二つへと区分することができる。瞑想はつねに、攻撃的なやり方で動員される危険に直面している。マルクーゼは言う。「マルクス主義の文芸批評はしばしば「内向性」への軽蔑を露わにする。この態度は、生活の利潤にならない次元に資本主義が向ける軽蔑とそれほど違うものではない」[*196]。皮肉にも、健康的な外部としての自然は、マルクーゼがリビドーと呼びワーズワースが「衝動」と呼ぶものからは程遠い。エコロジカルな内面性は、力強くもなければ攻撃的でもないだろう。それはその痛みや苦痛を、さらにはそれが自然との清浄な一体化とは異なっているということを、とてもよく自覚している。このときにのみ、それは隠された平和の観念に、消滅の地点に忠実になるが、そこには、心から一体的であるという肯定感がある。私は「自分のガンとの戦いに集中する」ために自分の職を辞めたといったCEOのことを思い出している。

私たちは、驚くべき結論に到達しようとしている。美しき魂への助言が「それを克服しろ」であり、「さあ立ち上がれ」だとしたら、私たちは、性的なものへの嫌悪を乗り越えようとするところから、ほど遠いところにいる。それは女性化された状態への恐怖と魅惑で、私たちはそれを、瞑想するのをやめて新鮮な空気を吸えという命令において垣間見ることになるのだが、これを乗り越えることができなくなる。ヘーゲルにとって仏教は、フィヒテ的な美しき魂の「私＝私」を具現化するものだが、これに対するヘーゲルの非難は、彼が人間の姿をした神としてのラマ僧の教育について読んだものへの嫌悪に満ちた反応と関係している。ヘーゲルは、「静かな孤立」という「監獄のような状態で」、「おもに野菜」で生活し「いかなる動物をも、シラミさえをも殺すことに反抗する」、ラマ僧の「女性的な」訓練のところで手こずっている。[*197] 静かな孤立の監獄は、無の観点の客観的な形態でしかないのだが、これを『宗教哲学』は、ウロボロス状の、自分で自分を飲み込む男として想像している。[*198] このような男は「精神の本質を自分の特別な特質としては保持せず、それをただ他者へと見せつけるためにのみそこへと参加している」が、この心構えは、フランスやアメリカの共和主義のそれと似ている。[*199] ラマの文化は不気味にも絶対的な自由とテロルのヨーロッパと共鳴しているが、他方では、ヘーゲル自身が賛成していた状態そのものの総合されることのないパロディである君主制の構造を同時に保持している。

美しき魂をはげしく非難したところで、うまくはいかない。じつのところ、美しき魂は、同じコインの両面でしかない選択肢のところで頑張っている。「そこでただ座るだけでなく、なんかしよう」という呼びかけは、「ただなにかするだけでなく、そこに座ろう」という呼びかけをひっくり返したものでしかない。美しき魂を虜にしているまさにそのもの（暴力、非暴力、行動、瞑想）についてさらに徹底的に探求することの準備はできている。

私たちは仏教の主題をめぐっているのだが、ここで、チベット僧であるチョギャム・トゥルンパ師の談話からの、以下のおもしろい事例について考えてみたい。それは、自然のなんらかのおもむきの核心にある、高度にロマン主義的で有神論的な内在の感覚にかかわる。優勢な西洋の伝統の外側で書きながら、トゥルンパは、唯物論と心霊主義がお尻のところでいかにして一緒になるかということに気づいている。

有神論の伝統は、瞑想と熟考について、すばらしい行いとして語っている。神についての普通に信じられている想念は、神が世界を創造した、というものである。木々は神によりつくられ、廃城は神によりつくられ、海は神によりつくられた。だから私たちには泳いだり瞑想したりすることができるし、神によりつくりだされた浜辺で横になることができるし、楽しい時間を過ごすことができる。このような有神論的な自然崇拝は問題含みのものになった。休暇を過ごす多くの人、あまりにも多数の自然崇拝者、狩猟者が存在している。

スコットランドにはサムイェー瞑想道場があり、私はそこで教えているのだが、工業都市であるバーミンガムからのとても友好的な隣人がいて、いつも週末にそこに来て楽しい時間を過ごしていく。ときどき彼は私たちの瞑想部屋にやってきて一緒に座り、次のように言う。「たしかに、皆さんが瞑想するのはいいことだが、銃をもって森を歩き回りながら動物を撃つほうが気分良くなれる。森を歩き回り、前方へ飛び出してくる動物が発するはっきりしているがかすかな音を聞いているときとても瞑想的になっていると感じるし、そして動物たちを撃つことができる。同時に私は、何か価値のあることをしているように感じる。獲物の肉を取り出し、料理し、それを家族に出すことができる。私はそこに心地よささを感じる」。

……私たちはとくに、啓蒙や、静けさの簡明な経験を追求しているのではない。私たちは、私たち自らの欺瞞を克服しようとしている。[200]

エコロジカルな瞑想は、世界を所有し略奪しながら把握するための原動力をもたらす。この一節におけるユーモアは、狩人の「そして」から生じている。「そして動物たちを撃つことができる」。ユーモアは、狩人が、みずからの自然への憧憬を、標的を撃つ練習のために自然を使うことができる自らの才覚に結びつけてしまうその何気なさにある。このように自然世界のよさを味わうやり方には、アレグザンダー・ポープのウィンザー森のような作品にまで辿ることのできる詩の系統が存在する。この詩では、森はあたかも銃口越しにみられている。それはとてつもない潜在性のある武器庫として、戦艦のための原材料として崇められている。[201] このようなことのかすかな手がかりは、伐採された原生自然についての文学においても存在している。たとえ資本のための潜在資源はないとしても――より正確にいうならば、たとえ政治的および詩的に資本主義から絶縁されてきたとしても――ジョージ・ブッシュの行政官が知っているように、この潜在資源のための潜在資源がそこにはある。かくしてそれは、ウィンザー森で銃を構えている狩人の急に変化する眼差しの大なり小なり昇華された変形版を立ち上げる。私たちは、原生自然を美的に所有する。つまり、カントの美学の後に、それを所有する。ウィンドウショッピングをする人により見られるような、ショーウィンドウにある価値の客体物のように、私たちは原生自然を、意図的に無目的なやりかたで消費する。ホルクハイマーとアドルノは、内面性と環境のあいだの秘密の連関は叙事詩において明らかになると主張する。その「純粋な主観性は、主体にとって疎遠な実存における苦痛だけでなく、この実存の愛の証拠でもある*202」。

美しき魂は、その「美しき自然」についての説話とともに、集団に向けて説教する。私たちは、常にすでに美しき魂の側にいなければならない。それをそのあり方において見ているかぎり、そうなのである。だがそれをどうやって乗り越えるのか。私たちは慎重に、非暴力的に動かねばならない。この章の最初のあたりの節は、自然についての数多くの考えが、機械と資本主義の時代につくりだされた、無力なイデオロギー的な構築物であると結論した。それから私たちは、エコロジカルな主体の位置はいかにして消費主義と同一になるかを見てきた。そしてそれから、この外皮を引き裂こうとするいかなる試みも現存の条件を再生産することにしかならないことを見てきた。「鏡の国のアリス」でのように、とりわけ脱出しようとするとき私たちは途方にくれている。途方にくれた状態で、より賢くなることができるのかどうかを考えてみよう。

第三章　自然なきエコロジーを想像する

いま私がここにいること、炉ばたに座っていること、冬着をまとっていること、この紙を手にしていること。

——デカルト『省察』

〔邦訳『省察・情念論』井上庄七・森啓・野田又夫訳、中公クラシックス、二〇〇二年、二五頁〕

第二章は私たちを、シニシズムの状態に置き去りにしたかもしれない。いつの日か、環境主義者の著書は、空いた穴をダクトテープで取り繕っていくもののように思われるだろう。私たちが身をおく状態を私たちに感じさせようとするが、それでもそれを変えることのないさまざまに異なる方法を発生させる、あまりにも多くの解決案が、時代遅れか不適切なもののように思われるだろう。だがあらゆる文化的形象は、生産過程に遅れをとっている。環境芸術と政治も例外ではない。さらに、いくつかの急進的であるか前衛的な実践は、今まさにある瞬間とむしろ歩みをともにしてきた。パリ・コミューンは社会空間の生産における実験であったが、それはランボーのような詩人によって記録されている。革命的な空間は、遊歩者《フラヌール》の浮遊する世界と倦怠の心的状態を動員し、原生自然のようにも思われるユートピア的な「自由空間」への欲望を解放した。[*1] 一九六〇年代のパリにおけるシチュアシオニストと「心理地理学」における他の諸々の実験は、生産諸力と並走しようと奮闘した。

シニシズムのままでいることは、美しき魂の習性である。私たちの選択は、それが偽善とシニシズムのいずれかへと、つまりは環境的な修辞に熱心に没入することとシニカルにそこから距離を置くことのいずれかへと縮減されてしまうのであれば、偽りのものとなるだろう。いずれの場合にも、私たちは美しき魂のための典礼文を書くことになる。偽善的になるよりはむしろシニカルになるほうが「現実的」であるのだとしても、私たちは現状を強化することを欲しない。私たちが状況の現実を容認するというのであれば、自然さらには自然についての思想が容赦なく略奪されていくことへの私たちの答えは、肯定でなければならない。そして、それに屈服するのを拒否するのであれば、否定でなければならない。

エコロジカルな批評は、罪と贖罪についてつべこべ言うのではなく、資本主義的な幻影から資本主義に反対するエコクリティシズムそのものにまでいたる、環境のイデオロギー的な形態にかかわるしかないのか。エコクリティシズムには、他の種とそれらの世界を、現実的なものであれ可能的なものであれなんであろうと内包できる集合的な同一性の形態を確立することが可能である。それは、人間がすでに定まった歴史的自然におけるみずからの居場所を把握するのを妨げる、「世界」

についての固定したイメージを覆すだろう。固定したものを覆すのは、暗がりの土地の探究に向かうロマン主義の願望の中心的な目標である。ワーズワースの躊躇い、メアリー・シェリーのあてにならない語り手たちといった、アイロニーと言葉遊びの一式は、ロマン主義にとって辺縁的なものではなく、中心的なものである。同一性の固定性を覆すことはアラン・バディウが真理の過程と呼ぶものであるが、すなわち、主体をその同一化する形象から厳密にそして容赦なく区別していくことである。[*2] 主体性は徹底的にロマン主義的であると言いながら私たちにはまだそこに到達できていないと同時に主張するのは、正当なことである。実際に、来るべきエコロジカルな集散性は、労働と総体性というファシスト的な傾向のある理念をともなう自然な国民という構築物ではない。それはむしろジャン=リュック・ナンシーのいう「無為」の社会のようなものであり、その意味では、「意図しないでいること」とアンビエントな芸術の開放性が、ほとんど想像することのできないあり方で、ともに存在することの約束をもたらしてくれる。[*3]

　環境は、それが問題になったまさにそのとき世に現れた。環境という言葉はいまだに私たちにとり憑いているが、みずからをとりまくものをいっそう包括的な意味で気遣う社会であれば、そこでは環境を考えること自体が消え去ってしまうからだ。環境主義という言葉そのものが、思考がなにかを欲していることを証明している。

　社会が「それ」を保護することに徹底的にのめり込むなら、それはもう、私たちをとりまき、私たちの周囲にあり、私たちとは異なっているなんらかの「もの」であることをやめることになるだろう。じつのところ、人間たちは「もの」という観念を、「出会いの場」というそもそもの意味へと返していく。[*4] 私たちが、つねにすでに世界へとかかわっていることを深く理解している社会では、世界へと注意を向けさせる必要などありはしないのだ。

鏡の国の家で

美しき魂という「鏡の国の家」を出ていこうと熱心に努力すればするほど、かえって私たちは、四角の家の中へと戻ることになる。路上へと排出されている美しき魂を立ち去るとしても、私たちはそれを本当に乗り越えたのか。それと戦う、つまりはその境界をそのものとして焼き尽くそうとするのではなく、より巧妙で、暴力的でない、柔道のような方法がふさわしい。美しき魂症候群を抜け出ることについては、思考の豊かな水脈がある。[*5] 赦しが手がかりになる。だがデリダが示したように、赦しは無限に豊かで、困難で、複雑な主題である。[*6] それは、観念と記号のあいだの溝を、さらには異なる自己のあいだの溝を認めることに関わるし、美しき魂と「美しき自然」の溝を認めることにかかわる。エコロジーは二元論から一元論へと行きたいのだが、早まらなくていい。なんらかの虚偽の一なるものを探し求めるよりはむしろ、溝を認めるほうが、逆説的にも諸々のものにいっそう忠実になることができるようになる。私たちは後者を、「ダークエコロジー」の名目のもとで、探究することになるだろう。

ありのままの実践かもしくは純粋な観念の観点で考えることは、美しき魂の牢獄の中に留まることである。反対しようという意識は、美しき魂症候群の加護のもとにあり、そして呪われている。[*7]『自然なきエコロジー』はあきらかにこれに苦しんでいる。ネイチャーライティングの世界は「あちら側」で揺らめいているが、そうしながら私たちは、批判的なあり方で、ここに安全なままでいる（もしくはここにとらわれている）。私たちには柵のところにとどまっていることはできない。だが可能性は限られている。商品化された世界に対する商品化された解決という「新たに改良された」世界へと向から強力な重力が存在している。美しき魂のセイレーンの歌は、自分はそれを乗り越えたと誤って思わせてしまう魅惑を放っている。私たちの探究のこの部分には、アドルノとベケットに見いだされる「私には行くことができないが、それでも行くだろう」というようなものがある。

この章は、二部構成になっている。最初のいくつかの節では、批判的なエコミメーシスのための可能性について考えてみたい。アンビエンスには解放的な潜在力がある。それは、ベンヤミンが「弁証法的イメージ」と呼んだもの、つまりはヤヌスの双面のように抑圧と解放の両方に向から形態になりうるものである。一方で、アンビエントな修辞は、内部と外部のような根本的な形而上学的区分にかんする思考を喚起する。他方で、もしもアンビエンスが定まった場所になり、美的な次元の改良版になるのだとしたら、それは解放の潜在力を捨て去ってしまう。もしも私たちがアンビエンスに定まった場所を見いださず、新しい宗教や、旗を掲げていることのできる土地を見いださないのであれば、アンビエンスは、徹底的な思考の解放をうながすことになっただろう。

私たちの分析はロマン主義へと立ち戻る必要があるが、なぜならロマン主義の経験は、あなた自身を現実へ埋め込むことがその反対物である崇高な美的距離をもいかにしてつくりだすかという難問を、すでに克服しているからだ。これはデイヴィッド・エイブラムのユートピア的な散文につきまとう問題である。美的なものの覆いに穴を開けようとしても、その覆いをもっと強靭なものにすることにしかならないという自滅的なことを繰り返すのは、ロマン主義の作家たちがそれぞれに異なるやり方でエコミメーシスを実験しているからである。彼らは、演出された環境を、宇宙的なものと歴史的なものと政治的なものがたてるそよ風に向けて開け広げる。そのうえ彼らは、エコミメーシスの反美学を、それ自体に向けていく。これが可能になるのは、言語にはそもそもことば遊びとひっくり返しの余地があるからで、さらに、知覚の次元には——これから発見していくように——知覚を美的なものから分岐させていく性質がそもそも備わるからである。前半の節は、アンビエンスの問題を解決する二つの方法を考察する。最初に、並置を通じてか、もしくは美的な次元そのものの再定義を通じて、知覚の固定性を解体する可能性について検討する。第二に、美的なものを支えている場所なるものの観念が脱構築されることになるだろう。

ハイデガー、メルロ＝ポンティ、デリダがそのさまざまなやり方で示したように、知覚には非同一なものが含まれている。それはちょうど、絨毯が穴を含み、テクストが無によって貫かれているのと同様である。私たちには前方を見ることはできない。私たちが背後に見るのは憶測でしかなく、私たちが目の前に見るものははかなく幻想的である。これらの知覚の理論が生じさせるまさにそのものであるトリックスター的な本性を有する亡霊は、驚くべきことに、エイブラムが全ての事物をとおって転変する一元論的な精霊を召喚しつつ、最終的には回避するものである。そして皮肉なことにこのトリックスターは脱構築を研究することで接近可能になるために、美しき魂を逃れようとする私たちの道行きはそこへとさらに突き進もうとするものであるように思われるかもしれない。

この章の残りの節では、場所の観念がいかに単独でなく独立でもなく固定的でもないかを示す。これは私がダークエコロジーと呼ぶ、エコロジカルな批評をおこなう新しい方法を発展させることにつながる。ダークエコロジーは、この本で素描された逆説を抜け出るいかなる道も存在しないことを認めている。エコクリティシズムは、この逆説が自然のままであるというよりはむしろ、偶然的でクイアであるということを認めなくてはならない。私はエコクリティークがディープエコロジーに対して敵対的というよりはむしろ「本当に深いエコロジー」の一形態であると主張することで議論を締めくくる。

エコクリティークとしての並置

エコミメーシスは、なによりもまずは並置の実践である。前衛芸術は並置を、コラージュ、モンタージュ、ブリコラージュ、リゾーム状のものとして重視する。だがそれは、なにがなにと並列されるかということに、ものすごく左右される。モンタージュは、ちゃんと批評的なものとなるには、内容を枠と並置しなくてはならない。なぜか。形式と主体の位置を混合させることなくただ内容を並列するだけでは、事物をそのままで放置することになるからだ。すでに見てきたように、（汚染する工場を「自然」の事物のリストへと付け加えるようにして）項目をリストへと追加していってもなにをしたことにもならない。「内容」のもっとも極端な例は、書くことにある、なんとかしようとしてもがくといった性質である。「枠」のもっとも極端な例は、事物をそもそも意味のあるものにするイデオロギーの格子である。アンビエントな芸術は、書くこととイデオロギーの格子をこうして（弁証法的に）並置することへと向かう。枠のない客体を提示するか（たとえばギャラリーで「材料」を積み上げる）もしくは客体のない枠（白いキャンバス、空虚な枠など）を提示することで、アンビエントな芸術は内容と枠の溝を問う。

内容と枠を並置するためには、それらのあいだにある溝を保たなくてはならない。たとえアンビエントの修辞が溝は取り除かれたと（静かに）叫ぶとしても、そうである。特殊と一般のあいだには溝がある。もし溝がないとしたら無限は単にもう一つの数であるということになろう。ただ極度に大きな数である、というように。だが無限は、そもそも数を超えている。さもなくば私たちは「悪無限」の問題に陥るだろう。究極的には数えることのできる無限である。枠は単なるもう一つの要素ではない。アンビエントな芸術は、枠か内容のいずれかとして「数えられる」ものと、再－刻印の戯れをつうじて戯れる。再－刻印は、たとえば図形標識と記号、雑音と音、雑音と静けさ、前景と背景のあいだの差異を確立する（そして疑問に付す）。第一章で述べたことを繰り返すなら、あいだには無がある。それは文字通りの無であり、空間ですらないが、なぜなら空間もこれらの区別に従うからだ。なんであれ、雑音であるかもしくは音である（エコミメーシスとりわけアンビエンスなもののイデオロギー的な幻想は、なにものかがいずれでもありうると示唆しているように思われる）。

量子力学が描き出す宇宙では、事物は粒子か波のいずれかであるが、同時にその両方であることはできない。「エネルギー」が粒子か波のいずれかであるというのも適切ではない。そのいずれかであるか、さもなくばその両方である標準的なモデルにおいては、これらの背後にはなにもない。同じように、現代の神経科学は、経験はバラバラの量子となって到来し、それから混合され連続して見えるようになると主張する。第一章での理論的探究が示唆したように、知覚は連続体ではなくてむしろ瞬間でできている。[*8] 多くの環境思想家が、標準的な（量子論）モデルに立脚してきたという事実にもかかわらず、自動化された哲学の形式としてのこのモデルは、主体と客体の二元論を消去しない。[*9] いずれにせよ、量子理論はこの難問が存続していることを論証している。

美的な次元はしばしば、主体と客体のあいだに存在するものとして仮定されている。エコロジカルな次元もそうである。食物連鎖の研究でゲイリー・ポリスが発展させている「メゾコスモス」の観念について考えてみよ。[*10] 中間規模のエコシステムであるメゾコスモスは、エコロジー科学では、現実生活を可能なかぎり綿密にシミュレートする諸条件をそなえた実験において作動する。メゾコスモスはミクロコスモスとマクロコスモスのあいだに存在している。実践的に言うならば、メゾコスモスは便利な科学的概念であるだろう。不思議なことにも全ての動物と植物、そして最終的には他の全てが、メゾコスモスの中に居場所を見いだすことになるだろう。メゾコスモスは全てを飲み尽くす。一分の一の現実の地図でのように、現象は等しく意味のあるものになり、そしてかくして意味のないものになる。アンビエント詩学の研究が美学化をひっくり返す理由の一つは、再‐刻印が、打ち消すことのできない差異の兆しになるからである。それはより小さなものや一般的なものからつくりだされるのではない。全てが「あいだ」にあるかもしくは未規定である。雑音と音のあいだにも、雑音と静けさのあいだにも、私たちはなにをも見出すことがない。再‐刻印は量子的な出来事である。背景と前景のあいだにはなにもない。そして枠と内容のあいだにもなにもない。徹底的な並置が枠と内容にかかわるのは、二元論（それらの絶対的な差異）と一元論（それらの絶対的な同一性）の両方に挑むようにしてである。弁証法は内容と枠のあいだの行き来を省略したものである。

エクフラシスは時間を止め、形式の頻度と持続が内容の頻度と持続から激しく離れ浮遊することになる落ち着いた状態を発生させる。エイブラムの高度のエクフラシスは、私たちを、進み行く論述の流れの只中に浮かぶ泡のような、幻想の小さな小島としてのこの世界へと送り込もうとする。事実、第二章で引用した節では、気泡の中にまた気泡がある。私たちは、「私が書いているとき」という発話の現在から、語り手がその終わりまで「辿る」鹿の足跡にまで移動するが、その段落の切れ目のせいで、読者はテクストを目で追いながら辿ることで幻想世界の奥深くへと足を踏み入れることになる。エイブラムが、書くことを足跡の追跡と比較しているのを思い起こすなら、第二段落の語りの中の語りが、書くことよりもむしろ足跡の追跡のイメージで終わっているのは別におかしなことではない。[*11] 書き記すという語り手の行為そのものでさえ、神聖なる他者、調子を合わせること、気分に注意深くなった。私たちを深く暗い内部へと埋め込んでいくという身振りそのものにおいて全てが自動化され、全てが外部から見られ、異国的なものにされている。

散文は長く続き、私たちが読み進めるのを、論述を書き連ねていくことで停止させるように思われる。その一節は、それをとりまくテクストの織物と調和している。形式が内容とは正反対のことをする陥入部では、節の内容は論述の内容を取り巻いているが（私が書いているとき世界は私の周囲を周り続けている）、それはちょうど、現にあるテクストが取り囲まれるのと同様である（読者は、挿入された語りへと入り込むために、読むのを止めなくてはならない）。だがもしも著者がこのエクフラシス的な停止をそのものとして提示し、それを文脈から解き放つとしたらどうだろうか。すなわち、なんらかのものを大量に、それをとりまく枠なしにギャラリーに提示する現代アーティストのようにして。

一つの方法は、エコミメーシスの幻想的な対象を孤立させ、そのまま放置することである。それはリー・ハントが「今、暑い日を描写する」で試みていることである。[*12] ハントの論考はロンドンっ子のエコミメーシスの一例である。停止した時間の郊外的な情景であるが、著者が情景の中へと埋め込まれているという想念によってこの論述が中断されるのは、最初ではなくて最後である。順序が逆になり、そのことで換喩の過剰が最初にきて「私が書いているとき」が最後にくるのだが、これが自然さを掘り崩す。情景の最後に垣間見えるのは著者のペンであるが、私たちが発話されたものの主体は発話の主体でもあることに気づくとき、このペンが、幻想にあるやむにやまれぬ性質を、逆向きの早業で払いのける。語り手は幻想への責任をとる。つまり彼は、幻想を自分の美しき魂の宝の山として用いるのではなく、語られる世界を客体化しもっともらしく見せる距離を掘り崩す。同様に、デイヴィッド・ロバートソンの混合的なメディア・アートは、トランプや新聞紙のようなありきたりの文章を実存主義的で宗教的な黙想や量子理論と並置し、読者を全体論的でないエコロジカルな旅へと連れて行く。[*13]

エイブラムの語り手の、特権的であるとも言える配慮に満ちた振る舞いは、ワーズワースの「廃屋」にでてくる、語りの枠の設定者である語り手の幸運な立場でもある。ワーズワースは語り手——漂流者、そしてマーガレットおよび戦争にいったがけっして戻ることのなかったその夫についての彼の物語——を別の語りへと埋め込んでいく。語りの枠を二重に設定するというあきらかに単純な行為は、ためらいの感覚を生じさせる。枠がどこで終わり、次の枠がどこで始まるのか、なにが枠の内側にあるのか、それはどれほどまでに真実らしいのかということにかんして、私たちには確信をもつことができるのか。美学的であり、そして美学化する枠は、心穏やかにする美的で道徳的な教訓として詩を受け入れていくことを可能にする、必然的に快適である美的な距離を掘り崩していく。ワーズワースは、私たちに出来事を垣間見せる媒質にある、仮説的でしかない中立性を不安定にする。導入部の詩節には、詩の後の部分をどう読んだらいいかについての説明が含まれている。

夏であった。太陽はすでに高く昇っていた。
南を向けば、景色はかすかなもやに包まれてぼんやり光っていた。
しかし、北の丘陵地帯は、
清澄な大気の中に高く浮かび上がり、
垂れ込めた雲から落ちる影でまだら模様になった山肌を、
遥か遠くまで見せていた。明るく心地よい幾条かの一様な
太陽光線に挟まれたその影は、
幾つかのくっきりした斑点となって、動かなかった。
ある大きな洞穴の前で、柔らかな冷たい苔の上に寝ころんで
無造作に手足を投げ出す人にとっては、そこは
この上なく快いものだろう。
というのも洞穴の岩の天蓋は、
それ自身の薄暗がり、つまり豊かな陰をなげかけ、そこでは

ミソサザイがさえずり、一方その夢みる男は
心なごむメロディを夢うつつに聞きながら、
突き出た岩のひさしの作用で
遥か遠くまでこの景色を、横目で
見渡せるのだから。私はというとその時刻には
およそ異なった状況にあった。*14

これらの詩行は、全景的な展望を、より特定化された展望と並置する。細部は私たちに、私たちが入り口へ入ろうと考えていることを自覚させる。「太陽は昇っていた」は、「太陽」という言葉のようにして、それ自体、ページの上で高く昇っていた。最初、影は地面の上で、ページの上にある言葉のように「動かない」が、ワーズワースに使うことのできるもっとも開かれた形態で、ゆるやかに結ばれている。その影像は淡くてミニマリスト的だが、それが緊張をほぐす安らぎをもたらすように思われるまさにその瞬間をいっそう注視するよう私たちにうながす。「快い」の反復は、穏やかな表面にわずかなさざ波をたてていくが、私たちの疑念はここへと向けられていく。私たちは、私たちが落ち着くことになるその手前のところでためらっている改行において、詩の中に埋め込まれているのを知ることになる。この潜在的な読者、つまりは「夢見る男」は、読者でありつつ読者ではない。ワーズワースは、私たちをこの人物へと完全に同一化させぬよう、注意深くなっている。

私たちは情景の中へと入り込むが、批評的にそうする。私たちの視点は、その内にある特定の視点とその外にあるいっそう一般的な視点のあいだで揺れ動いている。この揺れは、まさにこの内部そのものにおいて反復されている。男は「横目で」「見渡す」。彼は情景を、予期せざる観点から、歪像として見ている。

「遥か遠く」の静けさにたどり着くまでに、情景は、美的な不明瞭状態とは程遠いものになっている。私たちは柔らかさを凝視することを欲するが、その距離によって妨げられる。「私はというとその時刻には／およそ異なった状況にあった」によって急に根こそぎにされる前に、以上の全てが起こる。廃屋の周囲にある常軌を逸した繁茂の美そのものが、ページに目を向ける私たちの前にある空行の無限の連なりのようにして私たちにとりつき、他の苦痛の可能性を、さらにこの詩に強く作用する他の場所と他の時間の歴史を思い起こさせる。「廃屋」は、よそ事になっている戦争へと語り手を埋め込むのではなく、戦争を、読むという私たちの経験の中へと埋め込む。まさにその静謐において、この詩はこれまでに書かれた反戦詩でももっとも強力なものの一つである。

抑圧的な帝国主義の別の時期、つまりは第一次世界大戦のあいだに書いていたエドワード・トマスは、内容と枠を並置する。

のっぽのイラクサがあたりを埋め尽くす。ここ何年もの間
春が訪れるたび目にする光景。錆びた砕土機、

使い古した鋤、石のローラーもイラクサに埋もれ、
今では楡の木の天水桶だけが　頭を覗かせる。

農家の庭先のこの片隅が、僕は一番好きだ。
つやめくどんな花にも負けないくらい
イラクサの粉をはたいた感じが好きだ。唯一
これが消えるとき　にわか雨の爽やかさが証明される。*15

静寂主義とミニマリズムが、華美で上品なイギリス人らしさの不在の現前を喚起すると言うのは、安易であるかもしれない。それは、その状況を大いなる慰藉へともたらすことに寄与することにしかならない、華麗な状況に対する内的な距離である。「片隅」という、無視され愛されることのない場所（ワーズワース的な脱美学化）、「イラクサの粉をはたいた感じ」。これらのイメージにおいて、自然はネイションにきわめて近いもののように見える。これは縮小された野生である。自明の運命という開かれた開拓前線ではなく、再構成されることのない原生自然の小さな片隅である。そこは先祖返り的なものの片隅でもあり、錆びていく農具によって形象化される、自然支配以前の世界へのロマン主義的な後退である。捨てられた道具の壊れた破片は、ハイデガーの農夫の靴と同じくらいに確実に、環境、文化、気候、農業、生物学的なものを開示する。

もしも文彩は花であるとしたら（修辞の花）、のっぽのイラクサは荒々しい文彩である。詩はなにものかを留保するが、それはブランショが書くということの「果てしなさ」と呼ぶものであり、イラクサにおいて形象化されているなにものかである。最後には、静止の影像である粉が雨の「爽やかさ」の中に消えていくが、もしこれが撞着語法でないならば、強力なまでに微弱な像である。留保されたものは、もっとも知覚されることのない事物にかろうじて包み込まれている。だがその痕跡はいたるところに、縁《へり》や片隅に存在している。すなわち、アンビエントのように漂っている。トマスの詩は、永遠にイギリスのものとなる異邦の片隅をとどめた、帝国主義の詩への静かな抵抗である。それはウィルフレッド・オーウェンと同じく世界の観念とともに展開するが、オーウェンの場合、「死すべき定めの若者のための賛歌」では、戦争にまつわる諸々の事物の叫び声が「悲しき州から［死者］へと呼びかけるラッパ」と並置されている。この節は、無人の土地から嘆き悲しむ家族のところへと戻る視点を突如として再構成するとき、心底からの反応を呼び覚まさないではいられない。「彼らの花々には静まる心の繊細さがあり、そして緩慢に訪れる黄昏は日よけとなって降ろされていく」[*16]。転換と転倒はワーズワース的だが、それはちょうどW・G・ゼーバルトの著書と同じである。彼の『破壊の自然史』は、第二次世界大戦の終わりのとき木っ端微塵に爆撃されるドレスデンとハンブルクの中にある、不可能でほとんど語られることのない視点、つまりは差し迫っているというだけでなく虚構的でもある視点に私たちを置く[*17]。

「ひとつぶの砂にも世界を見る」という詩句は、内容と形式をきわめて批評的なやり方で並置している。ほとんど全体主義的とも言える監視とパラノイアの時代、ナポレオン戦争のとりわけ抑圧的な時期にかけて、「無心のまえぶれ」を書きながらブレイクは、いかにして極小の特殊性が極大の一般性へと関係しうるかを想像する。「籠にとらわれた赤い胸毛の駒鳥は／天国じゅうを憤らせる」。「主人の家の門で吠えている犬は／その国家の滅亡を予言する」[*18]。詩はほぼ静的な調子を保ち、一般的なものを特殊なものにおいてなんどもなんども単純なAABBのリズムで読んでいくが、これは、終わりへと向けて強度が高められていくことで（AAAAに向かうことで）、はじめて変化する。これはブレーキをかけることのように感じられる。私は、社会主義は進歩ではなくて急ブレーキを使うことであるというベンヤミンの見解を思い出す[*19]。まえぶれは、茶葉や鳥の臓腑、つまりはリアルなものに書かれた予言である。すなわちエコミメーシスである。

水平線にある染みは、意味深長な「彼方」の存在を告げている。だがこの「彼方」は病的である。私たちにはそれを茶葉に読み取ることができる。これは激しい戦争の時代に生きている人々にとっては日常的な経験である。ジェーン・オースティンの小説は、戦争が朝食の食卓の新聞に毎日現れるくらいにまで、戦争の存在感で飽和している[*20]。この雰囲気において、世界を客体化から解き放つのはきわめて政治的な行為であるが、これがブレイクの詩において、とりわけAAAAのリズムの部分で起きている。それはそれ自体の中での自己否定を、つまりはそれ自身の非同一性を含んでいる。

夜ごと　朝ごと
苦しみへと生まれるものあり
朝ごと　夜ごと
ここちよい喜びへと生まれるものあり
ここちよい喜びへと生まれるものあり
無明の長夜へと生まれるものあり
われわれが嘘をまことと信ずるようになるのは
目を通してものを見抜かないとき
その目は一夜で亡ぶべく一夜で生まれた
たましいが光の輝きの中に眠っているときに
神は姿をあらわす　神は光である
夜に住むあの哀れなたましいの持主には
しかし神ははっきりと人間の形を示す
真昼の領分に住む人たちには*21

知覚のはかなさを再現することで（「一夜で亡ぶべく一夜で生まれた」）、リズムは急速な短短格の詩へと分解され、基礎にある振動の固定性が掘り崩される。見ることは、ローカルな視点から

（病んでいるかどうかはともかく）「彼方」を見るということにはならないが、というのも、ローカルなものは、人間的な形態の神々しさのもとであらゆるものを飲み込んだからだ。それは苦労の末に得られた勝利だが、そこで語り手は、「彼の面前にある」ものを国家暴力の影の策動に対抗させていくという情熱的な闘争精神を一般化する。これはエコロジカルな政治であり、そしてブレイクが制度化された暴力である炭鉱の中のカナリアを列挙するとき動物に対する暴力が露わになるのも驚くほどのことではない。ブレイクの急進的な跳躍は、実在論のおどろくべき形態である。現代のコロラドには核兵器製造工場が住宅地のど真ん中に存在している。なかには、ミサイル格納庫が実際に裏庭にあり、即時に銃撃可能な状態で待ち構えている兵士がそれを守っている。ブレイクの詩の二行連句と同じく、国家が市民社会を困らせている。

私たちは、生活形式に対抗的な戦争の時代に対してなにかを述べている、四つの戦争詩を読んできた。いかなる文章であれ急進的な訴えを伝達できるということを示すのはおおよそのところ可能だが、それは文章になにか特別なこと（たとえばエコミメーシスのリテラリズム）が存在するからではなく、そのようなものが不在だからである。おおよそのところ可能というのは、（たとえば『我が闘争』やバスのチケットのような）特殊な文章をこのように読むのは難題のように思われるからというだけでなく、この命題は、それがイデオロギー的な享楽の対象としてのテクストに「見出していく」急進主義そのものを前提にしているからである。これらの問題は、ベンヤミンのいうモンタージュの技術に存在している。一九世紀パリの消費主義の空間についての記念碑的（と言ってはいけないのかもしれない）研究である『パサージュ論』で、ベンヤミンは、ただの並置が多大なる分量を語るということを示している。ベンヤミンは環境的な批評の一形式を実践している。それもウサギや蝶についてのものではなく、近代的な資本によって生産される、気散じ的で幻影的な空間についてのものである。だがそこには、すでに決められているという感覚がある。私たちが知ることになるものをすでに知っているという感覚がある。

テクストが私たちと一致していないということは、重要である。自然についての文章も同様である。ワーズワースの「少年がいた」で、環境について大量のことを語るのは、フクロウの静寂である。それにもかかわらず、これらのエコミメーシスの徹底化は、それらが美学化を消し去ろうとするときであっても、美的な次元を開いておく。美的なものが商品化され、商品が美学化されてきた時代には、空虚な枠ないしは枠付けられない無形のものは、存在の別の仕方の可能性を保持している。私たちの時代のような時期には、徹底的なエコミメーシスはただ率直にまったき否定性として現れることができるだけである。

徹底的にエコロジカルで低俗《キッチュ》なもの

朝食がどこからやってきたのかを明らかにすることで、社会的なパターンをグローバルな地理的スケールで明らかにすることができる。環境を描き出すことが問題であるとき、単純な唯物論には多くの利点がある。生きている存在者は全て、その環境とみずからの中身を交換している。物質代謝を対象の一つとしている研究領域は、わかりやすい環境イメージを発生させることになりがちである。ここには食べ物と食事の研究が含まれる。あなたがぶどう酒を醸造しているところでまさにこのぶどう酒が味わっている恐怖を想念として描きつつ、キーツは「おお暖かき南国の酒を満々と酌む広口の瓶子をこそ」と言う（「ナイチンゲールによせて」[*22]）。ハイデガーは、その神秘さゆえに、アンビエントな唯物論を環世界なるものとして提示する。「存在は思考に優るという存在論的な教義において、存在の「超越」において、唯物論的な反響音がはるか遠くから鳴り響く[*23]」。

食の研究のような学問領域は、人文学における伝統的な研究の側で発生しているが、ときに科学と連関しつつ、奨励されている。対象へと直接的に接近すること——それはどこからやってきて、どこへ行くのかと問うこと——で、人は抽象的な自然に訴えることなくしてエコロジカルな政治を理解できるようになるだろう。だがこの唯物論は一元論に陥りやすい。すなわち、二つの世界を一つの世界へと還元する、ということである。一元論は二元論にとってよい解決策ではない。私たちにはなおも、「身体」「大きさ」「物体」がなにを意味するかということについての微妙な感覚を確立することが求められている[*24]。観念論と唯物論のいずれにも、いかなる他性も存在することのない平坦な世界を発生させることができる。自然なきエコロジーが私たちになにかを教えることができたとしたら、詩、倫理、政治のいかなるところであれ、消すことのできない他性を認識する必要がある、ということである。

エコミメーシスは、私たちが、主体と客体の二元論を忘れるか脇においやることを望む。エコミメーシスは、直接性を目指している。思考しなくなり、媒介もしなくなれば、いっそうよくなる。このことをバカにしないためにも、このような考えはただ低俗《キッチュ》なものにだけでなく、高尚な実験的芸術にも存在するということに注意されたい。アルヴィン・ルシエの最初期の実験は、自分の脳内のα波をとらえてさまざまな道具を動かすための電極を活用していた。あるいはアクション・ペインティングやドリップ・ペインティング、ハプニングのことを考えてみよ。

大統領の頭のかたちをしたビールジョッキ、鉤十字章の入ったティーカップ、バンビの目をした子鹿の小さなセラミック製の模型。このようなものは唖然とさせるほどにまで一貫しておらず、クレメント・グリーンバーグがかなり前に指摘したように、ファシズムに限定されることのない強力なイデオロギー的幻想の核をもたらすことができる。[*25] エコミメーシスは、「ただのガラクタ」の感覚を、激発する享楽の感覚を、つまりはサントームを呼び覚ます。歴史的には、ただのガラクタは誰かのためのものである。私たちはそれを低俗《キッチュ》なものと名付けるのだが、これは本当のところは「他の人々の享楽」と言うための方法である。ドイツ語の語源は曖昧であるが、高飛車な辞書的定義のことを考えられたい。それは「無価値な仰々しさを特徴とする芸術あるいは芸術品」である。[*26] 私は低俗なものを馬鹿げたもの（camp）とは区別されるものとして用いている。二つを混同する人々もいる。馬鹿げたものは古臭い美的商品を「アイロニカルに」（距離をおいて）領有したものを意味するのに対し、低俗なものは、「高尚な」意味では普通は美的と考えられていない対象を心の底から楽しむことを意味している。商品は異なった段階を通過していく。いくつかのものは馬鹿げたものとなって出現し、それを達成するが、いくつかのものには、馬鹿げたもの性が押し付けられる。[*27]

低俗なものは、それが大量生産された商品であるということを恥じていない。そして、機械的に再生産された多くの作品は、低俗なものとして数え入れられるだろう。どれほど多くの学生寮の部屋がエコミメーシスの古典的事例であるモネの睡蓮の絵で飾られていることか。どれほど多くのモダンなショッピングモールがパイプを配した脱構築的な外見をしていていることか。低俗なものは魅惑的で馬鹿げた魅力を発している。それはしばしば共感覚的で、私たちがそこへと投じる愛以外にはなんの力をもたない。低俗なものは、現代の文化の中でも、シャーマン的な儀礼の対象にもっとも近い。低俗なものは没入的である。それは愛の労働である。私たちは「そこに入り込まねばならない」。それは主体がいかにして客体にかかわっていくかという問題を際立ったやり方で提示する。低俗なものは、自然はコピーが可能なものであるという考えに立脚し、エコミメーシスの観念に立脚している。[*28]アドルノにとって「自然」は、支配しながら同時に支配されている存在の局面を意味している。「鳥たちの歌は、全ての人に美しいものと思われている。ヨーロッパ的な伝統のようなものを自らにおいて存続させている感性豊かな人は誰もが、大雨のあとのコマドリの鳴き声に心動かされることになる。だが、鳥の歌は歌ではなく、それを絡め取る魔力に従うものであるという理由のために、鳥の歌にはなにか恐怖させるものが漂っている」[*29]。こう考えるなら、自然のコピーは自然の支配であるが、さらに、弁証法的に反転させるなら、その支配するという性質に魅了されているための条件でもある。

低俗なものは、嫌悪の対象である。[*30] そこで美的な判断がなにかを意味するためには、低俗なものは美的なものから脱しなくてはならない。彼は低俗なものが好きだ、あなたのネイチャーライティングは人を不快にするが、他方で私のアンビエンスは十分に曖昧で、アイロニーに満たされている。専門誌は、美的な次元から完全に脱却し、美的な区別の一式をひっくり返し、カントが美に特有のものから締め出そうとした目的という側面を取り戻そうとする。ここに、ネイチャーライティングにかかわる重要な問題がある。それは私たちが自然を愛するようになることを欲する。『野生のうたが聞こえる』の全ての散文と実例は、私たちの心を溶かしていくことを意図している。低俗なものには、物神的ななにものかがある。それはお土産のように、そこへと注ぎ込まれた力をただ保持している。今日では、高尚芸術を低俗なものから分かつのはたいてい、ギャラリーへの入場料だけである。つまり、風変わりかどうかではない。再-刻印のわずかなふるまいにより、高尚な環境芸術は、自身と低俗なもののあいだにある境界線を規制する。ブライアン・イーノの「ミュージック・フォー・エアポーツ」のライナーノーツは「アンビエント」ミュージックを、彼が「くだらなくて独創的でないやり方でアレンジされ編曲された親しみやすい曲」と評するミューザックから区別しようとしている。

現存の紋切り型の音楽会社は、その音響と雰囲気の特徴を一つへとまとめていくことで環境を調整していくことを基本とするところから出発するが、アンビエントミュージックではこれらを高めていくことが意図されている。型にはまったバックグラウンドミュージックは、音楽から疑念と不確かさ（そしてかくして全ての本当の興味）のありとあらゆる感覚を除去することで生産されるが、アンビエントミュージックはこれらの質を保っている。そしてミューザックの意図は環境へと刺激を加えていくことでそれを「輝かせる」（そうしておそらくは日々の職務の退屈を軽くし身体のリズムの自然な浮き沈みを落ち着かせる）ことであるのに対し、アンビエントミュージックでは、静けさと考えるための空間を生じさせることが意図されている。[*31]

何十年も前に、ジャン・コクトーとエリック・サティはすでに、イーノが懸命に維持しようとする差異を脱構築していた。高性能のコンピューターとプロ・ツールス（Pro Tools）とリーズン（reason）のような音楽ソフトは、高尚なサウンド・アートと低級なサウンド・アートの違いをなくし消去していった。ミニマリズムは今や郊外の台所を装飾するものになっている。竹はその音響的な効果ゆえにイギリスの庭園で人気のあるものになった。

アドルノは、このような実験を、「表象的な客体性と表現性が欠けているのにもかかわらず」産出される「自然主義」の形式へととくに連関させて論評した。

諸々の要素のあいだにある物質的で計算可能な諸関係にもとづく、ありのままの物理主義的な方法は、美的な形象をどうしようもないほどにまで抑圧し、そうすることでそれらの実証性なるものの真実を明らかにする。この実証性が、自律的な結合体へと消滅するとき、そこには、人間の自己客体化を反映するものとしてのアウラが残される。アウラに対する反感からは、今日のいかなる芸術も逃れることができないが、それを非人間的なものの噴出から切り離すことはできない。この新たなる物象化において、芸術作品は、美的なものの典型にある野蛮なまでの平凡さへと退行し、そこに幻影的な罪悪感が抜きがたく混じりこんでいく。芸術作品が、その純粋性をあまりにも熱烈におそれるがあまり、そこにある可能性への信仰を失い芸術になることのできないもの——画布やただの音調——を外に向かって提示し始めるとき、それはその敵になり、目的をもつ合理性を直接的かつ偽りのかたちで存続させることになる。この傾向はハプニングにおいて極まる。*32

高尚な実験芸術は、その高尚さにもかかわらず、その反対物——「第二の自然主義」——になる。アドルノは、高尚な芸術の「アウラ」にかんするベンヤミンの批判に彼が見いだす帰結に取り組んでいる。高邁で商品化された芸術作品のアウラを心配するあまり、芸術はみずからを物象化から解き放ち、画布から飛び出して、コンサートホールの外に飛び出そうとする。だがそうすることで芸術は、よりいっそう物象化されたものである「美学的なものの典型にある野蛮なまでの平凡さ」へとみずからを縮減してしまったに気づくことになる。雰囲気と環境は、特殊な振動《バイブレーション》になる。私たちには、それを超低周波のマイクロフォンで測定し、人間の可聴域内で高速化させることもできる。私自身の方法は、たとえばトーンをありのまま率直にとらえるものだが、批判されてもおかしくはないくらいにどうしようもなく罪深いものである。実験芸術は、それが低俗であり、アドルノが話題にする自然主義であるということにすでに気づいているのだろうか。あるいは、この低俗なものの質は、事後的な効果なのか。低俗さをあえて実現化する作品もあれば、低俗なものとしてつくられるのにすぎない作品もある、ということなのか。ルシエの「私は部屋で座っている」のライナーノーツは、それが高尚な芸術であることを示唆している。「それは聴く者を、理解できるものであるかどうかはともかくとしても、全く自然的で、完全なまでに魅惑的で、きわめて個人的で、心揺さぶるほどにまで音楽的であるように思われる過程に沿って導いていく[*33]」。

そこを回避することはできないように思われる。このように考えるとき、美的なものそのものは、不気味なことにもその内的な本質である低俗なものをただ否認するものでしかない[*34]。ネイチャーライティングを、低級で悪趣味でカッコワルイものとして退けるのは簡単である。だがそうするとき、私たちはただ思弁的な距離を、つまりはじつは欲望の（あるいは嫌悪の）対象を保持する距離を選びとっているのにすぎない。こうすることで、新しい歴史主義は、それが最悪の敵と考える美的な次元そのものを再確立する瀬戸際にいる。芸術の対象を遠ざけることで、それは過去へと閉じ込められるが、この場合、その過去の他性の描写を注意深く行うことが求められる。それは、歴史を消去する美的実践に汚染されている。対象としてのその力は増大しているが、というのも、美的なものはじつのところ、事物を、距離を隔てたところに置いておくものだからだ。新しい歴史主義における問題は、エコクリティシズムが恐れているものの反対物である。それは美しい芸術の対象を汚染するどころかむしろ、対象の美的な力を、嫌悪をもよおさせるほどに魅惑的な水準にまで高めていく。全ての芸術が（誰か他の人にとって）低俗なものになる。

ネイチャーライティングを、ちゃんとした（美的な）著作物の「気品」を欠いたまったく低俗なものとして糾弾するのはとても簡単であり、そしてあまりにも無意味であるだろう。この糾弾は、美的な距離化を再生産するだろう。もしもエコロジーが（人間と動物、社会と自然環境、主体と客体のあいだの）距離を崩壊させることにかかわるとしたら、（美的な）距離を再設定しようとする読解の戦術に依拠することにどれほどの意味があるというのか。アドルノは、高尚な芸術の偽善についていて辛辣な観察をおこなっている。

マッターホルンやムラサキツツジの絵は低俗であるという、けっして深遠などとは言えない評価には、明示された主題を超えたところにまで及ぶ長大な射程がある。このような絵への反応において神経をいらだたせるのは、あきらかに、自然はコピーすることのできないものだ、というものである。これが引き起こす当惑が激しくなるのは、極端なまでの低俗さを前にするときだけであるが、これが自然の模倣という趣味のよい領域をいっそう安全なものにする。ドイツの印象主義の緑の森は、ホテルのロビーのために描かれたケーニヒス湖の情景にもまして高尚であるなどということはない。*35

アドルノは述べている。低俗なものは、「高尚な」芸術形式にも「低級な」芸術形式にも共通のもので、これがあることで、公的に認可された美的なものという「趣味のよい領域」が通用することになる。だが概してアドルノは、芸術から低俗なものの「毒々しい実質」を濾過するために、清潔のエコロジーを実践することを欲している。*36

これは、詩のアンソロジーのようなもののコピーなど放り捨て浮き彫りの施されたカバーつきの本を読み始めることが地球を救うことになる、と言うのではない。ターナーの絵を捨てて、牛のかわいらしい磁器製品をゴミ箱から引っぱり出せ。私は低俗なものが美的なものの「新たな改良」版であるとは言わないようにしている。ネイチャーライティングは自然を描写しつつ、普通の美的形態の「新たな改良」版になろうとしている。だが、リオタールのいう「ニュアンス」のように、それはただ美的なものへと崩落することになるだけである。出口はないように見える。屋根伝いに脱出しようとしたところで（歴史主義のような高尚な批判）、美的なものを再設置する距離化を実行させることになる。半地下を通って脱出しようとする（低俗なものへと潜っていく）ことはただ美的な次元を拡張し、感傷的でサディスト的な刺激の世界を発生させることになる。私たちは身動きできなくなっていることを認めなくてはならなくなるだろう。

美学化されたアンビエンス（エコクリティシズム的なものもポストモダンなたぐいのものも）をうまくかわそうとする試みにおいて、『自然なきエコロジー』そのものは、それがずっと探査してきた症候群の「超新しくてとてつもない改良」版である、自然の物象化された世界の消費主義的な鑑賞になるという危険をおかす。そうすることで、それは皮肉にも、低俗なものの別の形態になるかもしれない。低俗なものから逃れようとしても結局はその重力の場へと飲み込まれてしまうことにならないためにも、私たちは別の方法を試みるべきである。これはすなわち、高尚で格好いい批評理論が嫌悪しつつも魅了されてしまう点ではそれにとってのサントームとも言える低俗なものを徹底的に掘り下げさらにはそこに同一化するという、逆説的な方法である。

テリー・イーグルトンは、さまざまに異なる文学理論がいかにして『フィネガンズ・ウェイク』を論じることになるだろうかと問うている。[*37] 本研究で分析されている諸々の理論にかんして私が一貫して問うてきたことの一つは、それらは『ロード・オブ・ザ・リング』に出てくる妖精《エルフ》たちの一人のスノーグローブをどうやって論じるのか、ということだ。感傷主義と批評が一緒に存在することは可能なのか。私は低俗なものを馬鹿げたもの（*camp*）といって皮肉ることを論じているのではないが、なぜならそれはもう一つの美的なポーズでしかないだろうからだ。低俗なものが批判的になるには、低俗なもののままでいなくてはならず、そして空虚にされず、Tシャツのデザインのように着こなされないでいなくてはならない。その感傷的な性質は、その客体的な特性とともに存続せねばならないだろう。

批判的であるの低俗なもののようなものはありうるのか。子供の物語は、たしかにしばしばきらめくばかりに低俗な幻想的対象と見なすことのできるものである。ウィリアム・ブレイクが書いた子供の物語と歌は、のちに大人のためのものであることが判明する。その細密で漫画風の水彩画の付された「セルの書」は低俗なものへと近づいている。そのあきらかに大量生産型でない形態がこのことを否定しようとも、そうである。ブレイクは、人生における自分の居場所を知ることのない若い女の子の物語を語っている。彼女は、至福の牧歌的風景の中で純朴な存在を生きているが、憂鬱な悲嘆にどことなく苛まれている。彼女のなにが問題なのか。セルは自分自身を自然の用語で描き出すが、これらの用語には形象的で人を迷わせる性質が染み付いている。これらの用語はアンビエントでもある。調和のとれない羅列、つまりはよこしまなエコ吟誦詩《ラプソディー》であるトーンの高平部で、セルはみずからを、環境的な歪像の姿のさまざまなトリックスター的形態として描き出す（「セルは……鏡にうつる形のようなもの……みそらに消える物の音のようなもの」）。セルは美しき魂のようだが、そこにある確信について、ヘーゲルは見事にも、「そのまま響きを止めて」*38 しまうと言い表す。彼女はどこへと行くところもないまま完全なまでに着飾っている。

セルが会話するものたち——花、雲、虫、そして土くれ——は、自分たちを自然なものとして描き出す。神の言葉の鋭敏な誘いによってイデオロギー的な首尾一貫性へと「自然に」呼びかけられていく。それらが、自分たちが何者であるかを知ることになるのは、逆説的にも、自分たちがみずからの環境へと入り込んでいくことに喜びを見出すかぎりにおいてである。雲は雨となって降る。

ヘーゲルの世界では、非同一的なものさえもが、同一的なものになりうる。エコシステムの諸要素が余剰なく完全なまでにフィードバックされていく限定経済としてのこの「エコロゴス中心主義的な」領域で、セルは、肯定的な感嘆の只中における疑問符である。曖昧なものそのものが、美学的なやり方で包含されうる。土くれはその存在について「熟考する」が、この熟考は、運命についてのハイデガー的な沈思黙考としての第二の力へと高められていく。最後にセルは、彼女の墓である地底から生じ身体性を欠いた音としての彼女「本人の」声と出会う。その声は、身体の物質性と知覚のあてにならなさの両方を呼び覚ます一連の当惑させる修辞的な問いを問う。セルは叫び、彼女のそもそもの状態へと逃げ帰る。なにも変わっていないのか。

セルの観点と、その対話者たちの観点の並置は、エコクリティークの形態である。どちらのほうがエコロジカルだろうか。普通の読解では、それは花や雲だと言われるだろうが、もしかしたらセルであるかもしれない。ほとんどの読者はセルに向かって、いい加減どっちかにしろということになるだろう。その詩は「〔アンナ・リティシア〕バーボールド〔一八―一九世紀にかけて流行した詩人・批評家・児童文学作家〕風の道徳的賛歌」をエロティックに表現したものだろうか。[*39] あるいは、セルの身体性を欠いた問いと、彼女自身の身体性のなさをめぐる問いは、事実上、エコロゴス中心主義的な同一性の静かな水面を生産的に乱すことになる理論的な反省なのか。ここに逆説がある。セルを糾弾することは、彼女がひどく心を悩ませながら表現している美しき魂の立場そのものを禁じることである。「愚かな少女セルよ。私自身はこの生と死の循環とともにある世界と和解している」。美しき魂の世界には、不確実性以外の全てのための場所がある。セルはエコクリティークのための登場人物である。[*40] 彼女の憂鬱は、絶対的な拒絶という倫理的行為で、最終的には身の毛もよだつ叫びにおいて噴出する、一連の「否」である。エコクリティークは、現代的なトリックスターとして機能することで、逆説的にも自然に近いところにいる。だが自然は今では、あてにならずクィアでもあるなにものかへと変えられてしまった。セルは、それにもかかわらず彼女のイデオロギー的な世界に批判的な、感傷的な人物である。

遊歩者にとって、あらゆる対象が低俗なものの地位を獲得している。消費主義は、あらゆる対象を、他者の享楽を具現するものへと転じていく。それが消費者「自身の」ものであるときでさえも、そうである。ベンヤミンは、パサージュの幻影のような光景と毒々しくも低俗なものにとらわれていた。ロンドンのパノラマ館へのワーズワースの反応は、それと比べてみるのに値する。ワーズワースは、美的な距離を欠いており、観衆に螺旋階段を昇り降りさせる巨大な風景描写である、これらの「気楽な楽しみ」の没入型の形態にただうんざりしたのではない。[*41] ワーズワースは、芸術にはこれと同じくらいに没入的になることができるし、人が思考し反省するのをなおも容認すると主張した。彼の文体は、レスター広場の大衆的な娯楽と、不気味なまでに類似している。後期のワーズワースの詩は、縮小化され新味のないものになっているが、それにより別方向から低俗なものを目指しているように思われる。すなわち、異様なまでに巨大になるのではなくてむしろ、小さくなる、というように。それらは見かけによらず単純で、しばしば詩学についての小エッセーへと転じていく。「この芝生、それは生き生きとした絨毯」は、ありふれた庭の芝生を精密な観察することのできるものにするが、それを近くへともたらし、そのことで曖昧な記号の舞踏場へと崩壊させていくことで、美的な対象のアウラを破壊していく。山脈ではなくて芝生を選択するのは、それ自体、重要である。だがワーズワースがするようにして芝生を探求するのは、あまり普通のことではない。[*42]

コールリッジの「古老の船乗り」は、私たちであれば低俗なものの倫理と呼ぶことのできたエコロジカルな方法を示唆している。カントの立場は、純粋な芸術は非概念的なものだ、というものである。この非概念性が、ラディカルな美学の根底にあった。[*43] 低俗なものには、その情動的な輝きにくわえ、いっそうラディカルである非概念性の性質を有することはできるだろうか。船乗りは、完全なる疲弊の瞬間になって初めて、概念を現実へと押しつけていくという考えを放棄する。この押しつけは、帝国主義の領土化の論理へと陥っていくこととして読まれてきた（第二章でこの詩を論じたところを参照されたい）。アラン・ベウェルは、ロマン主義の時代における植民地主義と帝国主義が、地上の生命形態に感じるとてつもない不安と魅惑、さらにはそれを支配したいという欲望を産出したと論じている。「古老の船乗り」は、原生自然の美学に対し、突発的な暴風を浴びせかける。船乗りはアホウドリを仕留める。死神の船は船乗りの同行の男たちの魂をのっとる。彼は広大で全景を見渡すことのできる海の只中で「ひとり、ひとり、ただひとり」にされる。「百千万ものぬるぬるした生きものは、なおも生き続け、わしも生き続けた」[*44]。船乗りは、毒された生が続くことにうちひしがれている全ての意識的な存在者を体現している。船乗りの概念性は、「百千万ものぬるぬるした生きもの」にあるぬめりと共振しているが、これはサルトルの不穏にも恐怖症的な『存在と無』でふたたび使われることになる。[*45] ぬるぬるとしたものは、うようよとした無限と集散性へと眼差しを飲みこんでいく（サルトルは「ひそかな連帯」という）。だがまさにこの瞬間になって船乗りは、罪悪感という重荷からわずかに解放されるのを経験する。「青に、つややかな緑に、ビロードの黒に、とぐろを巻いたり泳いだりして」いる。海蛇たちはなおもぬるぬるしているが、それらは嫌悪されることがない（そして対象化されることもない）。それらのぬめりは客体性の復讐（サルトルのいう「即自存在」の復讐）であるというだけでなく、もっと注意深く見てそして不思議に思うことへと誘うものである。「生きもの」は「海蛇」になる。スタンリー・カヴェルが主張するように、船乗りは「生きているものであればなんであろうと一緒に生きているものとして関わることを受け入れる」[*46]。「なんであろうと」というのが重要である。自然なきエコロジーはこの「なんであろうと」にある開放性を必要とするが、それはおそらくは、カリフォルニアの高校生にある、気を散らしているがアイロニカルな気安さにおいて明瞭になっている。さもなくば、来るべきエコロジカルな集散性は、自然の概念に付きまとってきた国家建設の幻想に捉えられてしまうだろう。

船乗りが「思わず」海蛇を讃えるとき、それは彼が海蛇を初めて美的に評価することを意味しているのではないか。彼の精神状態にもかかわらず、かつてはぬるぬるしていて嫌悪させるものと考えていたものを讃えている。ここでの美的な場所とはなんなのか。それは別のなんらかのやり方で乗り越えられ、強化され、あるいは転覆されることになるのか。私は料理にかかわる事柄に吸い寄せられるが、それが詩的なものにある hypsilatos（崇高、力）と gluchotes（甘美さ）のあいだにコールリッジが設定するロマン主義的な対立とかかわり、さらに砂糖に関する反奴隷制的な著述でも使用されるとき、とりわけそうなる。サルトルは、即自存在の復讐は、男性的な主体を脅かすものであると主張する。すなわち、「対自存在の甘ったるい死（ジャムの中に沈んで溺れ死ぬハチの死のようなもの）」である。[*47] 罪悪感と孤立感という問題への船乗りの一時的な解決策は、甘美なものという美的経験の中へと没入することである。甘美さの感覚においては視線が下方に向けられているが、それは登山する男性的な人の崇高で上行的な視線とは対立している。コールリッジが一七九〇年代のなかばに砂糖を柔らかさや人工性や贅沢や残酷さと結びつけていたことを思えば、この解決は新鮮である。[*48]「古老の船乗り」と「フランケンシュタイン」はゴシック的で悪趣味である。悪趣味なものは、低俗なものにある非美学的で（没美学的な）特性である。きらめいていて柔軟で不活性で手で触れることができてねばねばする、こういったものが、知覚的なものへの気づきを強いてくる。とてもあざやかで、とても鈍くて、とてもうるさくて、とてもにおいがきついが、美的なお行儀のよさをひっくり返すのに十分なほどにまでにおいがきついというのではない。コールリッジは悪趣味なものに敬意を払っていた。彼は砂糖を奴隷の血の結晶と呼ぶことの倫理性を称賛していた。[*49] メアリー・シェリーもそうしていた。彼女の怪物の物語はロマン主義的な天才の神話を掘り崩す。いずれもが、純粋な延長としての芸術的なもの、過度に物質的なものについての物語である。

古老の船乗りは繰り返すよう駆り立てられている。私たちは彼の悪趣味な韻――音のパターンか白い霜――に感化されていくのか。詩の白く霜を思わせる性質は、環境が客体を変えていくことのアレゴリーである。重要なのは彼の語りを読みこなすことだろうか。それとも、他者を感化することだろうか。コールリッジは、世界と恋に落ちていくのを、超スローモーションで描き出す。「人でも鳥でもけものでもひとしなみに／よく愛する者こそよく祈る者なのじゃ」（「古老の船乗り」七、六一二―六一三）。愛そのものは、「動物に親切にしていれば、神へと通じる電話回線はいっそう高速化する」ということよりはむしろ、真なる祈りの形態である。親切にするということが、電話回線の高速化である。それはアホウドリを仕留めるのを断念するということを越えたところまでいく。教会を越えて「朽ち果てたカシワの切株」（五二二）へと向かう道にすでにいる「有徳の隠者」（五一四）を越えていく。同じようにして『フランケンシュタイン』は急進的な共和主義を踏み越えていく（博士はすでにその一員である）。自然は、全てが等しく壮麗で崇高なところである、高山のような場所ではない。

人間の存在そのものにおける問題は、自分のぬめり（自分の糞便）をどうするかという問題であると、サルトルとラカンは宣言した。「ぬめぬめしたものは私自身である」[*50]。つまるところ、ぬめりとは聖なるもので、生そのものにある禁忌の実体ではないのか。これにふさわしい言葉がクリステヴァのいうおぞましいもの（*abject*）だが、それは私たちが主体と客体を維持するために捨てていく、世界の性質である。[*51] エコロジカルな政治は、汚染、瘴気、ねばねばしたものをどうするかと関連している。キラキラ輝いていてだらしなくて朽ちていくものである。ロッキーフラッツにある核爆弾製造工場からの核廃棄物は、ネヴァダ州の客体化された世界の被覆層の下部で掃き捨てられるべきなのか。そこは一九五〇年代には安全であると宣言されたが一九九〇年代には漏洩していることが発見された岩塩鉱床（地下核物質分離実験施設）である。原子炉から出る使用済核燃料棒の移送先であるニューメキシコ州のユッカマウンテン放射性廃棄物処分場はどうなのか。世界にある、漏洩しやすさをどうするのか。核の守護（ジョアンナ・メイシーが提唱している）のようなディープな環境保護の思想は、プルトニウムという、そこで発された毒性の光線が終息するのに何万年もの歳月もかかる物質は、監視装置が設置されていて現状に復することのできる貯蔵庫に収めて、地中に保管されるべきだと主張する。そのうえで、文化すなわち精神性は、このおぞましい物質を管理することとの周囲で高まることになると主張する。[*52]

核の守護は、おぞましいものから逃げるのではなくてそれを気遣うこととして、精神性を政治化する。そのかわいらしさ（カント的な美の物象化版）を越えたところで、低俗なエコロジカルな表現は、このおぞましいもの、つまりは無形でアンビエントな要素でありバタイユのいう不定形（informe）なものを保持する。ミラン・クンデラは、低俗なものは糞便を遠ざけると述べている。[*53] だが（他の人々の）低俗なものは糞便である。もしも魅惑と恐怖がつねに嫌悪させる対象の悪口を言うことに帰結するとしたら、ブルジョワの主体が永遠に支配することになるだろう。エコロジカルな芸術は、ぬるぬるしたものを、視野の内にとどめておくことを義務としている。このことは、自然のかわいらしい像、もしくは崇高な像を描き出そうとするのではなく、むしろ、エコミメーシスの裏面を、つまりはアンビエント詩学の振動的で推移する特質を呼び覚ますことを意味している。徹底的に低俗なものは、二元論をなくしてしまうのではなく、「私」と「ぬるぬるしたもの」のあいだの差異を活用する。低俗なものの倫理から見た自然は、ニュー・エイジやディープエコロジーにもまして、正統的なデカルトの二元論と多くを共有している。ニュー・エイジやディープエコロジーの考えでは自然は不可思議な調和であるのに対し、低俗なもののエコロジーは実存にかかわる生活の実質を確立している。*54『自然なきエコロジー』は、現象学と実存主義の方法が、自動的な機械および機械的な再生産の宇宙として自然を考えるデカルトの思想を古びたものにするのではなくてむしろ新鮮にすると一貫して主張してきた。

バッド・バイブレーションを拾い集める――環境、アウラ、雰囲気

環境を書くということは、歴史的に規定されており、多くの有力なイデオロギーの道具であったのにもかかわらず、エコミメーシスは、より自由で正しくもある別のあり方にかんする考察を、たとえ否定形においてではあれ、可能にする。これは、エコミメーシスが私たちの救いや薬になりうるなどと言うのではない。エコロジカルな批評は、薬の新しいブランドの市場調査を、やけくそに

なって欲している。エコミメーシスの質は、「否定的」であるか「批判的」であるとはなにを意味するかにかんする、私たちの考えに影響する。肯定的であるエコロジカルな詩の全ての形態が「あちら側」にある自然についての考えかたを掲げることで損なわれているとしたら、否定的な道を試みたらいいのではないか。これもまた問題含みである。的確かつエコロジカルな芸術には、必ずやそこに含まれるとはかぎらない自然が欠けていると主張するとき、失敗が成功へ転じることになる。これはロマン主義の解決である。そこで地球は不可解なまでにリアルで、遠く、触ることのできないものになっていくが、ロマン主義が怒りを向ける現代の諸々の力もまた同じくらいにリアルで遠く触ることのできないものになっていく。[*55] デリダの言葉では、否定神学は、存在そのものを超えた、いっそう本質的である存在を確立する。[*56]

アンビエンスを徹底して考えることは、美的なものの探求にかかわるが、なぜなら美学化は美しき魂を維持するからである。つまりその外面の美を（もちろんヘーゲルは、アイロニカルにこのことを言おうとしている）。美しき魂は、あらゆる思想に対して距離をおく。美学主義は、距離の芸術宗教である。距離を崩壊させるなら、美しき魂症候群はその根を断ち切られるだろう。この議論自体が完全に、美しき魂症候群に陥る危険をおかしている。さらに、その完全で美しい孤立において、誰にも触れられないままである。すなわち、どこかへしっかり定着するということへのみずからの抵抗としての立ち位置（あるいは立ち位置のなさ）において、安全であり続ける。距離の崩壊は、己自身のエコロジカルな欲望の偶然性を認めることに帰着するだろう。

ベンヤミンとアドルノは、アンビエンスを、新しくて強力なものへと高めた。第二章で探究した場の観念は、それを政治化するベンヤミンにおいて、いっそう実りある反響を得ることになるだろう。政治的な行為のための潜在力は、さまざまなベクトルの場である。歴史的な「瞬間」なるものは、推進力が重要であることを把握している。ベンヤミンが現代の文化形態において感知する、特別にみなぎっている雰囲気は、彼とアドルノが力の場と呼ぶものである。つまり、意味のあることと共鳴する、見かけ上は無関係な諸要素のまとまりである。[*57] 現在時（*Jetztzeit*）もしくは今そのものは、イデオロギー的な機構が円滑に作動するときであっても公式の現実の「均質で空虚な時間」から噴出する、強力な意味を発する雰囲気である。[*58] 消費主義の宇宙において全ては失われていないが、たとえ私たちをとりまくクズがあまりにも不整合であることがその理由だとしても、そうなのである。不整合性には、手がかりになる質感がある。この手がかりは、客体の次元そのものの内部に丸め込まれている災難の秘密である。

保守的なエコクリティシズムでは、著者、テクストの文字通りの内容、指示対象は、全て無条件的に賞賛されるが、カール・クローバーの『エコロジカルな文芸批評』の序論で言われているように、あたかも「ポストモダンの理論家」が必要としたのは中西部の雷雨の只中に身を晒すことだとでもいうかのようである。[*59] 自然の権威、それもとりわけ「場所」の権威が、無批判的に賞賛されている。生物学的な基底が社会的形態のために求められている。ジェーン・オースティンを読むことは、適応的な生存のようなものになる。[*60] あきらかにもっとも進歩的なエコクリティシズムの類型であるエコフェミニズムは、生物学的な本質主義へと向かっている。一九七〇年代のエコフェミニズムの徹底的なユートピア主義は、今まさに現れようとしている軟弱なハーバーマス版のそれよりもたしかによいものであるのにもかかわらず、そうなのである。この現実の強化と一緒になるのが、エコトピアに探りを入れ、未来を見ることができるようになりたいという、繰り返される要求である。それは無邪気であることと対置される経験の前兆である。エコロジカルな終末論にさえ、希望的観測のようなものがある。少なくとも私たちには、起こりうる災厄を垣間見ることはできる。私たちはそこに楽しみを見いだすかもしれないというのは言いすぎだろうか。

保守的なエコクリティシズムは、エコロジカルな危機を、テクストを読み解くためのプログラムへと翻訳する。テクストの意味は、保護されなくてはならない希少性として把握される。ポストモダニズムは、種々に異なる逸脱的な解釈の量的増加を生じさせるが、これらは抑制されねばならない。左派的なエコクリティシズムはまだしっかりと展開していない。たとえばダナ・フィリップスの『エコロジーの真実』で言われるような、エコクリティシズムへの懐疑的な見解がある。だが懐疑主義は、それらの代わりになりうるものを想像しない。そのうえエコクリティシズムは「理論」にかかわることがないか、もしくはそれをあからさまに遠ざけてきた。とりわけ、脱構築を。脱構築とマルクス主義がさまざまに求めてきたベンヤミンに、エコクリティークが生産的にかかわっていくことのできる理論家として着目するのに、今ほどいい時代はないのではないか。ロマン主義のすぐれた消費主義者であるトマス・ド・クインシーが皮肉にも環境芸術のすばらしい理論家であるのと同じく、ベンヤミンは、ド・クインシーを重要人物にした消費主義に魅せられていた点で、エコクリティークの味方である。エコクリティークは、左派における重要人物としての指導者を、つまりは右派における指導者であったハイデガーと同じような指導者を必要としている。封建制や「先史的な」原始主義（ニューエイジのアニミズム）という先祖返り的な権威に従うことのない進歩的なエコロジー観を論じられるようになることが求められている。私たちが未来を懐かしく思い、エコロジカルな「楽園」は今はまだ起きていないと考えるのを手助けできるようになることが求められている。

ベンヤミンが発展させた少なくとも二つの用語が、美学と雰囲気の研究に関連している。ベンヤミンをエコロジカルな批評のために用いることは、彼の主要概念である、アウラと気散じ（*Zerstreuung*）を発展させることになるだろう。ベンヤミンが技術的な再生産について書いたものにある、アウラについての興味をそそるほどにまで簡潔できわめて示唆的な考察は、自然の世界の（美的な）経験と類似したもの（だがそれは類似しているのか？）を用いている。アウラは、芸術作品に付随しているアンビエンスの形態だが、つまり、作品が浸るところである、尊崇と価値の雰囲気である。ネイチャーライティングで喚起されている環境は、それ自体このアウラである。ベンヤミンのアウラの定義は、そもそも実体化された自然の定義でもある。その定義は、人工物を描写しながら自然を喚起する点で、交差反転的である。アウラは「どれほど近くにであれ、ある遠さが一回的に現われているものである。夏の午後、静かに憩いながら、地平に連なる山なみを、あるいは憩っている者の上に影を投げかけている木の枝を、目で追うこと――これがこの山々のアウラを、この木の枝のアウラを呼吸することである」[*61]。ベンヤミンはエコロジカルな表象を呼び起こしている。私たちは山なみに住んでおらず、日々の職務によってそこへと気を逸らされているだけであるために、アウラを発する芸術作品によって魅了されるのと同じようにして、山なみに美的に魅了されていることができる。アウラは凋落しているとベンヤミンは言うのだが、なぜならば「現代の大衆は」「事物を空間的かつ人間的に「近づけたい」と欲しているからだ。「対象をごく近くに像で、いやむしろ模像で、複製で、所有したいという欲求は、日ごとにあらがいがたく妥当性をもってきつつある」[*62]。芸術の全ての領域が影響を受けている。サンプリングと録音は、写真が絵画にしたのと同じことを、音楽にしている。チャップリンは音が映画に導入されたことを慨嘆したが、なぜならそれは映画への観衆の距離を決定的に変え、絵像を音の水槽の中へと浸したからである。とりわけ私たちが第一章で探究した、見えないところから聞こえてくる音声はきわめて不気味である[*63]。

他方で気散じは、対象との距離を解除し、かくしてそれの美学化を解除する。つまり、美学化と自然支配の双方が立脚する、主体と客体の二元論を崩壊させる。気散じはさらに仕事と余暇のあいだにある資本主義的なイデオロギーにもとづく差異を覆すが、この差異が労働についての考え方を貧弱にし、疎外された労働を反映するものとなっている。人びとが仕事に没頭しているとき、彼らは、物象化された客体と物象化された主体の崩壊を経験し、生産し、それを経験として生産する。環境のような「もの」は存在しないが、というのも、すでに私はそこにのめり込んでいるのでそこから分離されないからである。気散じとしての芸術は、芸術と低俗なものと「くだらないもの」のあいだにある、規範的なロマン主義以後の区別には従わない。事物は低俗ですらないが、あきらかにアウラならざるもの、機能的で技術的な対象であり、「敬意」なくして掴み取られ享受されそして捨てられていく。私は、ロマン主義が引き離した芸術と工芸を気散じが元へと戻すなどとは言いたくないが、というのも、工芸品は今やそれ自体でロマン主義的なアウラを獲得しているからだ。たとえばウィリアム・モリスの中世趣味におけるように。厳格なリサイクル政策は、エコロジカルな安物を「敬意なく」放り捨てていくことを妨げるどころかむしろうながしていくだろう。

気散じは、ワーズワースの「廃屋」の情景喚起的な冒頭部分にある、「夢見る男」の、「夢うつつ」で聞くこと、穏やかに眼差すこと、「無造作な」身体的没入の共感覚的な混合である。気散じは、くつろいでいるが批判的な気づきをうながす。ワーズワースは、いかにして「横目で」見るかを示し、事物を「穏やかに」「離れた」ものとして——アウラのある、美学化されたものとして——知覚するまさにその瞬間にも批判的な感覚をいかにして保持するかを私たちに示してくれる。ワーズワースの語り手は、私たちに、思考するのが容易ではないものの典型を提示する。それは、詩にまた含まれているマーガレットとその夫についての恐ろしい物語を美学的に道徳化することへの免疫を私たちに付与する知的な没入であるが、戦争と自然と社会の条件を理解するあらゆる種類の方法を探求する能力において、これが可能になる。「廃屋」の叫びは、まさにその静けさと瞑想的な没入によって、とても大きくなる。気散じとしてのアンビエンスは、実際はきわめて批判的なやり方で作用しうる。

第二章で、トゥルンパ師匠が説明している瞑想と同じく、気散じは欺瞞へと深く陥るのではなく、それを乗り越えていくものである。したがって気散じは、ハイデガーの農婦の瞑想的な至福（シンプソンのいう「幸せな状況への埋没」）――人類学が「原始的な」他者へと適用してきた条件――とははっきりとした対称をなす。[*64] 驚くべきことに、気散じはハイデガーの現存在の根本的な性質なのだが、ハイデガーは、気散じ、散種、散乱が意味することに抵抗している。気散じは、混乱を鎮める知の生産を意味しないし、アイロニーのような反省的な現象をも意味しない。[*65] 気散じは、現代の資本主義的な生産と技術の様式である。だがまさにこの理由のため、そこにはユートピア的な側面がある。すなわち、都市や工場の門の外側の「あちら側」にある物象化された自然ではなくて「まさにここ」にあるものとして考えられている環境への、無感覚ではない没入の感覚である。私はこの「まさにここ」という文章を引用符で明示しているが、なぜならここは客観的にも存在論的にも問いに付されているからだ。

ベンヤミンのパサージュ空間に典型的にみられる、頻出するアンビエンスは、弁証法的なイメージである。ロマン主義の時代以来、自動化と私有財産と集散性と新しいメディアの複雑な産物であるアンビエンスは、いっそう毒々しい美学化の形態を発生させてきた。イラクの中に「埋め込まれた」レポーターは、人間の肉を粉々にする弾丸のパノラマ的でアンビエントな音の美学を受動的に鑑賞する、仮想現実世界のダメ人間であった。技術とイデオロギーは、容赦なく対象の距離を解除するべく手を携えて奮闘するが、結局は、距離を解除することそのものを物象化する（リアリティTVや、企業の空間に流れるアンビエント・ミュージックなど）。もっとも極端な例は、アドルノの言う、強制収容所での絶叫を聞こえなくする「伴奏音楽」である。彼はそれを、「概念に捉えこまれずに逃れていくものの中でも最も極端なものを基準にして」自己を測ろうとしないでいるのと同じことと見なしている。[*66] だがアンビエンスの別の側面も存在する。それはつまり、なにかを把握するのに私たちが失敗するということを正確に指摘する、というものだ。アンビエンスが含むのは、境界なき世界の、成就されることのない約束である。それは、美学化されることから逃れているが知覚においては明瞭な世界で、倦怠、気散じ、アイロニーの生産的なエネルギーと、資本主義のまた別の廃棄物が、そこで放出される。これらのエネルギーを簡潔に要約したのが、スコット・シャーショウがジャン＝リュック・ナンシーとモーリス・ブランショを読解しつつ発展させた「無為（*désoeuvrement*）」の思想である。他の存在へと目的なくして徹底的に開かれていくことの可能性が、徹底的な環境芸術において、垣間見られる。

エコクリティシズムは、消費主義と環境主義――「ディープな」ものも――をつなげていくのを禁じるが、それらをつなげることで、私たちにはエコロジカルな批評を新たに行うことができるようになり、国立公園がSUVの宣伝と同じくらいに物象化されていることのアイロニーに気づくことになる。エコクリティークは、グローバル化された資本主義を標的にするだけでなく、人間という種をも含めた実際に存在している種に気を配ることへの妨げになる「自然」をも標的にすべきである。

見事なくらいにアイロニカルなことに、とりわけ技術発展の理論家たちが、エコロジカルな批評のための素材を思考へと提供してくれる。気散じは、政治化された消費主義の形態——機械に対抗する遊歩者——と、現代の感覚器官から入ってくるものへの日常的な反応のあいだで、揺れ動いている。美しき魂がアンビエンスの主体的な形態であるのとちょうど同じく、気散じは美的な距離の崩壊の主体的な形態である。二つの種類の気散じがあるが、そのあいだには刃の切っ先ほどの区別しかない。これが気散じをきわめて危うい概念にする。[*67] だが気散じはそれでも私たちが探求せねばならないなにものかである。いずれにせよ、現代世界が突きつける諸問題への美学的な解決の全ては、商品的な形態を再生産することで終わる。

第一の種類の気散じは、TVチャンネルを変えながら安楽で清潔な環境の中で生活することから生じてくる、無知である。無知は、現代世界でイデオロギーを強化していく重要な方法の一つであるが、アメリカ合衆国は、人びとがどれほどの無知に耐えることができるかにかんする実験を率先してきた。この状態において、逃避主義は、ただ回避することにもましていっそう徹底的であることが証明されている。少なくとも芸術は、物事が別様でありうるという可能性を示す。ベンヤミンの主張によると、気散じに対する根本的な不平とは、「芸術愛好家は精神を集中して芸術作品に近づくのに対し、大衆は芸術作品に気散じをもとめている」というものである。[*68] これは、エコロジーと反消費主義にあてはまる。最近の「スロー運動」は、ラッダイト運動以上に芸術と工芸を求める衝動であり、「生活を味わうこと」にある、のんびりの思想を賞賛するが、結局は倫理的であるか政治的であるよりはむしろ美的なものである瞑想的な方法でしかない。つまり、気を散らされているよりはむしろ、瞑想する、ということである。現代の技術の存在がもたらす強引なまでの速度は、私たちが知っていた惑星を破壊している。だが、このことを瞑想するために私たちの航空座席の背もたれを後ろに倒すのは、いい解決ではない。エコクリティークという減速の過程は、より快適な座り心地をもたらすどころかむしろ、矛盾と不整合に気づかせてくれる。

第二の種類の気散じは、批判的な没入である。[*69] この形態を可能にするのは次の二つの現象である。すなわち共感覚であり、知覚の次元に特有の空虚である。子供の玩具は共感覚的な事物のよい例であるが、なぜならそれは目と耳と触覚と嗅覚からの一連の反応を同時に引き出すからである。食べ物は、大いに共感覚的である。私たちがテーブルの上を見渡すとき、それは口へと入っていく。共感覚的な多面性は、客体を対象化し美学化するのに必要な距離を達成するのを不可能にする。共感覚は、音楽と舞台と他のメディアが一緒になり強烈な夢幻の輝きを創出していくワーグナー的な全体芸術の作品の円滑さを生じさせるのではなく、経験が断片化されていて不整合的であることをはっきりさせる。私たちの時代における芸術にかんするベンヤミンの議論は、美的な次元を通って知覚の水準にまで入り込むものである。美的なものは知覚に由来する（ギリシャ語の *aisthanesthai*「知覚すること」）。だが美的なものの歴史は、いかにして身体が、そしてとりわけ視覚的ではない知覚器官が、完全に消されるのではないにせよ、追いやられ、次第に忘れられていったかにかんする物語であった。ベンヤミンは主張する。「歴史の転換期において人間の知覚器官が直面する課題を、たんなる視覚、つまり観想という手段によって解決することはまったく不可能なのである。それらの課題は、触覚的受容の導きによって、慣れを通して、少しずつ克服されていく」。「気散じの状態における受容」に近いのは、キャンバスを前にした瞑想よりも建物を歩き回ることだろう。[*70]

知覚される諸々の出来事は、その各々の差異においてのみ現れる。現象学は、知覚がいかにしてその対象とのダイナミックな関係を伴うことになるかを描き出してきた。近年の神経生理学は、精神現象についてのゲシュタルト的な考え——運動しているという幻想を得るために、一瞬停止し明滅しているイメージを心がまとめ上げていく方法——を借用しつつ、知覚の量子理論を展開している。だが、知覚を点の連続へ還元することは、客体と主体が手袋の中の手のひらのようにして互いに適合しているような全体論的な世界を容認するのではなく、その化けの皮をはぐのを可能にしてくれる。知覚の次元は、独立していて明確に確定された概念的な内容を、実質的に欠いている。

自然の美学のためのプロジェクトで、ゲルノート・ベーメは、「雰囲気」はそもそも差異的であると提案してきた。ある雰囲気から別の雰囲気へ移動することで、私たちはそれらを意識化するようになる。[*71]これはさほど厳密ではない。ベーメが述べているように、雰囲気は現象学的なものであり、意識だけでなく、身体的な感覚と身体の外で発生する出来事の多様体であるなんらかの種類の客体をも含むものであるため、それは必然的にただ空間的であるだけでなく、時間的なものでもある。驟雨は、そこに五分間立ち尽くすのと二時間立ち尽くすのとでは、雰囲気として異なるものになる。「同じ」雰囲気は、そのものとしては決して「同じ」ではない。

これは存在論的な正確さの問題ではなくて、政治的に緊急な問題である。雰囲気の観念は、時間的なものを含み込むべく拡がっていく必要がある。（気候変動でいわれるような意味での）気候は、雰囲気の運動量、つまりは雰囲気の変化率を記述するベクトル場である。環境の運動量の地図は、多くの次元を持つ位相空間において存在するだろう。天候について考えるとき時間的なものを無視するなら、グローバルな温暖化はときに涼しい天候になることもあるのを人びとに説明するのが不可能になる。

より厳密に言うと、雰囲気は同一性と同じ逆説のもとにある。それは、同一性が自己の観念に対して行なうのと同じことを、天候に対して行なう。何かがそれ自身と似ているためには、それは異なっていなくてはならない。さもなくばそれはただそれ自身であるということになって、類似は存在しないことになるだろう。同一性は、それ自身と同じであることを意味している（ラテン語の ***idem*** は「同じである」を意味する）。テクストが読者を必要とするのと同じく、雰囲気はそれを知覚する者を必要とするため、その同一性はつねに類似の問題である。枠組みの内にあるものと外にあるもののあいだにおいて差異化する再-刻印は、枠組みの内側においても現れる。立ちこめる花の匂いは「ある」雰囲気（一貫していて独自な雰囲気）にすぎないが、なぜなら枠付けるという行為がみずからをその近くで漂っている他の匂いから差異化していくからである。この意味では、第一章で検討したアンビエントな静止状態は、「あいだにおいて」あるなにものかという幻想の、さらにもう一つの実例である。つまり、動く静けさである。型にはまった視覚芸術ですら、時間をかけて読み解かれていくものだが、完全には静止していない。

知覚は差異化する過程である。それはデリダのいう差延を意味する。すなわち、違っていくことと繰り延べることの両方である。聴くこと、触ること、見ること、味わうこと、嗅ぐことに組み込まれている、「来るべき」という性質が存在する。知覚はまったく直接的に現れてくる。これは赤いボールだ。あれは静かな音だ。だが感覚知覚の対象が互いに違っていく過程は、テクストにおける言葉のように、この直接性を支持するものとなっている。「物事を理解する」能力は、物事を停止状態に保つ能力でもある。私たちにはそれがなん「である」かをまだ言うことができない。私たちは見続ける必要がある。このように考えることは、倫理のための基礎として美学を維持することになるが、ただし逆説的なやり方でそうする。[*72] 興味深いことに、知覚の空虚は、知覚的な出来事がただの無でないことを保証する。なんらかの情念と欲望が知覚と結びついている。知覚の次元では、帰属することは切望することへと溶解していく。

知覚について、さらには気散じの哲学と政治について注意深くならないと、気散じは「新規改良」症候群の政治版になりかねない。私たちには気散じを、美学化としての客体化と完全なる消滅のあいだで絶妙に漂っている、特殊な美的鑑賞と見なすことができる。いかなる批評的な効果も失われてしまうだろう。これは重大だが、というのも、気散じの余地をあらかじめ用意しておく芸術が、今では産出されているからだ。アンビエント・ミュージックは、最前列の中心で聴かなくてもよい音楽である。インスタレーション作品を、壁にかかった絵と同じようにして観賞することはできない。そしてエコロジーの水準では、種とエコシステムに対するよりよい倫理的立場をとるための手段として、私たちをとりまくものの広がりの中に身を浸すことが求められる。「自動化された」批評――深く腰掛けてリラックスしてシステムがあなたのためにしてくれるのに身をゆだねてしまう――は単なる無知であるが、一種の気散じでもある。ある水準では、他の種とエコシステムの尊重は、選択をともなう。この選択は偶然性（それは私たちの選択である）と欲望（私たちは物事が別のようであって欲しいと思う）で満たされている。この偶然の選択の領域の外には、高みから状況を評価することのできる場所は存在しない。グローバルな温暖化の外には、私たちのもとにやってきていかなる投票をしたらいいかを教えてくれる「自然」なるものは存在しない。エコロジーは、きわめてラカン的な意味で言う「メタ言語は存在しない」場所へと私たちを連れて行った。それを知るという立場そのものが、私たちが当面しているジレンマの外側においては存在し得ない。これは、ブリュノ・ラトゥールがグローバルな温暖化にとりくむ一九九七年の京都会議について書きながら見事に要約していることである。「政治は、自然の超越性なしで機能できるようにならねばならない」[*73]。

したがって、アウラを解消することは、エコミメーシスが生じさせてくる雰囲気を徹底的に問うことである。ロマン主義、近代、ポスト近代の下では、エコミメーシスは美的なアウラの「新たな改良」版である。距離を崩壊させ、指先で触れることのできる世界の中に「埋め込まれている」と私たちに感じさせることで、エコミメーシスは、幾分逆説的にも、アウラを芸術において極端なほどにまで回復させる。アウラをあまりにも早急に取り除くならば、その最終的な結果は抽象的な表現主義のエコな作品で、巨大な壁に描かれていればよく見えるようなものでしかない。だがアウラへとゆっくり近づくことはどのようなものになるのか。私たちは、アウラの中毒性のある雰囲気に容赦なく耐えることで始めることができるだろう。にごりなく、功利主義的ですらある眼差しでそれを見るとき、抒情的な雰囲気は、リズムから導き出されるものになる。ただ音響と図像的なリズム（頁に記された印と口から発される音の波動）だけでなく、画像のリズムと概念のリズムがある。ワーズワースとブレイクがおこなう並置は、種類を異にしていて水準をも異にする諸々の枠付ける装置のあいだに、複雑なリズムを立ち上げる。雰囲気がリズムから導き出されるとしたら、それはまったくの振動である。つまり、振動の独特の頻度と振幅である。それは神秘的な精神というよりは物質的な産物である。それは人を酔わせる匂いや催眠性の煙と同じくらいに神秘的である。

　これは私たちを、アウラを容赦なく批判したベンヤミンとアウラを逆説的に代弁したアドルノの交差点という奇妙なところへ連れていく。アドルノはあまり早急にアウラを追い払わないほうがいいと主張するが、その理由は、アウラがよりいっそう商品化された「調理用の」形式のもとでしっぺ返しするからだ、というものだ。奇妙なことに、アウラを丁寧に理解することは、叙情的な「私」としての主体を震撼（*Erschütterung*）あるいは「揺さぶること」の始まりになる。アドルノとロバート・カウフマンの言葉では、主体性をこうして揺さぶることは、「主体性の強張りをほぐし、「彼ないしは彼女自身の主体性へと主体が固定化した状態」を溶解し、そして主体が、まさしく私そのものである牢獄を超えたところをわずかではあっても垣間見るのを可能にし、そうすることで、一度揺さぶられた「私」がみずからの限界と有限性を把握し、他なるものを思考することの決定的な可能性を経験するのを手助けする」[*74]。アドルノ自身の言葉では、「美的な戦慄は、主体が保持する距離を無効にする」。「わずかな瞬間、「私」は、自己保持を手放すことの可能性を、実質的に意識する」[*75]。

アドルノはおそらくそうとただ考えるだけでもおかしくなってしまっただろうが、わたしはここで、雰囲気が発する本当に揺れ動くリズムは、この身震いから物質的に導き出されるものであると言おうとしている。ハイデガーの言うのとは逆に、地球は叙情的な状態で静かにしているのではない。それは世界や運命を開示するのではない。もしそれが開くのであれば、私たちを飲み込むくらいにとてつもなく開くことになる。これはブランショが詩の「地球」と呼ぶ質そのものである[*76]。テクストの音響的な物質性と図像的な物質性へと埋め込まれ、地球は揺れ動き、主体の振動と「私の」揺れを引き起こすことになる。エコミメーシスの偽りの他性へと長く潜っていく後に残るのは、「私」の脆さである。私たちにはそれを完全に追いやることができないが、(ハンマーやブーツのようなもので)その強引な分解を力任せに行なうのではなく、その形式をたとえ一瞬ではあれ崩すというやり方で、少なくとも振動させることはできる。

隙間にご注意ください——場所が問われている

この節の表題は、ロンドンの地下鉄にある標識と音声案内（模範的なイギリス英語《クイーンズ・イングリッシュ》で発せられている）からのものである。すなわち、プラットホームと電車のあいだの空間を見よ、ということである。隙間《ギャップ》（第二章で訪問した衣料品店をも含む）へと注意を払うことだけを意味するためのものとして用いるのではない。「電車とホームの隙間にご注意ください」は、場所と心の経験が、充溢ではなくて空の経験であるということをも意味している。

美学は場所の考えにとらわれているので、それらの分析は、美学的な美しき魂を批評するのに役に立つ。ロマン主義のエコロジーは、産業と汚濁と騒音だけでなく、意気阻喪させる都市生活の幻影的な幻想からも逃れた場所を求めている。ロマン主義のエコロジーの幻想的なもの——場所という、情感を呼び起こすもの——を、批判的な消費主義とその究極的な権化であり都市の遊歩者であるド・クインシーやボードレールへと結びつけるといった倒錯的なことをしてみる人はいないだろうか。原則上、それは不可能ではないはずだが、というのも、自然はすでに低俗なものの典型だからだ。だが、不可能であるように思われる。農村への批判的な言説と都市への批判的な言説が存在しているかのようだが、それは、詩とイデオロギーにおいて農村と都市を引き離してしまうさまざまな語り口に符合することになろう。だが、デイヴィッド・ハーヴェイが嘆いているように、エコロジーが二一世紀において批判的な妥当性をもつためには、都市化と取り組まなくてはならない。[*77]レイモンド・ウィリアムズは、究極の原生自然経験は、ワーズワースが「男が、あたかも一人で、［都市の］街路を歩いている」のを描くところに表わされていると力説している。[*78]そういうことの全てを述べたうえで、これについて直観に反するやり方で取り組み、哲学的な農村で散歩してみよう。今は、マルティン・ハイデガーをあらためて訪れるべきときである。

ケイシーの『場所の運命』は、場所が、空間とはまったく異なるものとして十分に成熟した概念から、事物ならざるものへ、つまりは空虚で恣意的な区割りへ、具体的な実体というよりはむしろたかだか主観的な経験程度のものへといかにして移行したかを論じている。それは、神の本性について考える中世の新プラトン主義的な思考において活性化した、無限の観念で始まった。場所の空疎化は、数学的な点のシステムとして空間を考えるようになったとき、頂点に達した（ニュートン、デカルト、ロック）。時間と空間の抽象化を必然とする商業資本主義の発展と、地図化のような技術の発達は、客体としての場所を絵に描いた餅に変えたが、それはせいぜいロマン主義の詩が熱く切望したものでしかなかった。空間の概念が場所の観念を植民地化したのと同じく、実際の資本主義と植民地主義は、封建的な場所とそれに先立つ場所をさらなる資本へと転化したが、それは今にいたるまで、つまりは「グローカル」なショッピングモールの時代にいたるまで続いていて、そこでは場所の小さな断片が、消費のための文明の利器の荒涼とした窓ガラスを前にして蝟集するホームレスのごとく残存している。

私たちは、なにかを喪失したようである。だが、事情はもっと込み入っていたのだとしたらどうだろうか。正確に言うと、なにかを喪失していなかったとしたらどうだろうか。確かに、エコロジカルな政治に成功のチャンスがあるのであれば、失われたものは少なくとも、なんらかのやり方で取り戻されねばならない。ただし、より深く考えるなら、私たちはそもそも場所などというものをもたなかったのだから場所を喪失することなどできなかったのだとしたらどうだろうか。明確な境界をそなえた実体的な「事物」としての場所なる考えが、それ自体誤りであったとしたら、どうだろうか。すなわち、そもそも場所のようなものがないというのではなく、それを間違ったところにおいて探していたのだとしたらどうだろうか。

エコロジカルな思考は、美しき魂と世界のあいだの架橋できない隙間をいかにして橋渡しするかを自問するのではなく、別の種類の問いを提示することになるだろう。事実、問いの提示は、私たちの場所の感覚と、問い、難問、自問といった言葉で私たちが意味するものがいかに連関しているかを示す。グローバリゼーションは、アイロニカルな否定的道筋をたどって、場所はそもそもまったく一貫していなかったことを明らかにしたとしたらどうだろうか。場所そのものはまったく存在しないと述べるのと、それは「あちら側」のどこかに独立していて限定されるものとして存在するのではないと言うこととの、ここでの違いに注意されたい。場所はどちらかといえば掴みどころがないのだが、なぜならそれは、数学的な公理や、経験的な客体や、構造上私たちの手の届かないところにある理念的なものが伝統的に存在しているのとは違うあり方で、存在しているからである。

グローバリゼーションは、私たちに場所なるものについての再考を強いるが、それを棄て去るためにではなく、それを強化するために、大規模な飢餓、モノカルチャー経済、核物質の拡散、グローバルな温暖化、大量絶滅、汚染、そして他の害のあるエコロジカルな現象をもたらす世界をより徹底的に批判するのにそれを用いるために、である。

場所は、なんらかの問いにとらえられている。それは問うという形態のもとに、問うという態度のもとにある。現象学は、さしあたり現実的である「事物」として場所を理解する、まさにその間際に迫っていた。ハイデガーは場所を、開かれていて概念を越えたものとして、もっとも説得的に描き出した。だがハイデガーは、忌まわしいことに、この開放性そのものを固定化し、歴史を運命に転じ、極右政治への道を開くことになったが、エコロジカルな思考がきわめて美学化されているというまさにその理由ゆえ、極右政治にはエコロジカルな思考をたやすくそのイデオロギー的な目的へと同化することができる。ナチスは動物と（ドイツの）森林を目的そのものとして保護するための基本法を可決した。[*79] ジョルジョ・アガンベンは、運命および企図としての存在の思考が覆されるのは、私たちが人間と動物を深層にある無活動あるいは無為（désoeuvrement）において連関するものとして思考するときだけであると簡潔に述べている。[*80] 休息とくつろぎをめぐるアンビエンスの想像にあるユートピア的な側面はここにある。

左派の学者は、ハイデガーから逃げるのではなく、場所の政治と詩学の名にかけて場所を脱神秘化するためにも、彼としっかり対面すべきである。私たちは場所なるものを問いに付すべきである。固定的な形而上学的基盤（たとえば自然や生）がありその下は思考には探索できないし探索するべきではないという考えに抵抗するエコロジカルな批評は、かくして可能になる。グローバリゼーションに一番敵対的で、近代及びポストモダンの脱中心化と脱構築に一番抵抗しているように思われる、もの悲しげで熱烈なローカル主義の修辞は、拡張された視野を獲得しようと焦っているが、それでも、これが反動主義者の手中に収められていくのを許してはならない。そうではなく、ローカル主義が自らの主張の基礎にしているそもそもの強迫観念が検討されねばならない。左派のエコロジーは、バイオリージョナリズムとそれ以外のロマン主義のローカル主義よりも、場所「の中へと」深く「進まねばならない」[*81]。そうすることでのみ、前向きのエコクリティシズムは、環境的な人種差別主義、植民地主義、帝国主義のような環境正義の問題を探求するためのしっかりとした地盤を確立することができるようになる。この基礎は、強力な理論的方法である。私たちの検討を、エコロジカルなものの「内容」の列挙――（文学）テクストの主題に含まれるものとそこから除外されるものの羅列――に限定するなら、私たちは、美的な形態、美的な次元、理論そのものすらをも、エコロジカルな批評の反動的な党派へと譲り渡すことになる。美学は、そして広い意味で言うなら知覚は、徹底的に国家の枠を越えたエコロジカルな批評の基礎の一部を形成しなくてはならない。もしもこれらの任務を遂行しないなら、場所の毒々しいコードはその醜い頭をもたげ続けることになるだろう。

場所はかならずしも事物ではない。特別な場所としての芸術作品にかんするハイデガーの考察は、事物の観念で始まっている。ハイデガーは事物なるものを、物象化されることのないものにしようとしている。芸術作品は、事物の本性にかかわるなにごとかを私たちに語る。それは開くことであり、現象が私たちのもとへと近づいてくる場所である。形成された質料としての事物（ハイデガーは、それは道具の地位からの派生であると主張する）あるいは実体と偶有の知覚的多様性としての事物の考えのもとでは覆われているか否定される、諸事物の「事物性」の感覚である。農婦の靴にかんするハイデガーの読解は、これらの質素な事物が、農婦の環境全体、社会的および自然的な場所をいかにして集めていくかを詩的に表現している。ハイデガーの記述は、靴を「地球」（人間の手によって、あるいは人間の手で働きかけられることのない事物）へと開き、「世界」（靴が使われ意味を得ることになる歴史的／文化的な次元）へと開く。同じく、ギリシアの文化／歴史的企図の「世界」の産物であるギリシア神殿は、それが鎮座する空間を開くことで、私たちが「地球」を知覚し、石の石性を知覚し、空の「広さ」を知覚できるようにする。[*82] 別の論考では、特別な場所としての川岸を可能にするのは橋だと言われる。[*83] ハイデガーにとって、詩は場所である。なんらかの深い意味で、それは実際に地球を救う。——地球を、「それ自身の現前へと解放する」。[*84]

ハイデガーは靴を裏返しにして、それが存在することになるところとしての環境を明らかにする。だが、懐古趣味はともかくとしても、なぜハイデガーはスウェットショップでつくられて教室で履かれる箱入りのスニーカーのようなものでなく汚れた農婦の靴などを選んだのか。靴にある環境性は、現代の資本主義社会の相関物だが、ハイデガーが努力してこの事実を隠そうとしたところで、そうなのである。ハイデガーの記述の内実には、イデオロギー的なものがある。それはロマン主義の一形態である。場所の政治と詩学を近代が追放していくことに対する抵抗である。この身ぶりは、それ自体のはかなさをいつも自覚している。それは無情な世界の中での魂の叫びであり、私たちがとにかく十分に強く考えるならば近代生活の汚染された雨は止むことになるという宣言である。これらの靴は都市生活者の靴であるというメイヤー・シャピロの議論は、原始的なものと封建的なものへの深い関与と結びつくように思われる、その叙情的な重みを覆す。だがハイデガー自身の言葉においてさえ、靴はまさにその原始主義において、明らかに近代的である。[*85]

ロマン主義の環境主義には、近代的な消費主義のイデオロギーが漂っている。それが農村で発生するとしても、徹底的に都会的である。いかにして群衆として孤独にさすらうかを私たちに語った詩人は、群衆の中で孤独になるとき、なにを感じるかを初めて私たちに語った。ロンドンについてのワーズワースの記述は、彼の全体の作品のうちでもっとも「環境的である」ものに含まれている。[*86] かくしてハイデガーは場所についての考えを再び確立しようとする。ハイデガーは、私たちには場所のない空間をもつことはできないと極言する。場所の確かさが、私たちが空間そのものの開放性を束の間感じ取るのを可能にする。[*87] ハイデガーは、場所の問いへの答えを見つけている。これは皮肉なことだが、というのも、場所にかんする彼の考えは、私たちに想像し得るかぎりではもっとも開かれていて、表面上はもっとも物象化されていないものの一つだからである。実際、ハイデガーにとって場所は、閉じていることとあるいは閉域のまさしく正反対である。場所は存在の開口部である。[*88] しかしながらハイデガーは、開放性の思想そのものを閉ざす。場所はファシストのイデオロギーの構成部分になる。靴はデタラメに選び出されたのではない。ハイデガーにはダムの写真を使うこともできたが、農民の靴は、ナショナリズムにある退行的な傾向のイデオロギー的な幻想の対象である。

都市の近代性および脱近代性は、田園風かつ牧歌的に場所を呼び起こすことにすでに含まれている。それは芸術作品の内側だろうと外側だろうと変わらない。エドワード・トマスの「アドルストロップ」は、イギリスの地方のアンビエントな音について考えさせるが、それは電車での旅により可能になる。「急行列車」が「ふと」有名な駅で停車するとき、つまりは、列車の「世界」（ハイデガーの言語でいうなら）が中断されるとき、乗客たちには、地球を感じることができるようになる。急行列車は、かならずや都市のあいだの空間を横断する。ハイデガーの見解にある最初の問題点に留意されたい。地球は実際に世界を中断する――ハイデガーの用語では「突出する」――が、それにより、私たちが世界をもてばもつほどに地球はいっそう突き出してくることになる。かくして、技術の曖昧な役割の問題が浮上する。[*89] 見過ごされている場所についてのこのささやかなエドワード朝の詩においても、都市は否定的なあり方で現れている。

芸術は地球を開き、同時にこの地球において世界を切り開く。ハイデガーは、その言明された意図にもかかわらず、存在よりはむしろ技術の側に加担している。事実、環境（地球）は、人間がとても効率的に切り分けそして効率的に破壊してきたからこそいっそう現前してきたのだと言うことで、ハイデガーの見解をパロディ化することができる。この見解において、地球に残されているのは、芸術作品そのものにある亡霊のような余韻であるということになる。おそらくは、高尚な芸術と低俗なものの双方で生産されている環境芸術（実験的なノイズ・ミュージックから、息抜きのためのドヴュッシーまで）は、実際のところ、文化的でなければ歴史的でもない地球として現存している環境が失われたことの徴候である。「モダンタイムス」へのディープエコロジー的な攻撃に没頭している哲学者であるハイデガーは、じつは己の敵の側に立って書いている。アヴィタル・ロネルが素晴らしくも論証したように、地球に結びつけられた使命を私たちに思い起こさせるものであるハイデガーの良心の呼声は、あまりにも技術的である電話の呼び出し音として想像されている。*90

ここで、さらなる問題点について考えてみよう。トマスの詩は、最初の言葉である「そう」にほのめかされている、問いに対する答えである。かならずしも直接的な問いではなく（「アドルストロップとはなにか」は、ジョパディ！〔アメリカのクイズ番組〕式の、答えの出しやすい問いであるのかもしれない）、アドルストロップという場所に思いを馳せることへと誘うものである。詩にとどまり、場所にとどまることが、問うことである。詩はアドルストロップへと深く入り込むが、そのとき問いは思考の空気の中を漂い、目は大きく見開かれていく。それはちょうど、詩の中で聴いているという感覚が外へと開かれ場所へと向かっていくのと同様である。かくして場所は、潜在的には果てしない。たとえ小さくて内密なものであっても、場所には固有の問う質感がある。詩におけるこの実験的な探求の感覚に客観的に対応するのは、列挙である。私たちは、言葉の列挙の範囲を広げていきたいと思わずにはいられない。私たちにそうさせる力量を詩が制限し、私たちに、自然だけでなく国家をも喚起する境界線の内側にいると感じさせ、乗客が「去って」いるのにもかかわらず家の中にいると感じさせるときであっても、そう思わないではいられない。

「アドルストロップ」は、内と外、ここと向こうのあいだの差異を確立していく場所の形而上学を思い起こさせるが、拡張していくアンビエントな音を呼び覚まし境界を一時的に消しているように思われるときであっても、そうである。詩はそれを否定しているときであってもこのことを知っており、他の場所と関連させずに場所を定まったものとして提示することはできない。すなわち、より広い州、他の州、電車がそこからやってきてそこへと行くことになる「あちら側」があるという感覚である。この他性は、詩の組版そのものの中に刻まれている。第二節と第三節のあいだの空白は、「純粋な」空虚な空間としてではなく、空間を広げていくものとして読まれるべきである。「名前」(駅の名前)と、エコ吟誦詩《ラプソディー》の始まりを告げる「ヤナギの木と……」のあいだの隙間を広げるものとして読まれるべきである。

隙間は、列車の車両に乗っていて、それをとりまく環境に調子を合わせる語り手の、減速しつつ広がっていく知覚を成立させる。それは、「名前」が崩壊し、名前の周囲にありそして飛んでいくものに私たちが気づくことになる、共感覚的な瞬間である。名前が場所化される。文字通り、それは実際に設置された駅の標識である。「テクストマーク」が名所《ランドマーク》になる。[*91] だが、顔とロウソクの絵における目の錯覚のように、その反対もまた正しい。すでに名前は、節のあいだの隙間に具現化されている空間である。その空白と不透明性そのものが、黙想している心が詩の中を読み、詩の周囲を読むことを可能にする。駅から駅へと移動することは、文章において、言葉から言葉へと移動することの隠喩である。名所《ランドマーク》はテクスト的になる。詩は外界に対して耳を閉ざすが、その様子は、ちょうど火星に新たに降り立つ探査船のように、瞑想的なだけでなく科学的でもある。土地の形而上学（オクスフォード州、グロスター州）に迫るまさにその直前、「アドルストロップ」は、不確かで開かれた空間を、イデオロギー（あなたがどこにいるのかを知る）と科学（新しいデータへと開かれる）のあいだの「消滅していく媒介」を生じさせる。そしてさらにそれは、開かれているまったき空間と、形而上学的なものに達しようという衝動のかすかな始まりとしてのさまようことのあいだにある。私たちは、この消滅していく媒介つまりは防止帯《スピード・バンプ》を、それらを追い越したことに気づくまさにそのときまでには、すでに喪失していた。そこには完全に住みつくことも余すところなく住みつくこともできないことを、私たちには確信できる。場所はその内側からえぐりぬかれていた。

このエドワード朝細密画風の小品でも、場所は根本的に未決定的である。それは本質的に問いの中にあり、問いである。ここはそもそもあそこではない。私たちは点でできた宇宙で生活しているのではないが、それでも「あそこ」についての考えは、「ここ」に固有のものである。それはここである。すなわち、ここがあそこに貫かれるというようにして、ここである。ここは固定的な事物ではない。このことを私は、「人間存在は距離の生き物である」と主張するときのハイデガーよりもいっそう強い意味で言おうとしている。[*92] 距離についてのこの考え方は、最終的にはここについての考え方を美学化する。ここは、美学化というガラスのショーウィンドウ越しに私たちが凝視する客体になる。本当はその逆である。私たちはここへとあまりにも没頭するので、それはつねに崩壊し消滅していく。それは私たちが探すところにはない。ここは問いである。じつのところ、ここが問いである。現存在を内側から破砕し、それが世界へと、特定の場所へと投げ込まれていくのをうながすものとしての散種に対応するハイデガーの言葉はなんだったか。それは気散じである。[*93]

環境は、直接的には示すことのできないもののことである。私たちにはそれを陽否陰述的に名付けることができるだけである。それは前景にはない。それは前景との関係の中にある、背景である。私たちがそれに集中するようになるやいなや、それは前景になる。エコロジカルな用語でいうと、自然は、子うさぎと木と川と山になる。私たちが伝えたいと思ったものは自然の環境的な質であるのにもかかわらず、私たちはそれを失っている。私たちは、無限へと向かう一覧であるエコミメーシスにすがらざるを得なくなる。環境は、「それはなにか」という問いである。すなわち、私たちの問いの客体化された表現である。それが感嘆文になるやいなや、すぐさまそれは消えてしまった。そして一覧そのものはこの点で危険であるが、なぜならそれは必ずやなにか（都市、鉄塔、人種と階級、ジェンダー）を排除するからである。省略符号と自然という言葉で終わる一覧になにかをただ付け加えていくのは、そもそもが誤りである。

要するに、環境は理論である。問いへの答えとしての理論ではなく、取扱説明書としての理論でもなく（食器洗い機の背後にある理論とはなんだろうか）、問いとしての、疑問符としての理論であり、問いの中にあるもの、問うというまさにそのこととしての理論である。最高の環境芸術は、内部から脱構築されている。理論として、それは問うこととしてのまったき存在を保っている。すなわち、イギリスの懐疑的な経験論（私たちはそれのイデオロギー的な用法を知っている）や神秘的な封建主義（私たちはそれのイデオロギー的な用法を知っている）よりも強烈に、疑念によって内から破砕されている。環境にかんするエコクリティシズムの概念と修辞は、より理論的なものへと道を譲らねばならない。

　私たちは、美しき魂の『鏡の国』からいかにして離れていくかを理解し始めている。美しき魂症候群はアンビエンスともつれ合っている。エコロジカルな詩学と政治を、無我に（そして、無自然に）立脚させてみるのはどうだろうか。私が私自身を探し求めるときはいつでも、他なるものの潜在的に無限な系列と出会うだけである。私の身体、私の腕、私の考え、出生の場所、両親、歴史、社会。自然についても同じことが言える。私たちがそれを探し求めるときはいつでも、うさぎ、木、星、空間、歯ブラシ、高層ビルの長大な換喩の連なりと出会うだけである。もちろん、一覧がどこで終わるかははっきりしている。だが問題はもっと深刻だ。政治と哲学の根拠を自己の視点に置こうとする試みは、それがどれだけ昇華されていて、デカルト的な視野への根本的な代案となりうるものであるとしても、私たちを困難《アポリア》に巻き込んでいく。これらの同一性の「新たな改良」版は、これらが逸れていこうとしている自己なるものの逆説から、けっして完全には逃れていない。そして究極の逆説は、私たちが自分を探し求めるときにはいつも自分を見出さない、ということである。私たちが自分を探し求めるところに自分を見出すことがないというのは、仏教と脱構築の教訓だが、それはまた、デカルトのコギトについてのラカンによる執拗な読解の教訓でもある。

偏見によると、コギトは、完全に厳格なものとして構築されていると思われているが、これをラカンは、常軌を逸するほどにまで込み入った言明へと発展させ、無意識の可能性を、あるいは同じことだが心そのものの徹底的に非同一的な性質の可能性を開く。「私は、私の思考に弄ばれるものであるようなところにいつもいるわけではない。私は、私が考えているとは考えていないところにいるようなもののことを考えている」[*94]。込み入った言明は雄弁である。それは精神分析でいう転位が自己の核に存在しているまさにそのありかたに向かって語りかける。それはデカルト的な自我は固定的で中心付けられた事物だという考え方にとって衝撃的である。そしてそれは、広がっていく同心円の中にある、等しく中心付けられた自己から、エコロジカルな共感がさざ波を立てて生じるという考えをも掘り崩す。このイメージは、スピノザの一元論の支持者によって擁護されてきたが、ポープとトムソンのような詩人のおかげで有名になった。一八世紀後半の感性の時代は、広がっていく同士円のイメージを発展させたが、これが次第にJ・ベアード・キャリコットのような環境哲学者へと行き着く道筋を見出していく。ラカンは自らのデカルトの錯雑化の読みを、宇宙の中心としての地球をずらせたコペルニクス的転回と、無意識を発見したフロイトの革命と結びつけている。問いとしての場所は、場所に位置づけられているものとしての自己をめぐる問いそのものに内在している。エピグラフにかかげた、『省察』の冒頭でデカルトが自身を登場させる場面に立ち戻るが、これはエコロジカルな機知に富む現象学者を皮肉にも思い出させることになるだろう。「いま私がここにいること、炉ばたに座っていること、冬着をまとっていること、この紙を手にしていること」。[*95]私は、エコロジカルな言説の鬼っ子であるデカルトには場所について私たちに言うことのできるなにかがあるかもしれないという、挑発的でおそらくは異端的であり、そして多くのエコロジカルな耳にはきっと冒涜的に聞こえる考えをあえて述べてみる。きわめて多くのエコロジカルな精神をもつ著者たちが観察したように、皮膚で包み込まれた自我の観念をもってしてこの混乱へと私たちを陥れるのに一役買ったのはデカルトではなかったのか。[*96]少なくとも、ポスト構造主義者とエコクリティシズムは、自分らがデカルトを嫌悪していることに同意できる。

『省察』は、根本的な懐疑の段階を通過して、コギトで頂点に達する。だが本文は、一見すると何のこともない場面で始まる。火の暖かなアンビエンスと、それが身体にもたらしてくれる満足感が、思考の過程が起こるのを可能にする。自己は、その環境に依存している。「我思う」は、「我は、炉端に座ってここにある」の「我あり」にもとづいている。そのうえ、デカルトが、そのなんのこともない状況を一連の懐疑へとさらし始め、火のそばの快適な場所の内実をスカスカにしていくときにも、自己の哲学そのものはこの環境に依存している。「私はここにいる」は、疑っているという感覚に依存するが、これが私たちをコギトへと導く。私が考える、したがって私は存在する（それは、火の側において座るところとしての、ここである）。私たちは、その両面が互いにもつれ合っているメビウスの輪において存在する。私たちには「自己」あるいは「場所」のいずれかを存在論的に先行するものとして描き出すことができない。

デカルト的な状況には、後になってみて「あれっ？」と気づくようなことが含まれているが、デカルトは、彼が火の側にいることを夢に見るべきでないのはなぜかと問うことで、そのことを示している。たしかにこれは、満足していて安楽な人が、彼もしくは彼女の身体がいかにして定められているかということに無自覚なままで問うかもしれぬ問いである。第一章で論じた残響効果が、ここで作動する。疑念は、火のそばに我が身をよせていることの心地よさを、事後的に蝕んでいく。苦痛から解放されるとき、自己はそれが夢であるのかどうかなどとは思い悩まなくなる。場所は苦痛の相関物である。「この土地は私の土地だ」というのは不正の徴候である。したがって、場所の政治は、場所の問い、場所としての問いが、問いとして現れることのできる状態を達成しようと奮闘することである。したがってユートピアは、肯定ではなくてむしろ批評と論争のように思われることだろう。最終的に、エコロジカルな政治は、主体と客体の二元論の崩壊についてのものであるべきではない。それは攻撃性と暴力の克服についてのものであるべきだ。

家はもっとも奇妙な場所である。フロイトが観察したように、家はまさにそれが家であるということそのものにおいて、奇妙である。事実、ここはそれ自体において奇妙である。場所をその奇妙さにおいて考えることは、それがいかに他なるものにより貫かれているかを考えるだけのことではない。それは人種差別主義へと崩落しうる。他なるものが移住してきても、それには銃で待ち構えている。水平線の中で、向こう側にある「別の」場所を意識することはできる。奇妙なものを認めるのは、類似するものと身近なものにある奇妙さそのものを考えることである。不気味なものを家の詩学（オイコス、エコロジー、エコミメーシス）へと導入するのは政治的な行為である。心地よいエコロジカルな思考は不気味なものを隠そうとするが、不気味なものは、人間であることと人物であることのあいだの隙間によって作り出される。すなわち、人間が子宮から未熟なままで、自己の感覚が作動することのないまま肉の存在として産まれてくるがゆえに皮肉にも必要とされる文化によって作り出される。

　フロイトは、なにゆえに「沈黙と暗さと孤独」が不気味なものを呼び起こすかを直接には決して述べていないが、それでも、べつのところではそれは語られていないと述べている。このこと自体が不気味である。[*97] ちょうど曲がり角のあたりに誰かがいてもいなくても、はっきりとは聞くことのできない音があってもなくても、おそらくは「子どもじみた不安」を越えたところで、沈黙と暗さと孤独が、はっきりとは見ることのできない形があってもなくても、同一である差異を生じさせる。暗さ（主体そのものの客体的な相関物だが、否定の過程でもある）は、触れることのできるものとなって現前している。同一性（あなたと同じであるということ）は差異をともなう。場所は問いである。

　「子どもっぽい／原始的な」精神（現実を、まさにそれでありそれを創造するくらいにまで、完全に模倣する模倣的な精神）の力への恐怖——私たちは精神の万能性を思わせるものを恐怖する

――についてフロイトが語っていることは、「文明化された」精神への恐怖のようにも聞こえる！コンピューターのように、思考する事物のように、要するにデカルト的な延長のようにして作動するこの神秘的な精神を完全に克服することができないことを私たちは恐怖する。この感覚の詩的な表現は、魅惑的なものの中にある喜びである。それは、書くことに特有の、書くことそのものが生じさせる性質の中にある喜びであり、現実そのものにもまして現実を喚起することのできるイメージをずっと生み出すことができることの中にある喜びである。書くことと言語は、私たちの傍らで、思考する事物である。エコミメーシスは、まさにその「法外さ」[*98]に直面しながらも、書くことの自動的な要素を消し去ろうとする。[*99]これは皮肉だが、三キロメーターの氷床コアを持ち、気候の精読をおこなっているエコロジカルな科学は、環境を、読まれるのを待つテクストの多層構造としての巨大な図書館に変える。自然としての本という古い隠喩が、索引なしで戻ってきた。

　不気味なものについての研究で、フロイトは、それを自己の経験として語ることと場所の経験として語ることのあいだで揺れている。[*100]「ここにある」ものと「外側にある」ものは、折り重なり、二重写しになり、もつれ合い、交錯するが、そこで私たちは、それらがアンビエントなものであることに気づいていった。暗闇、静けさ、孤独は全て、空虚な枠としてであれ枠付けられていない事物としてであれ、アンビエンスの良い例である。簡単な（近しい）言語を、とりわけ反復をロマン主義的に使用することで、不気味なもののきわめて強力なリズムを音程のようにして導き入れることができる。奇妙さはリズムと関連しているが、なぜなら反復が奇妙さを呼び起こすからだ。詩における近しさは、反復であり、リズムである。心象ですらもがリズムを持ちうる。「振動」や雰囲気にはリズムがある。私たちが「森の中で、完全に一人で迷う」とき、それは「何度も何度も」やってくる。[*101] 森は木の繰り返しで、したがってきわめて不気味である。不気味なものについてフロイトが例とするイメージは、一人で迷うことである。「たとえば深い森の中で霧に包まれて道に迷い、なんとかして道標のある道か、知っている道に戻ろうとしても、特有な地形ですぐにそれとわかる場所にいつも戻ってしまうような場合である」。[*102] 森はテクストの典型的なイメージで、それゆえに私たちは「木を見て森を見ず」というのだ。私たちはいつも森を総体にしようと試みている。

心象のリズムには、なにか特別なもの、第三のもの、ド・クインシーのいう切分音を呼び覚ますことができる。『マクベス』の隔行対話は、まさにダンカンが殺害された後に、恐怖の空間を思い起こさせる。「アドルストロップ」では、「そして」が「だが」をないものにする。なにものかが、やり過ごされるが現前する不在として戻ってくる。「そう」は、以前に行われたはずなのに話題にされることのない会話を、中断を意味している。「アドルストロップを覚えている」は題名を反復している。私たちが「名」にたどり着くとき、この第三の反復は、名前を、近しくも疎遠なものにする。「原初的な」経験さえもが、記憶に貫かれている。詩の反転された形式は、前兆を示唆している。私たちは、「アドルストロップ」を経験する前に、それを「思い出している」。事物がテクストで反復されるところに生じる心象には、読者の生を中断する不気味な死後のようなものがある。[*103]

家と国家の同心円的に広がっていく円環は、最後に二つの節で中断されるが、これが総体としての情景を奇妙なまでに近しい（そして疎遠な）ものにする。アドルストロップに近しさを感じることそのものが、最後のところの居心地のよい同心円的円環を不可能にするのだ！

ケネス・ジョンストンは、場所の感覚を生じさせることに専心する詩であるワーズワースの「グラスミアの我が家」を、エコミメーシスの強い形態と評している。「詩はまさにその構成の瞬間との同一化へと向かっていく。すなわち、「ここに私がいて、この詩を書いている」と述べるところへと向かっていく」[*104]。エコミメーシスの難題は、あなたはそうした同一化をたえず求めている、ということだ。それゆえに、媒介されることのない自然へと近づけば近づくほどに、書くことの終らなさへといっそう近づくことになる。ワーズワースは「あらゆるところに、視界から隠されているなにものかがある」と示唆している。ここには、自然の当座貸越約定のようなものがある。だが、絶え間なくそれを打ち出すことは、金持ちになることよりも破産を暗示している。

ワーズワースは、精神と世界の結婚の「成就」を論じている（「グラスミアの我が家」）。性的なものの暗示は、自然の問題への洗練された返答である。私たちは、二元論を脱却しようとする衝動のために、二元性を脱却しようとしているのか。もし自然の全てを主体へ転じていくならば、その他性を失うことになる。もしそれを客体へと転じていくならば、その物象化されることのない特性を失うことになる。自然は「主体に客体を合わせたものだ」というならば、私たちは混ぜることのできないものを混ぜ合わせ、そもそもの二元論へと再び陥ることになる。そしてもし自然が主体でもなければ客体でもないというならば、私たちはニヒリズムへと陥る。ワーズワースが、「グラスミアの我が家」の概要で、エロスを「適合し、適合されるもの」へと還元するとき（これにブレイクは、「あなたには、そうやって適合し適合されるものを私に信じ込ませるようなことなどできない」と返答するのだが）、彼は相互行為をジグソーパズルの二つのピースの一つへと還元する。すなわち、世界を客体へと還元する。[*105] 谷間は語り手を愛している。異常なことにも、谷間は神であり、ゆえに純粋な自然であることをやめる。

しかしながら、延長を愛することは、他なるものにある事物的な性質を、デカルト的な意味で愛することである。他者にある、本当に他であるものを尊重することである。もちろん、人としてである。ワーズワース本人によると、人びとにおいて実際に交錯するのは、その人らしさをつくっている一連のトラウマ的な小片である。だがそれは人間としてではない。かくして皮肉にも、主体と客体のあいだにある、混ぜ合わすことのできない非対称性を産出するデカルト的な視座には、啓蒙されていて、エコロジカルにみるなら進歩的である側面があるのだが、これは啓蒙主義が逃れようとしているシャーマニズムそのものとさして違うことのないものである。というのも、シャーマニズムは、コーエン兄弟の映画である『ビッグ・リボウスキ』の有名な言葉を僅かに変えて言うならば、客体を人びととして処遇するからである。[*106] 先住民の文化には、近代において想像され、近代に対抗するものとして想像される自然のための時間は、さほど多く存在しない。アニミズムは、あきらかに自然崇拝的なものではない。たとえば、西アパッチ族が場所を名づけるときに物語をいかに使用するかということにかんするキース・バッソの研究によると、場所と、アパッチ族が場所へと関係づけていく社会的に再論され改良されていく物語とのあいだには違いがなく、したがって、自然なるものはない。人間の領域と人間ならざるものの領域のあいだには隙間がない。アパッチ族の観点は、従来型のエコクリティシズムよりも自然なきエコロジーに近い。場所は実際のところ問いかけであり、「ここでなにが起こったのか」という問いである。[*107] かくしてアニミズムには来るべきエコロジーと多くを共有していることが判明する。

関係は、対立と欲望と非対称性をともなっている。自己をものとして（*as res*）、事物として愛するのは難題であり、本当に「木に抱きつく」という倒錯した行為である。擬人的にならざるをえない。完全に「平坦な」方法、つまりは決して擬人化せず、心と物質をまったく分離したままにする方法は、もっとよくないだろう。分離を皮肉にも認め、そこに橋渡ししようとするのは、啓蒙されたデカルト主義を示唆している。つまりは赦しについてのデリダの論考における説得力ある議論によって素描されている類のものを示唆している。[*108] 他方で、私たちは愛するためには擬人化せねばならないのか。エコロジカルな思考は普通、有機的ではない世界は生きていると主張することを欲する。このことは、私たちが動物と植物を手段ではなく目的そのものとみなすべきであることを意味している。だが逆説的なのは、この観点を維持すると自然を自然でないものにすることになる、ということである。

デカルトが暖炉のそばで座ることについて語る『省察』のきわめて小さな部分は、形而上学的なエコロジーの観点にある深い裂け目を開く。デカルトは、我ある、ゆえに我は思考すると考えるハイデガーではなく、マルクス主義のあまり知られていない傾向とあらかじめ一致していたことを、発見するだろう。アドルフ・ワグナーの経済学についての注解で、マルクスは生産を「消費」とあからさまに関連させる。「人は「自分自身を外的世界の諸事物との理論的関係において見出すことで始めるなどということはない」。あらゆる動物と同じく、彼らは食べ、そして飲むことで始める。つまり、関係において「自分たちを見出すこと」ではなく、活動的に行動し、外的世界にある特定の事物をその行為によって獲得し、自分たちの必要を充足させることで始める（かくして彼らは生産することで始める）」。[*109] マルクスの考えでは、私たちが食べたり飲んだり暖炉のそばに座る以前には、場所は存在しない。マルクスのいう「生産」にはネクタリンを食べることの感覚も含まれているが、これはキーツのポストモダンな読者を驚かせることになるだろう。ボードリヤールはいうまでもない。食べることは実践になるが、これは理論的なものと実践的なものの融合を示唆する用語である。暖炉の側に座っているためには、何らかの必要を充足させる必要がある。

　環境と世界についての議論──自分たちのニーズについて美的に（距離をへだてて）瞑想することのできる人間と、自分たちの周りにあるものならばなんであれそれで用を足す動物のあいだでの議論──はかくして人の注意をひくものとなる。[*110] マルクス自身の説明では、人間は自分自身の環境をつくりだす動物である──これをアリに向かって述べてみよう。だが、アドルフ・ワグナーについての注解は、生産と消費のあいだにある通常の区別を消去するので、とても示唆的である。消費すること、いっそう語気を強めていうなら消費主義は、人間が距離を達成することで変容させるか駄目にすることもある、なんらかの「原初的」で「自然」で「動物的」である状態にかかわる問題なのか。あるいはこの距離は、事実上消すことのできないものなのか。より深遠で、関連性のある問いは、次のようなものだ。動物には、美的な瞑想は可能だろうか。

　生産と消費をただ絡まりあっているだけでなくある意味で同一でもあるものとして考えていくことは、自然と人間を対立させるかもしくは私たちにある動物的な側面と人間的な側面を対立させる存在論を一撃で消滅させる。それはアガンベンが、人間と自然の対立という隘路を抜けていく道として性的な快楽を賞賛したベンヤミンを引用しつつ追求していることに似ているなにものかである[*111]。この思考は、存在論、倫理、政治に影響を与える。美的な環境主義とアンビエンスの建造物は、哲学的かつ社会的に固定化された、ただの消費なる観念にもとづく。すなわち、非生産的なものとして規定された消費主義にもとづくのだ。それは客観的には正しいように思われる。第三世界が生産し、第一世界が消費する。環境主義者の倫理はこの区別に立脚しつつこの区別を維持するものでもあると言うのは、あまりにもとんでもないことであろうか。清教徒《ピューリタン》に由来する原生自然の観念は、菜食主義や環境主義者の生活様式と同じく、禁欲を実行する方法である。ガソリン、テレビ、「テクノロジー」の使用を差し控える、というように。その元気旺盛なマルクス主義版は、消費主義への罪悪感を唆す。それは、美しき魂の領域内にうまいことおさまる罪悪感である。フロイトと同じく、マルクスの考えでは、錯乱状態にある快楽の世界からはほどとおい現代の生活では、感覚的なものが供されることはとても稀である。快楽と消費を抜けていく道を考えること、そしてとりわけ感覚的なものと美的なものの次元の関係を考えることは、ものすごく重要である。

ダークエコロジー

美しき魂という鏡の国でふらふらしつつ、私たちは、美的なものそのものに手がかりをみいだす。快楽の観念の重要性を、エコロジーにかんする議論における重要なものとして見定めることで、私たちはすぐ、快楽のまったくの反対物を、全ての動物と同じく回避したいと欲するものを――すなわち苦痛を発見する。エコミメーシスは、それが求める没入的だが冷淡な美的距離により支えられる、偽りの直接性の幻想をもたらすことになる。自然は、もしそれがなにものかであるのだとしたら、直接的に与えられるものであり、そのもっとも単純なあり方においては苦痛である。だが、美的だが美学化されることのない環境的な現象に注意を向けるとき、私たちは、それらが現実でオリジナルなのかそれともコピーなのかよくわからなくなる。かくして憂鬱が発生する。それはジョン・カーペンターの映画『遊星からの物体X』によく現されているが、そこではおそらくは恐ろしいエイリアンが、自然そのものの再生産と模造の過程以外のなにものでもなくなっている。[*112] この再生産の過程は、映画の最初で男の主人公が遊びそして負けることになる、コンピューターのチェスのプログラムによって予示されている。負けたことに激怒した彼はウィスキーのグラスをキーボードに投げつけコンピューターを破壊するのだが、それに向かって彼は「このクソ女《ビッチ》」という。

化け物《モンスター》（ラテン語で*monstrare*は「提示する」を意味している）が現れるとき、それは自身を同化していくなにか別のものの偽装となって現れるか、もしくは、偽装から逃げ出そうと試みる中飛び出し溢れていくこととして現れるのだが、そのとき、流水かもしくは穴から出てくる蒸気のような音を発し、それが大きくなるとき、憂鬱なうめき声に似たものになる。物体Xは、自分自身になることができないという定めにある。物体でもっとも恐ろしいのは、それが火炎放射器で攻撃してくるアメリカ人の探検者のニーチェ的な乗組員と身体的に類似していることである。すなわち、彼らの叫び声は、物体Xのゆっくりとした金切り声と切り離せず、この金切り声は、「私」と発する減速された声の音と区別できない。直接性を提示できないというまさにそのことの悲哀において、美的な次元は、あえて反美学的であろうとする過度に美的なエコミメーシスが私たちに無理強いしてくる直接性を具体化する。

脆弱な「私」が、この状況に取り組むかもしくは否定する。私が書いていているとき……私は自然に没入している。第二の表現は、エコミメーシスの際限のない列挙の手順の隠喩的な集成である。「私は自然に没入している」。「私は宇宙《コスモス》と一つになっている」。これらはクレタ人の嘘の逆説の形態で、つまり、「私は嘘をついている」というような、その真理要求が意味論的な形式と矛盾することになる文章である。たとえ「私」が自然へと没入し、いまだに私として存在することができたとしても、没入している私とは反対の、これをあなたに語る私が存続することになるだろう。たとえ自然なきエコロジーを達成することができるとしても、主体なきエコロジーを達成するのは不可能とまではいかないとしても困難であり、望ましくないとすら言える。サディスト的な道具性を欠いている理性は、非同一的なものへと開かれているとしたら、それはいまだに主体性の一種である。逆説もなければ論理的難点もない同一性の「新たな改良」版を考案することは、私たちにはできない。

私たちは自然に没入しているは、繰り返し唱えていれば意味をもつことになるようなお題目ではない。そう考えるのは希望的観測で、あるいは美しき魂症候群として知られているものである。アンビエンスの究極的な幻想は、私たちには主体なきエコロジーを実際に達成することができる、というものである。エコロジカルな自覚は、驟雨のように、没入的かつ圧倒的に、発生することになるだろう。この点で、実験的な芸術は、現状維持的なエコクリティシズムとさして違わない。いずれもがエコロジカルな享楽の自動化された形態を切に求めている。この自動性が「自然」と呼ばれている。自然なきエコロジーは、まったく異なるものを考案しなくてはならない。自然なきエコロジーは自動化されていない。それは人生の過ぎ去る情景を下支えする連続体によりどころを求めない。その倫理はむしろ倒錯的なもののように――あるいは、選択それ自体にある倒錯的な質を認めていくことのように――思われる。すなわち、可能性を閉ざすこと、死を受けいれることである。それは『森の生活』で「慎重に生［きること］」と呼称されること、つまりは生きていくために森へと立ち戻る必要がない、ということである。[113]

これは重大な選択である。消費主義者のイデオロギー的な選択は、私たちにはまだ選択肢があるという考えを保持している。重大な選択は、もう一度選択することの可能性を閉ざす。それは量子的な選択であり、選択の「還元波」であり、一発勝負である。アンビエント詩学には長所がある。それは私たちに、可能なかぎり多くの可能性を示す。その全てがシュレディンガーの猫のように積み重なっているのだが、それらは、私たちが観察するのを選択する前は、死にながら生きているのである。消費主義の幻想的な形態としてのアンビエンスは、当惑させるくらいに幅広い選択肢を示している。アンビエンスは私たちに、まるでスーパーマーケットにある異なる種類のシャンプーと棚と壁を示す。さらに、その外の駐車場の音、空の鳥と飛行機の騒音、毒性のガスの臭いを示す。アンビエンスの当惑させる質感は、私たちを越えたところには「外側」としての自然と呼ばれる「もの」があるという信念を麻痺させ、作動できなくする。だがもしも私たちがアンビエンスにおいて存在するのだとしたら、間違うことになるだろう。もし私たちがそれを「選択する」のであれば、実のところは自由奔放なロマン主義の消費主義を完全なまでに再生産している。事実、イデオロギーは以前よりももっと強くなったのかもしれないが、というのも、今ではそれは再帰的に選ばれるようになったからだ。もしもアンビエンスが全ての私たちの問題への答えになっているとしたら、イデオロギーがじつのところは「新たに改良」されている。技術的および人工的な事物を私たちのユートピア的な没入空間に含みこむことでハイデガーや低俗な環境主義を出し抜いてしまったと考えるのは面白いかもしれない。だが、アンビエンスに住みつくのは、重大な手本の事例ではない。

重大な選択は、脆い跳躍である。たとえ私たちにはグローバルな温暖化への「責任がある」のではないとしても、それがやってくるのではないとしても、そのために行動する必要がある。重大な選択により、美しき魂は、それが遠ざけてしまった世界を把握する。ここには実存主義の響きがある。キルケゴールは美しき魂を『あれかこれか』に収録されている「誘惑者の手記」という衝撃的なまでに親密なフィクションで描き出している。[*114] 主人公は愛を、厄介で徹底的に偶然的で自信を掘り崩す意識的な選択とは考えず、むしろ、自我が我が身を浸すことのできるアンビエンスとして考えている。彼は、誘惑してくる女性が、隔てられたところにいる美的対象として現れてくるところとしての雰囲気に悩まされているが、彼女が彼と性的に親密になっているときであっても、あるいはとりわけそうなっているときであっても、そうなのである。これはただ想像力にかかわる問題というのではなく、実際に存在している空間の中での位置にかかわる問題である。「部屋の真ん中で座っているとき、前方後方いずれにおいても眼前にいるものの向こう側へと視界が広がり、そして左右のいずれでも果てしなき水平線が広がっていき、雰囲気という広い海の中で人は孤独になっている」[*115]。キルケゴールは、美しき魂を、結婚の美点を賞賛する誰かから主人公にあてて書かれる一連の手紙で構成される後半部分で倫理を美学化していくところで、何度も繰り返し論じていく。[*116] 美的な態度をさらに高度に洗練するからといって、それがうまくいくなどという希望を抱くことにはならない。ディープエコロジーが自然へと没入するのを願うのと同じく神性へと直接的にかかわることを欲する神秘主義者ですら、選択を抽象化することで対象を見失っている。「彼の神への愛は、気持ちや気分において、最高度に表現される。夕べの薄明、霧の季節において、彼はぼんやりとした動きとともに彼の神と一つに溶けていく」[*117]。

だが、美的なものを脱するのはさほど簡単ではない。この問題はキルケゴール本人を苦しめていたが、つまり彼は、「美的なものの領域」の崩落を論じながらも美的な形態を活用し、そして『あれかこれか』をまさに書いていたとき、自分自身を遊歩者として描いていた[*118]。エコロジカル・ライティングは、何をも子ども扱いする美学化と共犯関係にあり、逆説的にも世界を操作可能な対象にするということを暴露するキルケゴールを、私たちであれば有難く思うだろう[*119]。ネイチャーライティングの美学は、原材料と固有性のイデオロギーにもとづいている。それでもやはり、美しき魂への批判を遂行するとき、キルケゴールは美的な次元をあまりにも早急に遠ざけ、鏡の国にみずから陥ることになる[*120]。私たちは美的な次元を諦めるべきではないのだが、なぜならそれは最終的には感覚されるもの（苦痛）の反響だからである。もしも、デリダが認めているように、存在するのはナルシシズムとその反対のなにかではなく、ナルシシズムの異なった形態だけであるのだとしたら、ナルシシズムからの本当の逃走はそこへとより深く潜り込むことであり、可能なかぎり多くの他の存在者を含みこむほどにまでそれを（デリダの言葉でいうならば）拡張することであるだろう[*121]。身体と、（複数の）心に取り憑かれている物質的な世界のジレンマを強調することで、私たちはエコシステムを、要するに相互連関であるエコシステムを、気遣うことになる。相互連関の思考としてのエコロジカルな思考には暗い側面があるが、それは死を超えていく生というヒッピー的な美学でもなければ、感覚される存在者をサディスト的かつ感傷的にバンビ化すること（Bambification）でもなく、私たちは死につつある世界と一緒にいたいという、偶然的であり、必ずやクィアでもある思想、つまりはダークエコロジーを「ゴスに」肯定することにおいて具体化されている。

今は、悲嘆が世界中で続き、鳴り響く時代である。現代の文化は、悲嘆をどうしたらよいものか、まだあまりよくわかっていない。環境主義は、核爆発と放射能汚染、気候変動と大量絶滅のような出来事が引き起こしうる全面的な破局の予感に由来する圧倒的な感覚を掻き立ててそして沈静化させてきた。セオドア・ローザックが先触れとなったエコ心理学は、人々がその個々の苦痛をより広いエコシステムの領野に位置づけることを勧める点で、ロマン主義的なエコロジーの一形態である。「あなたが地球になりなさい。そして、地球で暮らす全ての生き物の仲間になりなさい。私たちを私たちの惑星の習慣へと結びつけている奇妙な事情を理解するには、エコロジー科学がその誠実なとりくみをおこなっている方向にむかって進むのがよい」[*122]。もしも私たちが悲嘆をあまりにも早急に除去してしまうのであれば、私たちがまさに救おうとしている自然そのものをも放逐することになる。

核の守護運動にとりくむジョアンナ・メイシーたちは、悲嘆を乗り越えようとしたり、現在のエコロジカルな危機のひどいトラウマをないことにしようとしたりするのではなく、私たちがただそこにいることを提案した[*123]。私たちはそれを、その無意味さそのものにおいて認識する。ジジェクは環境主義についての意味深長な一文でそれをこのように表現している[*124]。エコロジカルな終末論は、地球など死んでしまえというキルケゴールの願いととても良く似ているのだが、この無意味さを受けいれるのを閉ざすことになる危険を冒している。「嵐よ、もっと強大な力とともに吹き荒れ、人生を、さらには世界を終わらせてしまえ。そして、鬱積した復讐心で、山も国民も文化の成果も吹き飛ばしてしまえ」[125]。終末論は死を超えたところを見ようとし、さらに、見るべきものがなにも残っていない後においても見られていようとする。最後の人間という、エコロジカルな終末論の幻想においては、見る人あるいは読者以外の皆が死ぬ。これらは根本的なデカルト主義を、つまりは語っている「私」と物語の主体である「私」のあいだの意味論的な分裂を再生産する。

お前ら——それがいかなるお前らであろうと——ではなくて私たちが環境破壊を引き起こしたのだということを認めるとき、美しき魂が崩壊する。[126] エコロジカルなテクストは、世界が終わることなどないと頻繁に主張しようとするのにもかかわらず、エコロジカルな終末論を説くその文章表現は、自然は永遠に「逝ってしまう」だろうという考えに夢中になっている。私たちは、自然を経由して私たちみずからの死を想像している。これは自然とはなにの関係もない。本当に自然を愛するとは、私たちと同一ではないものを愛することであるだろう。単なる延長というデカルト的な思想にもまして「私たち」以下のものがあるとしたらそれはなんだろうか。ダークエコロジーは、主体と客体の二元論から逃れることを永遠に試みるのではなく、主-客体の二元性とダンスを踊る。欲望と情熱に満たされたデカルト主義。つまり、事物を愛するにしても、それはハイデガーのいう意味でではなく、客体にある、実際に物言わぬ客体化された性質においてである。自然は私たちの心の鏡ではない。エコロジカルな批評は、客体と主体の両方にある不自然さを認めるべきである。エコロジカルな欲望は上品ではない。「自然な」状態（自然食、自然な関係性など）への欲望は、やむにやまれぬ享楽を覆い隠している。

哀歌において人は去り、環境は私たちの悲哀を響かせる。エコロジカルな嘆きにおいて私たちはまわりから環境が消えていくのに私たちは生き続けていくことを恐れる。つまるところ、私たちが吸っている空気そのものが消えていくのを想像してみたらいい。私たちにはさらなる哀歌を歌うことが文字通りできなくなっていくが、というのも、私たちが全員死んでいくからだ。この絶対的で根本的な喪失を悼むのは、私たちには厳密にいって不可能である。それは母親を喪うことよりも大変なことだ。それは、ジュディス・バトラーが、同性愛的な愛着を喪失するということがいかにその哀悼を不可能にするかについての論考で素晴らしくも素描している異性愛者のメランコリーに似ている[*127]（一般に、クィア理論とエコロジカルな批評の連携が求められている）。私たちは環境へとあまりにも深く密着しているために、それを悼むことができない。私たちはそれである。バトラーにとって、「「真の」ゲイ男性的メランコリー状態に陥っているのは、まったくの異性愛男性なのである」のと同じく、本当のエコロジカルな人間はメランコリーな二元論者である[*128]。フロイトにとって、メランコリーは対象を飲み込むことの拒否であり、喉へのひっかかり、取り込みである。メランコリーは、多くの中にある一つの感情というよりはむしろ、主体性の、縮減することのできない構成要素である。それを異なるやり方で分類しようとする最近の試みがあろうとも、そうなのである。それは自己が母から引き離されつつずっと接続しているまさにそこのところなのである。ダークエコロジーは、肯定的な充足ではなくてむしろ否定的な欲望にもとづく。それは報われることのない思慕で飽和している。それは二元論ではないがそれでも二元性を維持している。ダークエコロジーは、脱構築のためらいかあるいは難問《アポリア》の政治化された表現である。それが「あちら側」にある冷酷な機械であり、害物であり、邪悪な事物であるということを私たちには確信できるだろうか。ダークエコロジーはメランコリー的な倫理である。他者の観念を十全に同化し咀嚼することができないので、私たちはそれが前方に向けて発する光の中にとらえられ、行為できずに行為することの可能性において宙吊りになっている。かくして、重大な選択の強度と拘束への自覚が生じることになる。美しき魂の捉え直しは、深甚な環境的行為である。

　リュック・フェリーは、動物に親切になるための方法として、カント的－ユダヤ的な義務を提唱している。[*129] 私たちは、しなくてはならない。だから、することができる。だがこの決定はつねに、解決できない隙間から発生している。ブリュノ・ラトゥールは、この点でカントに従っている。「カントの義務に関する有名な定義は、「人間存在をただ手段としてだけでなくつねに目的としても扱うべきである」というものだが、これを拡張するならば、私たちは道徳を、手段と目的のあいだの適切な関係にかかわる不確かさとして定義することができる。ただし、私たちがそれを人間ならざるものにも拡張するという、カント主義がきわめて近代主義者的なふるまいにおいて回避したいと欲したことをおこなう限りにおいてではあるが[*130]」。動物が人間であるか、私たちには確信できないが、ここには何か難しいものがある。ミメーシスを意味する言葉が示すように、動物たちは、霊長目とヒト科のための言葉と互換可能であるため、人間と類似している。この憂鬱な態度には美的な形態がある。それはちょうど、語り手ないしは主人公が彼あるいは彼女の世界に徹底的に没入し、そして世界への責任を担うようになることを提示するノワール小説のようである。

美的な次元そのものは、「住処」をめぐる肯定的な議論とエコミメーシスの偽りの直接性に反対しつつ、自然なきエコロジーを否定的なかたちで体現している。古典的なシャーロック・ホームズ型は、物語の上を浮遊し答えを前もって知っている支配者としての探偵であるのに対し、ノワールの探偵物語は、話の筋の中にいる探偵を意味している。ノワールの探偵は、歴史や自然のようにして背後から徐々に迫ってきた物語の中に自分がとらえられていることを知る。エコロジカルな政治にはノワールな形態がある。私たちは、「あちら側」にある「世界」と呼ばれているものを「救う」ことができると考えることで始めるが、私たち自身がそこへと巻き込まれていることに気づいて終わることになる。これが美しき魂症候群への解決である。私たちの活動の領域を、私たち自身にも形式的には責任があり罪をも負っているところとして捉え直すことである。[*131] それは一種の「行為」だが、理論的な行為である。ダークエコロジーは、私たちがいかに自然へと巻き込まれているかについて私たちが語る物語にある自然さを掘り崩す。それは、エコロジカルな破局の影のもとにある暗くて鬱な生活の質を保持する。暗闇の中で口笛を吹き、私たちはガイアの一部だと主張するのではなく、なぜ暗闇とともに一緒にいないのか。

『ブレードランナー』は、『フランケンシュタイン』のすぐれた現代的読解である。*132 ロマン主義的なアイロニーの改作版において、探偵のデッカードは、レプリカントのファム・ファタールについてみずからおこなう分析の中へと巻き込まれ、彼自身もまた（おそらくは）レプリカントであるかもしれないことに気づく。物語には、咀嚼できない悲嘆の雰囲気が蔓延している。この雰囲気には、エコロジカルな批評に資するものがあるだろうか。二〇一九年には、あなたを人間にするのは、動物の苦痛（「熱湯に入れられている犬」やひっくり返された亀）への感情的な反応であるのに対し、人間型のレプリカントは搾取され、もしも抵抗するならば「退職させられる」（殺される）。対面のやりとりにおいて引き出される、この心理的な深層という幻想は、感性への一八世紀的な崇拝のように、ほとんどエコミメーシス的な倫理である。レプリカントにはこの感情に同一化することができず、亀の苦境へと踏み入ることもできない。だが彼らには小さな子どものようにして泣くことができるのだが、というのも、その感情的な年齢が、彼らへと装填された記憶が示唆する以上に幼いからだ。だがデッカードはレプリカントの苦境の奥深くへと入っていく。デッカードの不気味な夢は幻想上の動物である一角獣だが、これが私たちに、デッカードの夢は装填された記憶ではないか（そしてかくして彼は人間ではなくレプリカントではないか）と疑念を抱かせる。社会はレプリカントが「邪悪」であると考えている。動物は敬意を払われているが、よそ者が安楽に過ごすのを妨げるほどにまで近くなりすぎるとき、彼ないしは彼女は脅威になる。だが物語ではレプリカントが主人公になり、革命政治に熱狂する。『フランケンシュタイン』と『ブレード・ランナー』は、人が人ではないときであっても人を愛せよと私たちに命じる。

エコロジカルな思考は、合理的な自己利益であるどころかむしろ、欲望でいっぱいになっている。やるべきなのは自動的なものを自動的なものとして愛することである。この愛がなにごとかを意味するためには、人道主義を環境へと当たり障りなく拡張していくこと以上に過剰で溢れんばかりで危険にみちたものにならねばならない。人道主義は、ただそれとしてある環境を、「あちら側に」いる他者として、犠牲者として放置する。『ブレード・ランナー』では、デッカードはファム・ファタールに、彼を愛していると言うように命じ、彼が彼女にキスしてくれるかどうかと聞くように命じる。これは暴行行為と言ってもいいかもしれない。あるいはおそらくはそれは、彼女が人形であり、彼が彼女を愛しているということをどれだけ言ったところで彼女を説得できないのだが、それでも、愛をひねくれた台本として上演することが真実を語ることになるという事実を尊重している。それは、愛する者にある客体としての性質を認めることであり、かくして彼女を人間のコピーとしてではなくてむしろ彼女のために愛することである。

自然と身体は、ダナ・ハラウェイのサイボーグになった。そして、『フランケンシュタイン』と『ブレード・ランナー』は、サイボーグの世界でいかに生き続けていくかを表わすアレゴリーである。ダナ・ハラウェイのサイボーグ宣言は、政治化された自己同一性の逆説をなおも鮮やかに描き出すものであるが、それでも、今はそれを修正すべきときである。「私は神ではなくてむしろサイボーグになるだろう」とハラウェイは書く。[*133] 私は木に抱きつく環境保護運動家ではなくてむしろゾンビになるだろう。[134] レスリー・M・シルコウの『使者の年鑑』は、哀悼される対象になるのを拒む死に損ないのネイティブアメリカンの膨大な記録である。[135] ディープエコロジーは死者をあまりにも早くに埋葬する（全てをガイアの表現へと還元する）が、近代はそれらを、物体を相手とする戦争という馴染みの物語のもとで明るく照らす。そのあいだに、放射性廃棄物の大群が世界に憑依する。私たちは世界を「より清潔」で毒性がなく、感覚能力のある存在者にとって有害でないものにしようと働きかけるが、他方で、私たちの哲学上の冒険は、なんらかのやり方でその正反対のものになるべきである。私たちは粘着性の汚物の中にいるというだけでなく、私たち自身が汚物なのだが、私たちはそこにひっつくやり方を見出すべきであり、思考をより汚いものにし、醜いものと一体化し、存在論ではなくてむしろ憑在論（デリダの言い回し）を実践すべきである。[136] 黒い服を着て、アイライナーを塗って、顔を白塗りにして、キラキラした音楽をかけて外に出よう。これがダークエコロジーである。

ここには奇怪な逆説がある。今や機械（真に自動化された延長）が心と身体と動物とエコシステムにかんする私たちのモデルの基本にあるために、連帯は期せずして選択されるものになった。マルクスは、共同体ではなくて集散体へと到来することの可能性を素描する。「個々の蜜蜂がその巣から離れていないように、個々の個人が、まだ種族または共同体の臍帯から離れていなかった……資本主義的協業が、協業の一つの特別の歴史的形態として現われるのではなく、協業そのものが、資本主義的生産過程に特有な、またこれを特殊なものとして区別する、一つの歴史的形態として現われるのである」[137]。同じ否定的諸条件のせいで、協業は強制されるのではなく、むしろ「自然発生的で自然に生じる」のである[138]。いかにして集散体は発生するか。これはいくつかの近代の生物学、とりわけ社会生物学が好む問いである。E・O・ウィルソンの見るところ、人文学と社会科学は、生物学と化学と物理学の土台の上にきちんと鎮座している[139]。数学では、カオス理論が、見たところでたらめな出来事がいかにして「自発的かつ自然に」合同できるようになるかを概念化した。だがこれらの理論はしばしば資本主義のイデオロギーを反復している。株式市場のふるまいは雲のふるまいに似てくる[140]。不思議なことに、蟻の巣はまったくの無秩序と最小限の秩序感覚のあいだのどこかでまとまっていくが、それはテキサスの市民のようである[141]。惑星のリズムと富に調子を合わせる「自然な資本主義」という考えにはこのようなものがある。それはどことなく自然発生的に生じてくるが、というのも、それはいっそう論理的で、利益をもたらすからである[142]。

これは「新たに改良された」問題の政治版である。「創発」のなんらかの特殊な形態(リオタールのいう「ニュアンス」のようなもの)は、秩序とカオスの通常の区分の「あいだで」不思議にも存在している[143]。政治の究極的な美学化においては、私たちはゆったりと座り、くつろぎ、自己組織化する労働の自動化された過程を私たちのために働かせる。動物と気象は、その独自性、差異、奇妙さにおいて現れるどころかむしろ、あまりにも人間的な政治の代わりになる。左派的な高揚感の産物であるハートとネグリの『帝国』にはこの調子がある。共産主義者であるという気分は、エコロジカルな包容力のあるアッシジの聖フランチェスコを召喚することでこの本を締めくくるのだが、それは「抑えがたい快活さと歓び」[*144]を賞賛する点で、消費主義の気分に似ている。協力はここでは選択されない。[*145]

組織化と調整の問題は、現代芸術の特徴になり、新しい有機体主義を台頭させている。組織化の「創発的な」形態は、時代遅れのロマン主義的な有機体主義と関連しているが、これはまた、機械化の問題を美的に解決する方法でもあった。外的で、機械的で、あるいは確率的な(でたらめな)構成の過程を活用する環境芸術は、新しい有機体主義の一形態である。古い有機体主義は、天才(神と人間の世界のあいだに介入した悪魔的な精神という古典的観念)が今や創造的な芸術家の内部にいたという考えを広めた。人は天才になることができた。天才は、工芸品ではなくて芸術作品を創造し、生産の水準にある古典的な隔壁を押し広げた。これらの創造物は、みずからの「生命」をもつ自動的存在者のようにしてふるまった。有機的な形態は「みずからをその内側から形成し発展させることのできる生命の徴」であった。「形態は外的なモデルではなくてむしろ生命に対応している」[*146]。

新しい有機体主義では、天才は芸術家の外側に再配置され、進行役、つまりは案内人になる。芸術家はなんらかのパラメーターを設定し、なにが起こるかを見るために観察する。実際のところ、彼ないしは彼女は、消費者の態度を保持している。ニューヨークの音と光のドリームシンジケートの創始者の一人である、ラ・モンテ・ヤングのスコアについて考えてみよう。「ドアと窓を開け放ったまま、一匹の蝶(あるいは何匹かの蝶)を上演場に解き放つのだ……蝶が飛び去るとき、作品が終わることになる」[*147]。まさしく古い有機体主義におけるように、内容が形態と合致する。予め定められた閉域はない。だがこの合致は、「外部」において、想像的なものよりはむしろ現実において起こる。あるいは少なくとも、これは観念である。

外部化された天才は、ゲニウス・ロキ、つまりは場所の精神なるものへ戻ったが、それを芸術家は、より技術的に洗練された方法（超低周波のマイクロフォン、確率的な技法、即興）によってではあるが、とらえようとする。空気は、詩そのものの、形が崩れ、無形で、外部化された表現である。ジャクソン・マック・ロウやジェフリー・ロビンソンによる分離・接合的な詩では、基本となるテクストからどの言葉が選ばれるかを、アルゴリズム的な過程が決定する。たとえば、ある言葉の中で、なんらかの文字の結合が選択される。詩人は、その言葉の中にある文字で始まる基礎となるテクストの中に言葉を見出す。ロマン主義――とりわけコールリッジの提唱するロマン主義――は、想像と思いつきを区別した。すなわち前者では、内容と密接に適合する形式を見出すことで有機的な形式を産出するのに対し、後者では、外から機械的な形式を押し付けていった。新しい有機体論は、思いつきは実のところ想像力の反転された形式であることを発見する。ロマン主義の時代から、ポストモダニズムおよび「ことば遊び（L=A=N=G=U=A=G=E）」の詩に向かう詩の系譜を辿ることができる。最近の芸術は、ロマン主義から逃げていくどころかむしろ、その重力場へと立ち戻っている。ピーター・オットーが述べているように、「私たちの近代がみずからをロマン主義の形式において再創出し再形成し続けているのは、私たちがいまだにロマン主義によって開かれた時代に属しているからである」[*148]。有機体主義は、自然発生的な生成を重視している。正しい条件を与えてやれば、詩はキュウリのようにして成長する。そしてそれは、内容と形式の正確な一致を重視する。新しい有機体主義は、自動化された芸術生産とエコシステムのあいだの並行性を発見する。私たちの目的のためには、第三の用語が関わってくる。自動化された資本主義であり、自由市場の「見えざる手」の猛威である。

新しい有機体主義はおそらく、古いそれよりもいっそう奇妙である。新しい有機体主義では、「創発する」形式の組織化——花の開花や雲の広がりと比べられる——は、何らかの本質的にアルゴリズム的な過程に基づいている。構成の過程は可能なかぎりで機械化されている。新しい有機体主義の主唱者が、アルゴリズムと自然世界の類比関係を反転させることが稀にある。創発するアルゴリズム的な機械の過程が自然世界に似ているとしたら、その場合、自然世界がまったく自動化され、機械化され、反復的になることがある。つねに有機体主義は、物質的で機械的でもあり自動化された構成要素を含み、有機体という言葉（ギリシア語で ***organon*** は機械と道具を意味している）そのものに潜在している構成要素を含んでいたことを、私たちは事後的に見出す[*149]。伝統的な自然観を不快に思うポスト・ヒューマンな思考は、この考えに魅力を感じている。ポスト・ヒューマニストは、ウンベルト・マトゥラーナとフランシスコ・ヴァレラのような思想家の中に、伝統的に主体と客体と呼ばれていたものをフィードバックの円環の開かれたシステムとして見ていく方法を見出し、私がここで記述している修正された有機体主義に近い「オートポイエーシス」の観念を発展させている。[*150] だが本書をつうじて提示された理由のため、このような甘い考えが通用するとは私は信じない。内と外の区別を超えているかもしくはその下部（私がすでに論じたように、外部）にあり、全ての他の区別の立脚点となるようなものがあるなどということではない。

コールリッジがこれを理解したのは、芸術のインスタレーションの世界に先立つ環境的な道具である、風のような音を発する竪琴に魅了されていた状態からさめたときであった。風音を発する竪琴は、（邪悪な）自然の潜在力を召喚したために、中世には悪魔のようなものと考えられていた。[*151] だがロマン主義時代には、コールリッジやパーシー・シェリーのような著者は、芸術とさらに人間の意識そのものには風音を発する竪琴の質感があるという考えに苛まれていた。ロマン主義の著作家は、観念論の抽象へ高く飛翔するどころかむしろ、今日の強力な人工知能の理論のように、組織化された物質から「創発する」意識についての物質的な理論を発生させた。コンピューターのためのチューリングのそもそものアイデアは、いかなる機械にもなることができ、みずからをプログラムすることのできる機械のためのアイデアであった。チャールズ・バベッジは、コンピューターのための最初のモデル（階差機関と解析機関）を作成したが、そこで活用されたのは、職人たちから職を奪ったジャカード織機であった。それらはバイロンの娘のアダにより「プログラムされた」。

この新しいアンビエントな有機体主義は、内にある真実がDNAのようにしてみずからの身体を生成させる――「作者」の自発的な選択なしで――というロマン主義的な考えをひっくり返す。芸術の生産を自然システムと比較しつつ、新しい有機体主義は、自然を純粋な機構として、アルゴリズム的な過程の一続きとして考えることの可能性を開く。たとえば小型の太陽光発電システムで稼働する、音を発しつつ動き回る機械である、「電子制御装置の生活形式」を生産する最近の芸術の現象などがそうである。アルゴリズムは、類推関係で結ばれている芸術と自然の両方の側に存在している。芸術は観測装置になり、電波望遠鏡になり、気象観測気球になる。さらに興味深いことがある。まずは、総体としての自然のためのアルゴリズムは存在するかが問われている。芸術家の中には、自分たちの作品を、雲の形成と比較するのに興奮している人がいる。だがこの人たちがそうするのは、音楽のこの楽曲部分を、向こうにあるあれらの特定の雲と比較するためにではなく、雲の形成のなんらかの一般原理と比較するためにであるが、さらに一般化していうと、カオス的な流れから生じてくる自然と呼ばれるなにものかと比較するためにである。政治的には、これはリバタリアニズムの形式である。音楽はただ起こるだけであるというジョン・ケージの思想は、アドルノのマルクス主義的な音楽論と真っ向から矛盾するものであったが、アドルノにとって芸術は、たとえそれが芸術の特別の重要性と質により贖われるものであったとしても、選択の「暴力」がそのまったき存在を行使する場所であった。

しかしながら、芸術のアルゴリズム的な過程をそれとは別の自然の過程と比較するのは、私の詩はサンフランシスコ湾の潮流のパターンに似ていると言うことほどには魅惑的でない。エコシステムがなんらかの機械的パターンに従って展開するとしたら、そこにはいかなる謎もない。アンビエントな芸術は、現実的なものの目に見えない足跡《フットプリント》を追求する。だがアンビエントな芸術がこれらの足跡を目に見えるものにするやいなや、これらの足跡はもはや足跡ではない。カオス理論と創発するシステムにかんする科学的な言語を援用するとき、アンビエントな芸術には二股かけることができず、それが発見するものを不可視にしておくだけである。最終的に、アンビエントな芸術は純粋で単純な科学になる。多くの現代の芸術家は、自分たちを科学的なやり方で演出している。だがこの身ぶりは身ぶりである。彼らはロマン主義的な天才になり、同時にゲニウス・ロキのためのポストモダンな門番になることを欲している。彼らは自分たちの消費が、いやそれどころか消費主義が、生産の一形式として賞賛されるようになることを欲している。「俺の購買習慣と、ミキシングの才能を見てくれ」とDJは叫ぶ。芸術家、そして天才は、読者であり、おそらくは常にそうだった。ロマン主義の詩は自分たち自身を読んでいるように思われるが、つまり、生産と消費の「あいだの」不可能な空間で宙吊りになっている。私たちは、選択の不安の別名である、美しき魂症候群に戻っていく。

　芸術と自然の両方がアルゴリズム的であるとしたら、未知であることの未知性、つまりはアンビエントな芸術が把握しようとする不可視性は、すでに可視的である。それはすでに決まっている。つまり、かつての国防総省長官であるドナルド・ラムズフェルドのおぞましき言葉遣いで言うところの、「未知である既知」である。観衆は蝶が去るまではその羽音を音楽として聴くことになるという期待感の中で、蝶が会場に放たれる。電波望遠鏡が宇宙の深部へと向けられるとき、何らかの周波が地球外生命体の存在を知らせてくれるであろうという期待がある。コンピュータープログラムの愛好会でかつて言われていたように、「くだらないもの《ブル・シット》を入れ、くだらないもの《ブル・シット》を出す」だけのことである。不可視のものの不可視性を保つことは、アルゴリズム的な過程が環境芸術の実践ないしはその内容を特徴づけるはずであるという考えを放棄することである。

もしも芸術が本当に科学のようになったとしたら、アイロニーは、Tシャツに書かれたスローガンのような美的な素振りではなくてむしろ誤ったものになろうとする意志のようなものになる。すなわち、同一的でないものと出会おうとする意志である。アイロニーは、私たちの頭の中にあるものと事実との、清々しくも首尾一貫した不一致である。政治的ないしは精神的な燃え尽き症候群どころかむしろ、それはエンジンを稼働させる潤滑油である。その影響のもとで、自然の不可思議な性質は消滅するが、これがラディカルな政治を推し進めることになる。ブレイクはずっと、「不可思議なもの」を自然のイデオロギー的な力と関連させてきた。環境芸術は、予見可能でありながら奇妙でもあるということを二つながらに行うことを欲している。著作権料の支払いなしでインターネットからダウンロードできるが芸術性のアウラを保持している不可思議な機械の創造を欲している。

「自然である」機械的過程は、怪物的である。このことを適切に見ていくには、未知のものの未知性を保持することが求められるが、ただし、それを美的な不思議さとして保持することではない。それは、感覚能力をもつ存在者を作動させる循環的な過程である、精神分析的な欲動の観念に接近する。修正主義的な美学の「新たな改良版」の学派が最終的に辿るのは、芸術を欲望の対象から引き離して欲動の対象へと向かわせていくことである。これらの欲動つまりは循環的な過程には、無意識のままで、未知のままであることとの権利がある。これらを意識化することにより書き換えることには（このマントラを唱え、あなたのセックスへの欲動を高めなさい！）、ファシスト的な特徴が刻まれている。「無意識の権利」は自然の権利を下支えする。しかしながら、問題は、意識化されずに放っておかれていることの権利以上のことなのだが、というのも、無意識のイメージがイデオロギー的に固定されることなく平和に一緒に繁殖しつながっていくからである（私たちにはつねに、、、このような遊びをイデオロギー的なゲームセンターにすることができる）。

私たちは、他者（たち）が自分らの欲動を充足するのを手助けするのを選ぶという、倒錯的な必然性に当惑している。これは『AI』という、スタンリー・キューブリックがスティーヴン・スピルバーグへと製作を委ねた映画の中の一場面であるが、これはまさにこのふるまいにおいて、自動化された存在物の権利という基本課題を認めている。スピルバーグのどうしようもなく低俗で感傷的な映画は、特殊効果を重視する反面、行動は乏しいものだが、近未来の機械である子ども型レプリカントが自ら認めた欲求（あるいは、プログラムされた欲動？）を充足する、はるかな未来の機械を描き出している。この物語はストラヴィンスキーのペトルーシュカ（*Petroushka*）に似ている。子ども型機械には本当に魂があるのか、あるいはこれはまた無活性の「思考する事物」（デカルトのいう *res cogitans*）なのかということは、最後になっても、私たちには決して言うことができない。環境はつねに、主題として現前している。遠い未来の氷河期として、ロボット（「メカ」）が人間（「オルガ」）の享楽のために処刑される（あるいは分解される）ところである騒々しい広場での「諸機械のたえまないざわめき」として、現前している。だがそれはまた、自動化の倫理の隘路において理論的なこととして現前している。私たちは機械に親切にしているかどうかずっと知ることがない。

エコクリティークは、他者（たち）が自分たちの欲動を充足するのを助けることが必要であるということを、反動的な「生への権利」およびレオポルドの保守的な「土地の倫理」から、注意して区別しなくてはならない。「物事は、それが生物共同体の一貫性と安定性と美を保とうとするときには、うまくいっている。それがそうでないときには、間違っている」[*152]。一貫性と安定性と美は全て、美学的な基準である。この三組における「美」の存在は、一貫性と安定性の有機体主義から注意を背けさせるだけである。レオポルドの「共同体」は、意識を持つ存在とアンビエンスの活気に満ちた表現のあいだで揺れ動いている。「山のようにして考える」のような論考がそれを準備する。[*153]レオポルドは、自分が環境主義を美学的な用語で語らざるを得なくなっていることをよく自覚していた。[*154]彼の議論はまさしくカント的である。「知覚のめざましい特質は、それが資源のいかなる消費も減少も引き起こさないということである」[*155]。したがって、野生の自然をこうやって知覚することは、消費なき消費主義、消費主義の純粋な形態である。

ロマン主義の時代には、芸術はすでに、エコロジカルな政治の究極的な形態としての欲動の政治に近接していた有機体主義の観念を問い直していた。『フランケンシュタイン』がエコロジカルな小説なのは、それが私たちに、自然についての既存の考え方を気遣うよう強いるからではなく、自然観そのものを問い直すからである。怪物は、消し去ることのできない個別性の代わりになる——そしてしたがって皮肉にもこの個別性そのものを一般化する——どころかむしろ、疎外された一般性を現している。彼の存在が私たちの人格性を支えているという意味で、彼は自然にかんする本質主義者の観点を描き出している。だが、彼の本性は嫌悪させるもので、針の縫い目が見えているかぎりでは、この「本質」には恣意性と代補性が含まれている。いかなる体であれ、誰であれ、怪物の材料になりうる。フランケンシュタインの怪物は他者ですらないが、というのも、彼は私たちの眼差しに応じることができず、空白の画面として機能することもできないからだ。彼は美しい啓蒙の散文を話す、恐いくらいに嫌悪させるもので、まばたきをする目を備えた、屠殺業者の肉の砕片である。この人工的な客体は、殺人を犯しその殺人行為を彼の環境——つまりは人びと——のせいにしつつ、血を流し、菜食主義と同情について悲しげに語っている。フランコ・モレッティとクリス・ボールディックが論じたように、一九世紀の間中、この怪物は、ブルジョワジーが作り出した労働者階級と見なされていた。彼はまた、同性愛嫌悪的な魅惑の対象でもある。フランケンシュタインがこの怪物をつくろうとするのに没頭することには、その燃え盛る欲望がほのめかされている。[*156] 批評はさらに、怪物の中に、人種差別主義者の幻想という首尾一貫しない対象を見出していた。[*157] 怪物が欲するのは、原生自然のように孤独に放置されることではない。誰かが自分自身の欲望に忠実になり、仲間をつくってそのことで自分が平和に過ごすことができるようになり、自らの欲動を再生産することができるようになることを欲するのだ。彼が指し示すのは、脱人間的なエコロジーへの道だろうか、それとも、来るべき人間性への道だろうか。私はよく考える。ポスト・ヒューマニズムの問題は、私たちがいまだに人間性に到達していないことであり、人間性とポスト人間性には、デリダが「動物を追う、ゆえに私は〈動物で〉ある」と呼ぶもののための時間がないことである、と。

怪物を気遣うのは、自然なるものの核心にある奇怪さを認めることだろう。それは、エコロジカルな観点からみて破壊的な享楽の様式である性的快楽のための対象化（私たちが「自然」と呼ぶもの）を解体する、物神崇拝者の倫理——標準的な観点からいうと、一種の頽廃——を意味している。アドルノはこれを、逆説的にも退廃的な倫理的行為——動物の権利における正義の極端な形式がその例である——による、「進歩」という破壊的観念の崩壊と考えている。美しき魂には美がある。「目的から、完全に、人生を棄てるかのようにして距離を置くのは、たとえ偏狭でわがままなくらいに頑固なものであっても、産業の偽りの目的性の正反対のイメージである。そこでは全てが別の何かのためにある」*158。『フランケンシュタイン』は、このような「ねじれた」倫理的形式が発生するための社会的諸条件がいかにいまだに整っていないかということについての作品である。フランケンシュタインの怪物は、読者の視野の「前方」へと引っ張り出された環境の、ゆがめられたアンビエントな部類のものだが、つまり、まさにその形式がひどい分裂を具体化している「現実的なものの回答」である。疎外された社会の残酷さの恐ろしいほどの醜さであり、啓蒙された反省の苦痛に満ちた雄弁である。このような醜い対象なくしては、美しき魂は必要とされないだろう。もしも毒まみれの森に話すことができたら、それはフランケンシュタインの怪物のように聞こえるかもしれない。エコクリティークはこのような無垢の前兆に反応せねばならない。

『フランケンシュタイン』が示す前兆は、ディープエコロジーの反対物である。なすべき課題は、不快で不活性で無意味なものを愛することである。エコロジカルな政治は、エコロジカルなものについての私たちの視野を、たえまなくそして容赦なく再設定しなくてはならない。昨日は「外側」であったものが今日には「内側」のものになるだろう。私たちは奇怪なものと同一化する。私たち自身が、ガラクタの小片と細片でみすぼらしくつくられている。もっとも倫理的な行為は、他者をまさにその人工性において愛することであって、その自然さや本来性を証明しようとすることではない。皮肉なことにディープエコロジーは自然世界を実際に偶然的な存在として尊重せず、むしろ、自然なものの観念の代用物として尊重している。ディープエコロジーはこの点で、人間は有機的な総体にとってウィルスのような寄生物だと言い張るほどにまで極端になっている。

反対に、ダークエコロジーは、対象を理念的な形式へと消化するのを拒絶する、倒錯的で憂鬱な倫理である。弁証法の細密な傑作である、素晴らしくもひねりのきいた文章で、アドルノは本当の進歩を次のように言い表す。「進歩は次のことを意味する。人間は、呪文にかけられた状態から、進歩の呪文のもとにはもはや縛られることのないものとして現れてくるが、それは自分が自然に生まれついていることに気づき、さらに、自然への支配を停止することによってである。というのも、人間による自然への支配をつうじて、自然はその支配力を維持するからだ[*159]」。自然なる観念を存在の一つのあり方としてつくりだすのを拒否するとき、ダークエコロジーは、この「急停止」の側面の一つであり、エコミメーシスの心落ち着かせるアンビエントな音ではなく、非常ブレーキの甲高い音を発生させる。ダークエコロジーは、もしそれが実践されていたとしたら、レプリカントを潜在的に完全な主体としてではなくレプリカントとして愛するよう私たちに命ずることになっただろう。私たちの内においてもっとも客体化されているものとしての「無数のどろどろした事物」の価値を正しく認める、ということである。これが本当にエコロジカルな倫理的行為である。この点で、ダークエコロジーは、ロマン主義とは袂を分かつ。というのもロマン主義は、ヘーゲルの弁証法に従うからで、その自己と他者の有和の物語においては、他者は見かけのうえで自己へと転じているのに過ぎないからだ[*160]。ダークエコロジーは、他者を自己へと転じることによってではなく、倒錯的にも、事物をそれがあるがままに放置することで、美しき魂のジレンマを乗り越える。そのものであるために、赦しにおいては、カエルにキスするやいなやそれが王子に転じるなどとは期待されない。かくして赦すことは、根本的にエコロジカルな行為である。それは、エコロジカルなものにかんして確立された概念の全てを超えたところでエコロジーを再定義する行為であり、他者と徹底的に一緒にいようとする行為である。そして、ここにいること、つまりは文字通りこの地球において存在するということ（現-存在）は、赦す必要があるということをともなうが、それはつまり、あそこにいるなにものにも私たちには責任があり、究極的には「私たちの落度」であると考えるのと同じくらいに徹底的に考えてみることを意味している。[*161]

事物を、装われた人格としてではなくて事物として愛することは、二つの形をとる。第一に、私たちは倫理的な選択を倒錯した飛躍としておこなう。それは、レプリカントと同一化するという選択を、他者の人工性を保持し、他者性を自然化したり崩壊させたりしようとしないという条件下で行う、ということだ。第二に、私たちは、閉所恐怖症的になった環境に、おのずと魅惑され続けている。「私は思わず［奇怪な他者］をたたえた」（コールリッジ「古老の舟乗り」）。どれほどに広大なものであれ、あなたの心の状態からの脱出口のない領域以上に閉所恐怖症的なものなどありうるのか。これが「古老の船乗り」第四部にある海である。たしかにこの海はあなたがいるところなのだが、地球がどれほど広大であろうと、その毒性が海をきわめて狭苦しいものにする。本当に出口がなく、サディスティックで美的な距離を実現できないかぎり、恐怖症的な魅惑は親切さへと転じる。すなわち、意識が対象にむけて注ぎ続ける、持続的な注意へと転じる。

これらの二つの契機は、環境芸術の倫理的な転倒である。枠を無の周囲に設置すること（ミニマリズム）は倫理的な行為の第二の形態だが、というのも、私たちはただ「枠の中ではなんであれ起こるがままにしておく」からである。そして枠は狭苦しくなるが、それは外側にあるものが今や内へと含まれているからである。枠がなく形もないものを展示するのは、第一の倫理的選択に対応している。私たちはやむにやまれず対象と同一化するが、適度に美学化する距離をまったく保つことができない。ダークエコロジーは、かつて美的なものと呼ばれていたものの空間を、なにかよいことがやってくるまでは開いたままにしておく。皮肉にも、エコミメーシスにかんしてもっとも問題含みのこと——書き続けることをバカらしいほどにまで「延長していく」——が、この点では美的なものを救うことになる美点であり、自然と呼ばれる枠からそれを取り出すのを可能にする、首尾一貫することがないという性質である。エコミメーシスがそのイデオロギー的な内容と首尾一貫しないために、それは「自然」であるというだけでなく、オリエンタリストであり、人工的にもなりうる。

本当に深い《ディープ》エコロジー

現在のエコロジカルな緊急事態において求められるのは、理論的に考えるには快適である必要などはない、ということである。ここでジョン・クレアの深刻な鬱の詩が心に浮かぶ。クレアは普通は、微細で特殊な事柄を題材とするエコロジカルな詩人の原型とみなされ、修正されたロマン主義の規範における、本物で、本当に不穏な労働者階級の現前とみなされている。鬱な詩は、一般的な自然詩の企図から逸れているどころかむしろ、それに不可欠である。それらは、ここに、いるという想念を、もっとも深遠で形式的なやり方で提示する。いかなる特定のエコロジカルな内容をも越えて、実際はしばしばそれにもかかわらず、語り手は生き残っている。ありとあらゆるユーモアの中でも、メランコリーが地球にもっとも近かった。ベンヤミンは、ドイツ悲劇についての研究で、バロックの重厚な唯物論を探求しているが、彼の主張では、その感情的な類似物は、劇の主人公たちの止むことのないメランコリーである。*162 エコロジカルに言うならば、苦痛で耐え難く悲嘆を生じさせるものにこうしてとどまることが、私たちがまさに今必要としていることではないのか。「私は生きている」という詩を解釈してみよう。

私は生きている。だが、私のことを誰も構ってくれない、
　忘れてしまったのか、友だちは見向きもしてくれない。
私は悲しみで自分の命を縮めている人間なのだ
　悲しみが過去の亡霊のように群れをなして出没する、
あるものは忘れ去った懐かしい影、そして死の影。
だが、私はまだ生きている、周りに纏わりつく亡霊と共に生きている、

そしてやがて侮りと罵りのない世界へと消えてゆき、
白日夢のどよめく海原へと去ってゆこうとしている。
そこには生けるしるしもなく喜びもなく、あるものは、私が
生涯を通じて築いた名声の難破した姿かもしれぬ。

親しかった者たちも、――かつて私が心から愛した者たちも、
今では私に冷たい、いや、他人以上に冷たい。

私は行きたい、男が誰も足を踏み入れたことのない場所へ、
　女が未だかつて微笑んだことも泣いたこともない場所へ。
私はそこで、創造主なる神とともにいつまでも住みたい、
　そして、子どものときのように安らかに眠りたい。
誰にも迷惑をかけず、誰からもかけられず、横になりたいのだ、
緑の草を褥に、大空を頭上に仰いで……。[*163]

表題がデカルトを参照しているのは明らかなはずだ。今ならばあなたは、これはそのもっとも暗い時刻におけるデカルト的な主体であったと考えるかもしれない。純粋に空虚な自己言及としての主体であるか、あるいはラカン的な意味での$\$$である。そして、おそらくはあなたは正しいだろう。一読した感じでは、エコロジーにもっとも接近するのは最後の二行連句で、そこで語り手は不可能な安らぎを願っている。そしてここですら、「頭上」の意味には曖昧なものがある。語り手は彼の頭上の大空とともに横になっているのか、それとも、天国で、「大空の上で」横になっているのか。

だが、この希求と不可能性の形態そのものがまさに、詩にかんしてもっともエコロジカルなものである。私は第一章で引用した平和の観念についてのアドルノの見解のことを思い起こしている。語り手の個性は、空白な意識の純粋な開かれた空集合へと縮小し、アンビエントな雑音と困惑させる他者性に満たされてしまう。第一節と第二節のあいだにはこれが法外なまでに生じるが、ここで読者の目は、詩句の終わりへと達するためにも行のあいだの広大な溝のあいだにある無の中へみずからを「放り出さねば」ならなくなる。カリフォルニアで言われているように、ハイデガーの農婦と比べてみるならば、この語り手はあまりにも取り乱している。というのも、農婦はみずからの靴により、封建的なもののリズムに結び付けられているからだ。ここに彼らはいる。地球の上で、糞便のように感じつつ、まさにここにいる。もっとも深いエコロジカルな経験は愛と光に満たされているだろうとなぜ私たちは考えないのか。私は存在する、ゆえに私は疑う、ゆえに私は考える、ゆえに私は存在する、ゆえに私は疑う。私は人生が単純であることを欲している。

疑念は精神をあまりにも消耗させるので、草と空へと到着する前の私たちは、語り手のえぐり出された内面から形成される環境についての、亡霊のようでアンビエントな表現をすることになる。語り手には、自分をとりまく他なるものが本当のところ存在しないということが、痛々しいくらいにわかっている。それは「侮りと罵りのない世界」である。(私はたまねぎだというように)詩がみずからをなにものかとして表明する、古い英語での難問のように、「私は生きている」は、詩そのものの立場を指し示しているのではないか。すなわち、それは無において宙吊りになっている準

―客体としての立場であり、みずからをそのものとして知ることのできないなぐりがきの首尾一貫しない集まりとしての立場である。[*164] 鬱なロマン主義の詩は、マラルメの抹消語の実験に、興味をそそるほどにまで近接している。いずれの場合にも、詩のまったき不明瞭さがその主題になり、私たちを逆説へと巻き込んでいくが、というのも、詩にその不透明さをもたらすのはまさにその「内容の欠如」であるからだ。霞と霧のうしろにおいて私たちは、ダッシュ記号で象徴されるどんよりとした不活性状態を垣間見るが、それは感覚的なものの真のふるまいであり、深い主観性の幻想である。印刷された文章では、ダッシュ記号は記号のあいだでのただ不活性的な一呼吸であるが、この息が通り抜けることになる喉のことを私たちに意識化させる。あなたが行くところならばどこであれ、あなたは存在している。それがまさしくここであっても、あなたは存在している。詩の不活性、その重力場は、疑念を抱く頭の部分が草と空の上方にあるなんらかの抽象的な領域に逃避するのを許さないが、とんでもないやり方で草と空を鬱と疑念へと接続する。私たちは、伝統的で有機体論的なクレア読解から遠く離れたところにいる。私たちはまた、ジョナサン・ベイトの『ロマン派のエコロジー』で賞賛されている、ジョン・スチュアート・ミルによるワーズワース読解の癒やしの詩学から遠く離れたところにいる。[*165] クレアは私たちに、泥土から我が身を引き離すのではなくむしろそこにとどまることを欲している。もしも「私は生きている」の最後の行を字義通りに読むとするなら、これがまさしく私たちのいるところである。[*166]

今や私たちは、クレアのエコロジカルな詩の経歴を、「私は生きている」というめざましい出来事からさかのぼって読むことができる。まずは、「私は生きている」は、そもそものエコロジカルな感性からの強烈で悲劇的でもある離脱である。クレアは、彼の詩人としての自己像の最終的な形態を、草と空として最小限度に知覚されうる地球をわずかに希求することのできる空虚な無として抱いているように思われるが、それはベケットの戯曲〔『勝負の終わり』〕に出てくる、窓の外を見ている登場人物のようなものである。だが、「私は生きている」には、クレアの作品を事後的に腐食していく効果がある。それは私たちに、たとえ自己充足的で、有機的で、封建的だとみなされている村の観点からであってもクレアは別の者のために詩を書いていたということをわからせてくれる。ベイトの書誌は、このことを、おそらくは迂闊にそして皮肉なことに明らかにするが、というのもそれはクレアの詩学の核心に特定のエコロジーを確たるものとして定着させていくからだ。それは囲い込み《エンクロージャー》のような資本主義の処置により消されていく封建的な共同体と習俗の残滓に寄り添い観察するということを特徴とするエコロジーである。書くことそのもの、出版、ロンドンの編集者、著作物の販売といったことの全てが、封建的なものの消滅を意味するようになる。だが出版の見通しがなく書いているときであっても、クレアの作品はその内側から他なるものへの意識によって追いやられていった。彼は自分の詩を身近な人に向けて匿名的に読むのだが、それはもし読者たちがその詩が彼によるものであることを知ったなら作品を馬鹿にするかもしれないという厄介な怖れゆえのことである。[*167] それが説得力あるものとなるためには、どこか別のところからやってきたとでもいうようにして、聞こえるようにならねばならない。素朴さは、クレアがよく理解していた詩の文彩そのものであった。そして彼の自然への詩的な愛情は、それ自体、普通の村落生活から排除されたものであった。[168]

その全てが、書くことの問題に帰着するのだが、それはデリダの見解そのもののように、言語にかんして誤っていると思われるものの全ての重荷を背負っている。それはじつは決してあなたのものではなく、つねに撒き散らされ、差異的である。最近のテクスト批評は、文法の働きを空間化し追いやっていくための換喩（ないしは隠喩）であるロンドンやら資本主義やらの腐敗の背後かその前にいる、原初的で本物《オーセンティック》のクレアを発見しようとしている。エコロジカルな文芸批評は、人工性の下部にいる自然なクレアを発見するというこの課題を、自身のこととして引き受けてきた。[169] だがベイト自身は、本物で文法的でないクレアという、修正のせいで駄目にされたイメージが、原初のクレアが消費主義の対象になるところである所有権争いの幻想の一部であることを認めている。[170] 文法を苦痛とともに意識することは、つねにクレアの詩学を横切っていたが、たとえ（とりわけ）彼が文法に怒りを感じていた瞬間であっても、そうであった。

村落の空間では、たとえ実際はそれが封建的であったとしても、つねにすでに他なるものが縦横無尽に動き回っていた。別のところにあるそこであることをすでに意識しないでいるそこなるものは存在しなかった。「私は生きている」は、この他なるものの性質が、自己に内在するものとしてとんでもない喪失感とともに把握されてしまう、はっとするような瞬間である。療養所からの恐ろしいくらいに明瞭な手紙が示唆するように、クレアは彼が誰であるかを知らない。[171] だがこの無知はまた実際の主体性の得難い瞬間でもあって、そこで私たちは、もしもクレアをエコ詩人としてまともに読解しようとするなら、自然を失うがエコロジーを獲得することになる。

クレアは私たちに、開かれた精神としての環境感覚をもたらしてくれる。「ねずみの巣」の奇怪な終わりについて考えてみよう。それはある風景の眺望を開く。「多数の小石の上にある水はほとんど流れることがない／そして、広くて古い汚物入れは太陽の光で輝いている」[*172]。クレアのおかげで私たちは、疑念にある実存的な性質を感じることができるようになる。これはけっしてエコ懐疑主義ではなく、事実上、その正反対である。詩的言語は、地球の感情的な重力に取り消すことのできぬほどにまで結び付けられている。期待通りであることをやめていく事物の効果としての疑念は、大変な悲嘆、畏怖が残存しているという感触と一緒になるが、これがソネットを威圧的な太陽の光の中に置く。そこは逃げ道のない、強烈な環境である。信仰はもはや信念の問題ではないし、あなたの頭の中にある観念に忠実になることの問題でもなく、場所の中に実存的にとどまることの問題である。光り輝く汚物入れにある実存的な「このもの性」はたしかにねずみとその子のクローズアップの反美学的なおぞましさの環境的な類似物であるが、これが語り手を驚かし、陳腐であるエコロジカルな感傷を打ち負かす[*173]。

これはとてつもない吉報である。ここでも、主観性の限界においてさえも、私たちは地球との近さを見出していく。それは私たちが期待するかもしれないことの正反対である。理論としての、驚きとしての、疑念としての環境は、地球から逃げることのできる速度を達成するのではないが、実際は、地球の中へ深く潜っていく。願望的思考、つまりは相互連関という素朴な概念が私たちを押しやるよりもいっそう深いところへと潜っていく。これはシェリーの素晴らしきエッセーである「愛について」でたどり着く場所だが、そこで私たちは、相互連関という夢想ではなくてむしろ、孤独と切断の気分そのものによって周囲をとりまく環境に触れていくことになる。*174 ダークエコロジーは、私たちには私たちの心から逃げることなどできないと告げる。クレアは、私たちの罪悪感を逃れ、自然へと没頭しそこで自己喪失するにはどうしたらよいかを教える儀式文集を授けるのではなく、ここに、毒された泥土にとどまらせてくれる。ここが、まさに今、私たちがいる必要のあるところである。

「木々は、すてきなくらいに暗く、そして深い」(ロバート・フロスト「雪の降る夕べ、木々のそばで一休みする」*175)。だがダークエコロジーは自然の問題への解決ではない。なぜならそれは生よりはむしろ亡者と多くの共通点をもつからだ。自然は何度も戻ってくるもので、不活性的で、恐怖を引き起こす現前であり、機械的な反復である。環境主義には環境の喪失を嘆き悲しむことはできないが、なぜならそれはその喪失を受け入れるというだけでなく、象徴的な形ではあってもそれを殺すことになるからである。なすべきは死者を埋葬することではなくそこに加わることであり、亡者に噛まれて亡者になっていくことである。アドルノは述べている。「幻惑され、無思慮でもある進歩の声は、自然を支配する自我の一体性のためになるものとしての「性的な」禁忌の強調にもとづくものである*176」。

逆説的にも、エコロジカルな自覚をするための最上の方法は、世界を人として愛することである。他方では、人を愛する最上の方法は、その人においてもっとも内密なものを、つまりはその人の性質に埋め込まれている「もの」を愛することである。私たちはメビウスの輪にとらえられている。ブレイクはそれを「蝿」というデカルト的な瞑想の作品において要約している。

小さな　蝿よ
おまえの　夏の遊びを
わたしの　心ない手が
はたき　つぶした

わたしも　また　おまえのような
蝿　ではないのか？
それとも　おまえは　わたしのような
人　ではないのか？

わたしも　踊る
飲む　歌う

なにかしらぬが　盲目の手が
わたしの翼を　はたきおとすまで

考えることが　生命であり
力であり　呼吸であるなら
そして　考えないことが
死であるなら

では　わたしは
しあわせな蝿だ
生きていようと
死んでいようと*177

一方で、デカルト的な観点（「考えることが生命であり」――我思うゆえに我あり）は、私たちが蝿以上のものではないことを糾弾するが、というのも、私たちの身体的な形態は私たちの「思考」を決定しないからだ。私たちは生と死の循環の中にとらえられている。私たちが生きているか死んでいるかは問題ではない。他方で（ブレイクの詩はつねに反転可能である）私たちは、距離を介した通常の感傷的な同一化を越えたところで蝿との同一化を実現しているが、それは、ブレイク自身の「人の姿」で「誰かを貧しくさせないかぎり／哀憐の居場所はなくなろう」（『ブレイク詩集』、八〇－八一頁）と言われるように、力の不均衡を条件とする「哀憐」である。蝿は人間化されていない。むしろ人間が蝿になる。最後の詩行は美しき魂の論理をひねる。『リア王』で生きている存在の命運を嘆くのではなく（「神々の手にある人間は腕白どもの手にある虫だ」）、詩は「邪悪なもの」（「無思考で」「盲目な」機械的操作）と同一化し、昆虫と同一化する。

保守的なエコロジカルな観点でのように限界を外部にあるものとして想像するのではなく、私たちは内的な限界を認識するが、それはちょうど『フランケンシュタイン』でのようなもので、つまり、限界を前向きのやり方で受け入れていくということにかかわる。社会的な調停が、怪物を手助けするのに必要とされる。[*178] 美しき魂には、終わることなく夢見続けることはできない。[*179] 自然への没入にある夢見るような性質は、私たちを自然から分離し続けるものである。私たちは、夢の中で自分たちが蝿になっているのをみている人間であるが、それはちょうど、夢の中で自分たちが蝶になっているのを見て、それから自分は夢の中で自分が人間になっているのを見ている蝶であるのかどうか確信できなくなった哲学者である荘子のようなものである。もし私たちが蝿と同一化するなら、私たちは夢を追い払うことになる。私たちは自然を失ったが、集散性を得ることになった。美しき魂はこの意識的な規定性（*Begriff*）に気づく。[*180] 私たちにはエコロジカルに共感することができるが、それは、ラカンが転位させられたデカルト的自己を記述するのに用いる言語を借用するなら、集中的（*concentric*）というよりはむしろ偏心的（*eccentric*）である。[181] ブレイクは、失われた少女に共感し、紅玉の涙を流すライオンを想像している。[182] 抽象的な自然と具体的な感覚能力をもつ存在の違いについての詩である「アラスター」で、パーシー・シェリーは、森の空き地で詩人を見つめるアンテロープを思い描いている。普通のサディスト的な距離を隔てたソフトフォーカスの表現で動物世界に憐れみを抱くのではなく、私たちは人間を、人間ならざるもの《ノン・ヒューマン》の目をつうじて垣間見ていく。[183]

若きワーズワースとコールリッジのごとく、これを自然崇拝と呼ぶことはできない。私たちはまだ、物理的な世界や動物さえもが主体であるかどうかを知らない。そしてこれこそが、アンビエンスが明らかにすることのない裂け目であり、溝であり、空間である。おそらくはこの考えは自然崇拝と名付けるべきものである。それはむしろ、「人間」という人間中心主義的な考えに対するスピノザの批判のようなものである。だが、スピノザの道を歩む多くのエコロジカルな思想家とは違い、私たちはそれをカントとデカルトをつうじてつくりあげていく。というのも、彼らはほとんどの場合、思考が動物と環境に対して距離を保持することを助けてくれたからだ。ここにもエコロジーを見出すことができるなら、希望はある。

決定的な選択は、消費主義やイデオロギーの上方で生じるものの結局はそこへと溶解するということではない。真のエコロジカルな選択は、なおも選択できるという幻想の追求——これは全然選択などではないのだが——ではなく、徹底的な関与の形態であり、選択するのをやめることである。

この段階では、選択することと受け入れることとは同じものになる。逆説的にも消費主義は、特定の内容（たとえばエコロジーについての思想のようなもの）を有しているかもしくは有することのない意識のようなものが存在しているという哲学書では繰り返されてもいる考えを、私たちに授けてくれる。決定的な選択は意識へと関与するが、それはせいぜいのところ、私たちが生きる方法を生じさせるのをあきらめてしまった事態のための皮相な宣伝でしかない。どれほどそれらがエコロジカルなものであろうと、私たちは生きるのを断念してしまった、というわけだ。

私たちは、無意識の過程として想像される環境から満足感を得ることを断念した。私たちがとても長いこと無視してきたものから発される放射性物質の波が私たちの身体と世界をバラバラにしているときに、このような心地よい環境音が存続するということは、残念ながらありえない。ラカンは、美しき魂に、それが私たちと共犯関係にあることを認めさせる柔道技を論じていた。「それは（美しき魂が糾弾する現実に）適応することの問題ではなく、美しき魂に対して、それがあまりにも現実に適合しすぎていることを示すことの問題である。というのも、美しき魂はまさにこの現実の構成を支えているからだ」[*184]。これは公正ではない。残酷である。だが「親切であること」――美しき魂の距離を容認する――はもっとよくないだろう。それは「超自我の淫らで獰猛な形象」を呼び覚ますという危険を冒すのだが、そこでは、「患者を窓の側に座らせ、自然のあらゆる楽しげな側面を示し、「そこに出ていきなさい。今のところ、あなたはいい子だよ」と付言するより他に脱出口が存在しない」[*185]。もしも私たちが距離を容認するなら、私たちはエコミメーシスへとはまり込むことになる。

そうやって私たちはどん底に到達したのだが、それは私たちのもとに残されたエコロジカルな生活の始まりにすぎない。それは奇妙な土台であるが、つまり、土台のなさという経験において、このような経験として、見出されることになる土台である。私たちはこのことを認めてきた。私たちには心があり、そしてこの心が、それが作り出した歴史の中から自分を思考しようとする戦いにおいて、自然についての幻想を形成しているということを認めてきた。私たちは、フロイトが述べた *Wo Es war, soll Ich werden*（「それがあったところに、私（自我）はいることになる」）を書き直すべきである。海のさざ波のないところでそれをするのはいかに失望させるものであるとしても、自然のあったところに、私たちはいることになる。序章で述べたように、あなたが無意識に言及するとき誰もがそれを好まないが、それは言ってはならないことを言っているからではなく、自我からそれが必要としている幻想の支えを奪っているからである。エコロジーは、もしそれが何事かを意味するのだとしたら、自然がないということを意味する。私たちが自然を、イデオロギー的な利害関係に対抗しつつ前方および中心へと引っ張り出すときには、それは私たちがみずからを没入させることのできる世界であることをやめるだろう。

ヘーゲルは、デカルトは哲学の大地だと述べている。すなわちそこは、「長い航海の後の船員のように、「おーい、陸だ」とついには叫ぶことができる」場所であるが、この言い回しにおいて私たちは、自然なきエコロジーという土台なき土台を見出すことになるだろう。*186 私たちは、いわゆる西洋哲学という住宅の表玄関へと立ち戻り、デカルトと記された呼び鈴を見つめている。問題はかくして次のようになる。デカルトのもの（*res*）についての見解を、動物には魂がないので生体解剖できるという考えから切り離すことは可能だろうか。*[187] この考えは、デカルトの思考のどれほどの深みに達することになるのか。自然にもの（*res*）として近づくのは、「自然の所有者および支配者」として私たちが無限にサディスト的な暴力を振るうことのできる生体解剖可能な存在として自然を思考することを伴うのか。*[188] デカルトについての懐疑を差し挟むのは、デカルト的な策略である。本当に理論的であるとは、疑うことである。これは、グローバルな温暖化への解決策にたいする反対者とともに「私たちはいっそうエビデンスを必要とする」というのとは同じではない。現在の破局において唯一確固とした倫理的な選択肢は、私が前に見たように、エコロジカルな破局をそのまったく無意味な偶然性において認め、「私たち自身」がそれに責任あるものとして証明されるかどうかはともかくとしても、それへの責任を土台なき状態で受け入れることである。*[189] だがこれもまた信仰の跳躍というよりはむしろ疑念の跳躍である。アイロニーの大量噴出、ユーモアのセンス、言語の幻惑的な戯れなくして、環境主義者に、さらには環境主義の著者になることができるのか。環境への情熱があるかぎり、信仰が生きるのは、自然についての時代遅れの信条においてではなくてむしろ、環境、環境芸術、そして美学についての正直な懐疑においてである。

この本はディープエコロジーへの批判のようなものとして読まれてきたと考えたとしてもそれでいい。だが私は、私が目指しているものを、「本当に深い《ディープ》エコロジー」と見なしたいと思う。徹底的に環境にやさしいということが哲学的な反省の観念をまじめに受け取ることを意味するのであれば、私は徹底的に環境に環境にやさしくなろうとする考えに反対して書いてきたのではない。皮肉にも、徹底的に環境にやさしい思想について徹底的に考えることは、自然の観念を手放すことである。すなわち、私たちと彼ら、私たちとそれ、私たちと「彼方にあるもの」のあいだの美的な距離を維持するものとしての自然の観念を手放すことである。ディープエコロジーは、どれほどまでに深く行くのを欲するのか。本当に徹底的に環境にやさしい世界では、人間ならざる存在者が視界に入り込むのにともない、自然の観念は煙の一吹きで消滅してしまうだろう。そこで次の段階になる。私たちは距離そのものの観念を問題にしなくてはならない。もしも、人間ならざるものと一緒になろうとあせるあまり距離をも早急に棄て去ろうとするならば、距離についての私たちの偏見、概念に、つまりは「彼ら」についての概念にとらわれて終わることになるだろう。おそらくは、距離においてとどまるのは、人間ならざるものへとかかわるもっともたしかなやり方である。

虹の切れる端に二元論的でない宝物を設定するのではなく、二元論的であると感じられるものにおいてとどまることができる。ここに留まるのは、いっそう二元的でない方法である。世界を泥濘の中から引きずり出そうとするのではなく、私たちには、泥濘の中へと飛び込むことができる。美しき魂の毒されたサナギから発生することで、私たちは、自分たちには選択肢があるということを認めることになる。私たちは、自分たち自身の死を、種とエコシステムの中で死んでいくことの事実を、選択し、受けいれていく。到来することになる、絶対的に未知のことへと心を開いておくこと、これが究極の合理性である。進化はテレビ化されることがない。自分たち自身の絶滅のビデオ映像を所有することはできない。ディープエコロジーには次のように警告しておく。こうやって私たちの死を受けいれることを美学化するならば、私たちはファシズムに、死のカルト化に帰着する。そうではなく、エコロジカルな批評は美学を政治化せねばならない。私たちはこの毒された地面を選択する。私たちは、この意味のない現実性と等しくなるだろう。エコロジーは自然なものになるだろう。だがそれは、私たちがいない、というのではない。

原注

序論

＊1　John M. Meyer, *Political Nature: Environmentalism and the Interpretation of Western Thought* (Cambridge, Mass.: MIT Press, 2001), 22.

＊2　Ibid.

＊3　Terre Slatterfield, Scott Slovic, and Terry Tempest Williams, "Where the Power Lies: Seeking the Intuitive Language of Story," in Terre Slatterfield and Scott Slovic, eds., *What's Nature Worth? Narrative Expressions of Environ- mental Value* (Salt Lake City: University of Utah Press, 2004), 61–81 (62).

＊4　Terre Slatterfield and Scott Slovic, "Introduction: What's Nature Worth?" in Slatterfield and Slovic, *What's Nature Worth?*, 1–17 (14).

＊5　John Elder, *Reading the Mountains of Home* (Cambridge, Mass.: Harvard University Press, 1998), 116.

＊6　Meyer, *Political Nature*, 18.

＊7　Simone de Beauvoir, *The Second Sex*, trans. and ed. H. M. Parshley, intro. Margaret Crosland (1952; repr., New York: Knopf, 1993), 147–209.〔シモーヌ・ド・ボーヴォワール『第二の性　一～三』第二の性を原文で読み直す会訳、新潮文庫、二〇〇一年〕

＊8　Talking Heads, *Stop Making Sense* (Sire Records, 1984), sleeve note.

＊9　Walter Benn Michaels, *The Shape of the Signifier* (Princeton, N.J.: Princeton University Press, 2004), 118–128.〔ウォルター・ベン・マイケルズ『シニフィアンのかたち――一九六七年から歴史の終わりまで』三浦玲一訳、彩流社、二〇〇六年〕

＊10　Jonathan Bate, *Romantic Ecology: Wordsworth and the Environmental Tradition* (London: Routledge, 1991)〔ジョナサン・ベイト『ロマン派のエコロジー――ワーズワスと環境保護の伝統』小田友弥・石幡直樹訳、松柏社、二〇〇〇年〕および *The Song of the Earth* (Cambridge, Mass.: Harvard University Press, 2000); James McKusick, *Green Writing: Romanticism and Ecology* (New York: St. Martin's Press, 2000)〔ジェイムズ・C・マキューシック『グリーンライティング

——ロマン主義とエコロジー』川津雅江他訳、音羽書房鶴見書店、二〇〇九年、Karl Kroeber, *Ecological Literary Criticism: Romantic Imagining and the Biology of Mind* (New York: Columbia University Press, 1994).

*11 T.V. Reed, "Toward an Environmental Justice Ecocriticism," in Joni Adamson, Mei Mei Evans, and Rachel Stein, eds., *The Environmental Justice Reader: Politics, Poetics, and Pedagogy* (Tucson: University of Arizona Press, 2002), 125–162.

*12 Terre Slatterfield, Scott Slovic, and John Daniel, "From Image to Event: Considering the Relations between Poetry and Prose as Conveyors of Environmental Values," in Slatterfield and Slovic, *What's Nature Worth?*, 160–185.

*13 Meyer, *Political Nature*, 149–151.

*14 次の文献を参照のこと。Luc Ferry, *The New Ecological Order*, trans. Carol Volk (Chicago: University of Chicago Press, 1995), 71.〔リュック・フェリ『エコロジーの新秩序——樹木、動物、人間』加藤宏幸訳、法政大学出版局、一九九四年〕

*15 次の文献を参照のこと。Elaine Scarry, *On Beauty and Being Just* (Princeton, N.J.: Princeton University Press, 1999).

*16 Georg Wilhelm Friedrich Hegel, *Introductory Lectures on Aesthetics*, trans. Bernard Bosanquet, intro. and commentary Michael Inwood (Harmondsworth: Penguin, 1993), 85–88; Oscar Wilde, "The Critic as Artist," in The Complete Works of Oscar Wilde, intro. Vyvyan Holland (London: Collins, 1966), 1009–1059.

*17 Timothy W. Luke, *Ecocritique: Contesting the Politics of Nature, Economy, and Culture* (Minneapolis: University of Minnesota Press, 1997), xi–xiii.

*18 Theodor W. Adorno, *Negative Dialectics*, trans. E. B. Ashton (New York: Continuum, 1973), 5（「弁証法は、非同一なものの、首尾一貫した意味である」）, 147–148, 149–150.〔テオドール・W・アドルノ『否定弁証法』木田元他訳、作品社、一九九六年〕

*19 Georg Wilhelm Friedrich Hegel, *Hegel's Phenomenology of Spirit*, trans. A. V. Miller, analysis and foreword by J. N. Findlay (Oxford: Oxford Uni- versity Press, 1977), 19, 24–26, 31.〔G.W.F. ヘーゲル『精神現象学（上下）』樫山欽四郎訳、平凡社ライブラリー、一九九七年』〕

＊20　Peter Fritzell, *Nature Writing and America: Essays upon a Cultural Type* (Ames: Iowa State University Press, 1990), 87.

＊21　Raymond Williams の研究が示唆的である。“Nature,” in *Keywords: A Vocabulary of Culture and Society* (London: Fontana Press, 1988), 219– 224. および “Ecology” (110–111).〔レイモンド・ウィリアムズ『完訳　キーワード辞典』椎名美智他訳、平凡社、二〇〇二年、「自然」（二二〇–二二五頁）と「生態学・環境保護・エコロジー」（一〇六–一〇八頁）〕

＊22　スピノザ主義の苦難を論じたものとしては次の文献も参照のこと。Jonathan Israel, *Radical Enlightenment: Philosophy and the Making of Modernity 1650–1750* (Oxford: Oxford University Press, 2001), 157–327.

＊23　Edward Casey, *The Fate of Place: A Philosophical History* (Berkeley: Uni- versity of California Press, 1997), 162–179.〔エドワード・ケイシー『場所の運命 哲学における隠された歴史』江川隆男他訳、新曜社、二〇〇八年〕

＊24　Ibid., 77, 98, 142–150.〔同書〕

＊25　John Locke, *An Essay Concerning Human Understanding*, trans. Peter H. Nidditch (Oxford: Clarendon Press, 1979), II.23.23–24 (308–309).〔ジョン・ロック『人間知性論（一二三四）』大槻春彦訳、岩波文庫、一九七二–一九七四年〕

＊26　これはカンギレムとフーコーにおいて繰り返される主題である。Georges Canghuilhem, *The Normal and the Pathological* (New York: Zone Books, 1991), 233–288.〔ジョルジュ・カンギレム『正常と病理〈新装版〉』滝沢武久訳〕、法政大学出版局、二〇一七年〕

＊27　Edmund Burke, *A Philosophical Enquiry into the Origin of Our Ideas of the Sublime and the Beautiful*, ed. J. T. Boulton (Oxford: Basil Blackwell, 1987).〔エドマンド・バーク『崇高と美の観念の起原』中野好之訳、みすずライブラリー、一九九九年〕Immanuel Kant, *Critique of Judgment*, trans. Werner S. Pluhar (Indianapolis, Ind.: Hackett, 1987), 138–139.〔イマヌエル・カント『判断力批判（上下）』篠田英雄訳、岩波文庫、一九六四年〕

＊28　Kant, *Critique of Judgment*, 135.〔同書〕

＊29　Fredric Jameson, “Globalization and Political Strategy,” *New Left Review*, second series 4 (July–August 2000): 49–68 (68).

＊30　Bruno Latour, *Politics of Nature: How to Bring the Sciences into Democracy* (Cambridge, Mass.: Harvard University Press, 2004), 7–8, 25–26.

＊31　たとえば、次の文献を参照のこと。John Milton, *Paradise Lost* 8.140–158, a description of other worlds; たとえばミルトンの『失楽園』における他の世界についての記述を参照されたい。*Paradise Lost*, ed. Alastair Fowler (London: Longman, 1971).〔ジョン・ミルトン『失楽園（上下）』平井正穂訳、岩波文庫、一九八一年〕

＊32　William Wordsworth, "Tintern Abbey," in *Lyrical Ballads, and Other Poems, 1797–1800*, ed. James Butler and Karen Green (Ithaca, N.Y.: Cornell University Press, 1996), 98–100.〔ウィリアム・ワーズワース「ティンタン寺院より数マイル上流にて詠める詩」『ワーズワース詩集』田部重治訳、岩波文庫、一九三八年、二六頁〕

＊33　John Gatta, *Making Nature Sacred: Literature, Religion, and Environment in America from the Puritans to the Present* (Oxford: Oxford University Press, 2004), 4, 10, and *passim*.

＊34　Jacques Derrida, "Violence and Metaphysics," in *Writing and Difference*, trans. Alan Bass (London: Routledge and Kegan Paul, 1978), 79–153 (151–152).〔ジャック・デリダ「暴力と形而上学」『エクリチュールと差異（上）』合田正人訳、法政大学出版局、二〇一三年、一五一–二九九頁〕

＊35　David Simpson, *Romanticism, Nationalism and the Revolt against Theory* (Chicago: University of Chicago Press, 1993), 4, 10, and *passim*.

＊36　エコクリティシズムの「理論」観をしっかり論じたものとしては次のものを参照のこと。Thomas Hothem, "The Picturesque and the Production of Space: Landscape Description in an Age of Fiction" (Ph.D. dissertation, University of Rochester, 2003), 36; Dana Phillips, "Ecocriticism, Literary Theory, and the Truth of Ecology," *New Literary History* 30.3 (1999): 577–602 (578).

＊37　Jacques Derrida, "How to Avoid Speaking: Denials," in Sanford Budick and Wolfgang Iser, eds., Languages of the Unsayable: The Play of Negativity in Literature and Literary Theory (Stanford, Calif.: Stanford University Press, 1996), 3–70.

＊38　Donna Haraway, *The Companion Species Manifesto: Dogs, People, and Significant Otherness* (Chicago: Prickly Paradigm Press, 2003).〔ダナ・ハラウェイ『伴侶種宣言：犬と人の「重

要な他者性」』永野文香訳、以文社、二〇一三年〕

＊39 Theodor Adorno, *Aesthetic Theory*, trans. and ed. Robert Hullot-Kentor (Minneapolis: University of Minnesota Press, 1997), 65. 〔テオドール・W・アドルノ『美の理論〔新装版〕』大久保健治訳、河出書房新社、二〇〇七年〕

＊40 Angus Fletcher, *A New Theory for American Poetry: Democracy, the Envi- ronment, and the Future of Imagination* (Cambridge, Mass.: Harvard Uni- versity Press, 2004), 122–123.

＊41 Raymond Williams, *Culture and Society: Coleridge to Orwell* (London: Chatto and Windus, 1958; repr., London: The Hogarth Press, 1987). 〔レイモンド・ウィリアムズ『文化と社会――1780–1950』若松繁信他訳、ミネルヴァ書房、二〇〇八年〕

＊42 たとえば以下のものを参照されたい。Ted Hughes, "Writing about Landscape," in *Poetry in the Making: An Anthology of Poems and Programmes from "Listening and Writing"* (London: Faber and Faber, 1967), 74–86 (76).

＊43 Adorno, *Aesthetic Theory*, 233. 〔アドルノ『美の理論』〕

＊44 Walter Benjamin, "The Work of Art in the Age of Mechanical Reproduction," in *Illuminations*, ed. Hannah Arendt, trans. Harry Zohn (London: Harcourt, Brace and World, 1973), 222–223. 〔ヴァルター・ベンヤミン「複製技術時代の芸術作品」『ベンヤミンコレクション（1）』浅井健二郎編訳、ちくま学芸文庫、一九九五年、五八三–六四〇頁〕

＊45 Herbert Marcuse, *An Essay on Liberation* (Boston: Beacon Press, 1969), 31. 〔ヘルベルト・マルクーゼ『解放論の試み』小野二郎訳、筑摩書房、一九七四年、四八頁〕次のものも参照のこと。Timothy W. Luke, "Marcuse and the Politics of Radical Ecology," in Luke, *Ecocritique*, 137–152.

＊46 Herbert Marcuse, *The Aesthetic Dimension: Toward a Critique of Marxist Aesthetics*, trans. Herbert Marcuse and Erica Sherover (Basingstoke: Macmillan, 1986), 72. 〔ヘルベルト・マルクーゼ『美的次元』生松敬三訳、河出書房新社、一九八一年、七五頁〕

＊47 Adorno, *Aesthetic Theory*, 310. 〔アドルノ『美の理論』〕

＊48 Benjamin, "The Work of Art," 217–251. 〔ベンヤミン「複製技術時代の芸術作品」〕

＊49 Robert Kaufman, "Red Kant, or the Persistence of the Third *Critique* in Adorno and Jameson," Critical Inquiry 26 (Summer 2000): 682–724.

＊50 Ibid., 711.

＊51　Slavoj Zizek, *The Indivisible Remainder: An Essay on Schelling and Related Matters* (London: Verso, 1996), 194.〔スラヴォイ・ジジェク『仮想化しきれない残余』松浦俊輔訳、青土社、一九九七年〕

＊52　Public Image Limited, *The Greatest Hits, So Far* (Virgin, 1990).〔邦訳は日本版のライナー・ノーツを参照〕

＊53　Kant, *Critique of Judgment*, 108.〔カント『判断力批判』〕

第一章

※第一章のエピグラフはデニーズ・レヴァトフの「読者へ」からのもので、*Poem 1960-1967*, copiyright ©1961 by Denise Levertov から引用している。New Directions Publishing Corp., Pollinger Limited および著作権所有者から許可を得ている。〔邦訳はデニーズ・レヴァトフ『ヤコブの梯子：デニーズ・レヴァトフ詩集』山本楡美子訳、ふらんす堂、一九九六年。ここでの訳出は訳者（篠原）による〕

＊1　JacquesDerrida, "Signature Event Context," in *Margins of Philosophy*, trans. Alan Bass (Chicago: University of Chicago Press, 1982), 307–330 (328).〔ジャック・デリダ「署名 出来事 コンテクスト」『哲学の余白（上下）』高橋允昭・藤本一勇訳、法政大学出版局、二〇〇七、二〇〇八年〕

＊2　Charles Dickens, *Bleak House*, ed. Norman Page, intro. J. Hillis Miller (Harmondsworth: Penguin, 1985), 49–50.〔チャールズ・ディケンズ『荒涼館（全四巻）』佐々木徹訳、岩波文庫、二〇一七年〕

＊3　さらなる議論としては次の文献を参照のこと。David Simpson, *Situatedness*, or, *Why We Keep Saying Where We're Coming From* (Durham, N.C.: Duke University Press, 2002), 1–16, 22, 101.

＊4　Denise Levertov, *Poems 1960–1967* (New York: New Directions, 1983).

＊5　Henry David Thoreau, *Walden and Civil Disobedience*, intro. Michael Meyer (1854; repr., Harmondsworth: Penguin, 1986), 45.〔H・D・ソロー『森の生活（上）』飯田実訳、岩波文庫、一九九五年、九頁〕

＊6　Maurice Blanchot, *The Space of Literature*, trans. Ann Smock (1955; repr., Lincoln: University of Nebraska Press, 1982),

28–30.〔モーリス・ブランショ『文学空間』粟津則雄・出口浩弘訳、現代思潮新社、一九六二年〕

＊7　Aldo Leopold, *A Sand County Almanac, and Sketches Here and There*, intro. Robert Finch (1949; repr., Oxford: Oxford University Press, 1989).〔アルド・レオポルド『野生の歌が聞こえる』新島義昭訳、講談社学術文庫、一九九七年〕

＊8　Roland Barthes, "From Work to Text," in *Image, Music, Text*, trans. Stephen Heath (London: Fontana, 1977), 155–164 (159).〔ロラン・バルト「作品からテクストへ」『物語の構造分析』花輪光訳、みすず書房、一九七九年、九七–九八頁〕

＊9　Ibid., 159.〔同書、九八頁〕

＊10　Richard A. Lanham, *A Handlist of Rhetorical Terms: A Guide for Students of English Literature* (Berkeley: University of California Press, 1969), 52.

＊11　Angus Fletcher, *A New Theory for American Poetry: Democracy, the Environment, and the Future of Imagination* (Cambridge, Mass.: Harvard Uni- versity Press, 2004), 117–118.

＊12　Simpson, *Situatedness*, 14.

＊13　Lawrence Buell, *The Environmental Imagination: Thoreau, Nature Writing, and the Formation of American Culture* (Cambridge, Mass.: Harvard University Press, 1995), 10.

＊14　James McKusick, *Green Writing: Romanticism and Ecology* (New York: St. Martin、s Press, 2000), 1.〔マキューシック『グリーンライティング』、五頁〕

＊15　Lanham, *Handlist of Rhetorical Terms*, 36, 49.

＊16　Dana Phillips, *The Truth of Ecology: Nature, Culture, and Literature in America* (Oxford: Oxford University Press, 2003), 71.

＊17　Brian Eno, *Ambient 1: Music for Airports* (EG Records, 1978), sleeve note.

＊18　Leo Spitzer, "Milieu and Ambiance," in *Essays in Historical Semantics* (1948; repr., New York: Russell and Russell, 1968), 179–316.

＊19　以下のものを参照のこと。Michael Bull and Les Back, "Introduction: Into Sound," in Michael Bull and Les Back, eds., *The Auditory Culture Reader* (Oxford: Berg, 2003), 1–18; David Toop, *Ocean of Sound: Aether Talk, Ambient Sound and Imaginary Worlds* (London: Serpent's Tail, 1995) and *Haunted Weather: Music, Silence and Memory* (London:

Serpent's Tail, 2004).

＊20 Michel Chion, *Audio-Vision: Sound on Screen*, ed. and trans. Claudia Gorbman (New York: Columbia University Press, 1994), 109–111.

＊21 Jean Baudrillard, "Mass Media Culture," in *Revenge of the Crystal*, trans. Paul Foss and Julian Pefanis (London: Pluto Press, 1990), 63–97 (65).

＊22 Terre Slatterfield and Scott Slovic, "Introduction: What's Nature Worth?" in Terre Slatterfield and Scott Slovic, eds., *What's Nature Worth? Narrative Expressions of Environmental Value* (Salt Lake City: University of Utah Press, 2004), 1–17 (15).

＊23 Buell, *Environmental Imagination*, 98.

＊24 *TV Garden*, 1982 version. Single-channel video installation with live plants and monitors; color, sound; variable dimensions. Collection of the artist.

＊25 William Wordsworth, *Lyrical Ballads with Other Poems*, 2 vols. (London: T. N. Longman and O. Rees, 1800), 1.xxiii–xxxiv.〔ワーズワース、コールリッジ『抒情歌謡集――リリカル・バラッズ』宮下忠二訳、大修館書店、一九八四年、二四五頁〕

＊26 Roman Jakobson, "Closing Statement: Linguistics and Poetics," in Thomas A. Sebeok, ed., *Style in Language* (Cambridge, Mass.: MIT Press, 1960), 350–377.〔ロマーン・ヤコブソン「言語学と詩学」『一般言語学』川本茂雄監修、みすず書房、一九七三年、一八三–二二一頁〕

＊27 Ibid., 356.〔同書、一九一頁〕

＊28 "Hello, you're on the air," from "Back Side of the Moon," The Orb, *The Orb's Adventures beyond the Ultraworld* (Island Records, 1991).

＊29 Viktor Shklovsky, "Art as Technique," in Raman Selden, ed., *The Theory of Criticism from Plato to the Present: A Reader* (London: Longman, 1995), 274–276 (274).

＊30 In Toop, *Haunted Weather*, 239–240.

＊31 Philippe Lacoue-Labarthe and Jean-Luc Nancy, *The Literary Absolute: The Theory of Literature in German Romanticism* (Albany: State University of New York Press, 1988), 57–58. さらなる議論としては次を参照のこと。Scott Cutler Shershow, *The Work and the Gift* (Chicago: University of Chicago Press, 2005), 165–182.

＊32　Thoreau, *Walden*, 168–169.〔ソロー『森の生活（上）』、二二三頁〕

＊33　*Oxford English Dictionary*, “timbre,” n. 3.

＊34　Jacques Derrida, “Tympan,” in *Margins of Philosophy*, ix–xxix (xvi).〔デリダ『哲学の余白』〕

＊35　Roland Barthes, “The Grain of the Voice,” in *Image, Music, Text*, 179–189.

＊36　Slavoj Zizek, *The Indivisible Remainder: An Essay on Schelling and Re- lated Matters* (London: Verso, 1996), 99–103, 108–109.〔ジジェク『仮想化しきれない残余』〕

＊37　“Le fond de cette gorge, à la forme complexe, insituable, qui en fait aussi bien l’objet primitif par excellence, l’abîme de l’organe féminin”; Jacques Lacan, “Le rêve de l’injection d’Irma,” in *Le séminaire de Jacques Lacan*, ed. Jacques-Alain Miller (Paris: Editions du Seuil, 1978), 2.193–204 (196); Sigmund Freud, *The Interpretation of Dreams*, in *The Standard Edition of the Complete Psychological Works of Sigmund Freud*, ed. and trans. James Strachey, 24 vols. (London: Hogarth, 1953), 4.106–120.〔フロイト『夢判断（上下）』高橋義孝訳、新潮文庫、一九六九年〕

＊38　Martin Heidegger, “The Origin of the Work of Art,” in *Poetry, Language, Thought*, trans. Albert Hofstadter (New York: Harper and Row, 1971), 15–87 (26).〔マルティン・ハイデッガー『芸術作品の根源』関口浩訳、平凡社ライブラリー、二〇〇八年、二七頁〕

＊39　Ibid., 25.〔同書、二六頁〕

＊40　Peter Wollen, “Blue,” *New Left Review*, second series 6 (November– December 2000): 120–133 (121, 123).

＊41　たとえば、以下の文献を参照のこと。Julia Kristeva, “About Chinese Women,” trans. Séan Hand, in Toril Moi, ed., *The Kristeva Reader* (Oxford: Blackwell, 1986), 138–159 (157).

＊42　Douglas Khan, “Death in Light of the Phonograph: Raymond Roussel’s *Locus Solus*,” in Douglas Khan and Gregory Whitehead, eds., *Wireless Imagination: Sound, Radio, and the Avant-Garde* (Cambridge, Mass.: MIT Press, 1994), 69–103 (93).

＊43　Celeste Langan, “Understanding Media in 1805: Audiovisual Hallucination in *The Lay of the Last Minstrel*,” *Studies in Romanticism* 40.1 (Spring 2001): 49–70.

＊44　Tzvetan Todorov, *The Fantastic: A Structural Approach to a*

Literary Genre, trans. Richard Howard (Cleveland: Case Western Reserve University Press, 1973), 41–57.〔ツヴェタン・トドロフ『幻想文学論序説』三好郁朗訳、東京創元社、一九九九年〕

*45 Immanuel Kant, *Critique of Judgment*, trans. Werner S. Pluhar (Indianapolis, Ind.: Hackett, 1987), 97–140 (99, 112–113, 123).〔カント『判断力批判』〕

*46 以下の文献を参照のこと。 Markman Ellis, *The Politics of Sensibility: Race, Gender and Commerce in the Sentimental Novel* (Cambridge: Cambridge University Press, 1996); Jerome McGann, *The Poetics of Sensibility: A Revolution in Literary Style* (New York: Clarendon Press, 1996); G. J. Barker-Benfield, *The Culture of Sensibility: Sex and Society in Eighteenth-Century Britain* (Chicago: University of Chicago Press, 1992). 詩学が新しい脳科学を論じるやり方については次のものを参照のこと。 Alan Richardson, *British Romanticism and the Science of the Mind* (Cambridge: Cambridge University Press, 2001).

*47 Maurice Merleau-Ponty, *Phenomenology of Perception*, trans. Colin Smith (London: Routledge and Kegan Paul, 1996), 61.〔モーリス・メルロ＝ポンティ『知覚の現象学（一・二）』竹内芳郎他訳、みすず書房、一九六七年、一九七四年〕

*48 John Locke, *An Essay Concerning Human Understanding*, trans. Peter H. Nidditch (Oxford: Clarendon Press, 1979), 301–304 (II.22.10–13).〔ジョン・ロック『人間知性論』〕

*49 Deidre Lynch, *The Economy of Character: Novels, Market Culture, and the Business of Inner Meaning* (Chicago: University of Chicago Press, 1998).

*50 Murray Krieger, *Ekphrasis: The Illusion of the Natural Sign* (Baltimore, Md.: Johns Hopkins University Press, 1992); James Heffernan, *Museum of Words: The Poetics of Ekphrasis from Homer to Ashbery* (Chicago: University of Chicago Press, 1993).

*51 Toop, *Ocean of Sound*, 15.

*52 Jacques Derrida, "Différance," in *Margins of Philosophy*, 6, 26.〔デリダ『哲学の余白』〕これと異なる見解としては、次の文献を参照のこと。 Kate Rigby, "Ecstatic Dwelling: Cosmopolitan Reinhabitation in Wordsworth's London," paper given at the annual conference of the North American Society for Studies in Romanticism, Boulder, Colo., September 9–12, 2004.

＊53　たとえば次を参照のこと。Kate Rigby, "Earth, World, Text: On the (Im)possi bility of Ecopoiesis," *New Literary History* 35.3 (2004): 427–442.

＊54　Kant, *Critique of Judgment*, 106.〔カント『判断力批判（上）』、一五五頁〕

＊55　Ibid., 113.〔同書、一六五－一六六頁〕

＊56　Jonty Semper, *Kenotaphion* (Locus +/Charrm, 2002). 二分間の沈黙は、ボーア戦争のあいだに行われた三分間の沈黙から援用されている。この考えを広めたサー・パーシー・フィッツパトリックは書いている「街に垂れこめている完全で停止した沈黙、巨大な寺院の、荘厳で畏怖させる沈黙においては、わずかな音も神聖冒涜なもののように思われるはずだ」。Adrian Gregory, "The Silence and History," sleeve note, also available at http://www.kenotaphion.org/ .

＊57　John Cage, *A Year from Monday* (Middletown, Conn.: Wesleyan University Press, 1967), 134.

＊58　Thomas De Quincey, "On the Knocking at the Gate in MacBeth," in *The Works of Thomas de Quincey*, ed. Edmund Baxter, Frederick Burwick, Alina Clej, David Groves, Grevel Lindop, Robert Morrison, Barry Symonds, and John Whale, 21 vols. (London: Pickering and Chatto, 2000), 3.152–153 (vol. 3, ed. Burwick).

＊59　*Oxford English Dictionary*, "syncope," n. 1, 4.

＊60　Jacques Attali, *Noise: ThePolitical Economy of Music*, trans. Brian Massumi, foreword by Fredric Jameson, afterword by Susan McClary (Minneapolis: University of Minnesota Press, 2003), 34–36, 111–112, 122–123.〔ジャック・アタリ『ノイズ――音楽／貨幣／雑音』金塚貞文訳、みすず書房、二〇一二年〕

＊61　Robert Freedman et al., "Linkage of a Neurological Deficit in Schizo- phrenia to a Chromosome 15 Locus,"http://www.pnas.org/cgi/content/ab stract/94/2/587. See also http://narsad.org/news/newsletter/profiles/pro file2003-06-25c.html.

＊62　Alvin Lucier, *I Am Sitting in a Room* (Lovely Music, 1990).

＊63　たとえば、以下の文献を参照のこと。Andy Goldsworthy, *Time* (London: Thames and Hudson, 2000).

＊64　Jacques Derrida, "Violence and Metaphysics," in *Writing and Difference*, trans. Alan Bass (London: Routledge and Kegan Paul, 1978), 79–153 (151– 152).〔デリダ「暴力と形而上学」『差異とエクリチュール』〕

＊65 Jacques Derrida, *Dissemination*, trans. Barbara Johnson (Chicago: University of Chicago Press, 1981), 54, 104, 205, 208, 222, 253.〔デリダ『散種』藤本一勇他訳、法政大学出版局、二〇一三年〕

＊66 鐘と舌の観念についての考察でもあるデリダの『弔鐘』について手短に言及するだけの余地はわずかしかない。Jacques Derrida, *Glas*, trans. John P. Leavey Jr. and Richard Rand (Lincoln: University of Nebraska Press, 1986).

＊67 David Harvey, *Justice, Nature and the Geography of Difference* (Oxford: Blackwell, 1996), 243, 246.

＊68 Roger Penrose, *The Emperor's New Mind: Concerning Computers, Minds, and the Laws of Physics* (Oxford: Oxford University Press, 1990), 231- 236, 243, 248–250, 250–251, 255–256.〔ロジャー・ペンローズ『皇帝の新しい心——コンピュータ・心・物理法則』林一訳、みすず書房、一九九四年〕

＊69 Ibid., 126.〔同書、一四四頁〕

＊70 Geoffrey Hartman, *The Fateful Question of Culture* (New York: Columbia University Press, 1997), 158.

＊71 Georges Teyssot, "The American Lawn: The Surface of Everyday Life," in Georges Teyssot, ed., *The American Lawn* (New York: Princeton Archi- tectural Press, 1999), 1–39 (5–8). アーキグラムのモンテカルロ計画（一九七〇年）は、『アンビエンス』と題された、芝生にいる人たちのイメージのコラージュを大々的に扱っていた。

＊72 Bruno Latour, *Politics of Nature: How to Bring the Sciences into Democracy* (Cambridge, Mass.: Harvard University Press, 2004), 58.

＊73 Yve-Alain Bois and Rosalind Kraus, Formless: A User's Guide (New York: Zone Books, 1997), 79.

＊74 Ibid., 26–29.

＊75 Ibid., 90.

＊76 Slavoj Zizek, *The Fragile Absolute: Or, Why Is the Christian Legacy Worth Fighting For?* (London: Verso, 2000), 21–40.〔スラヴォイ・ジジェク『脆弱なる絶対——キリスト教の遺産と資本主義の超克』中山徹訳、青土社〕

＊77 Jean-François Lyotard, "After the Sublime, the State of Aesthetics," in *The Inhuman: Reflections on Time*, trans. Geoffrey Bennington and Rachel Bowlby (Cambridge: Polity Press, 1991), 140.『非人間的なもの——時間についての講話』篠原資明他訳、法政大学出版

局、二〇一〇年〕次の文献も参照のこと。David Cunningham, "Notes on Nuance: Rethinking a Philosophy of Modern Music," Radical Philosophy 125 (May–June 2004): 17–28.

＊78　Gilles Deleuze and Félix Guattari, *A Thousand Plateaus: Capitalism and Schizophrenia*, trans. Brian Massumi (Minneapolis: University of Minnesota Press, 1987), 3–25; 〔ジル・ドゥルーズ、フェリックス・ガタリ『千のプラトー（上中下）』宇野邦一他訳、河出文庫、二〇一〇年〕 Sadie Plant, *Zeroes + Ones* (London: Fourth Estate, 1998).

＊79　Paul Miller, *Rhythm Science* (Cambridge, Mass.: MIT Press, 2004).

＊80　Gilles Deleuze and Félix Guattari, "make rhizome everywhere" in *A Thousand Plateaus*, 191. 〔ドゥルーズ、ガタリ『千のプラトー（上中下）』〕

＊81　Bruce Smith, "Tuning into London c. 1600," in *Bull and Back, The Auditory Culture Reader*, 127–135 (131–132).

＊82　Aristotle, *On the Art of Poetry*, in *Classical Literary Criticism: Aristotle, Horace, Longinus*, trans. T. S. Dorsch (Harmondsworth: Penguin, 1984), 31, 35. 〔アリストテレス、ホラーティウス『詩学・詩論』松本仁助・岡道男訳、岩波文庫、一九九七年〕

＊83　Henry George Liddell and Robert Scott, *A Greek-English Lexicon*, rev. and augmented by Henry Stuart Jones et al. (Oxford: Clarendon Press, 1968), *rhapsodes*.

＊84　Oxford English Dictionary, "rhapsody," n. 1, 2.

＊85　Plato, *Plato; Two Comic Dialogues: Ion, Hippias Major*, trans. Paul Woodruff (Indianapolis, Ind.: Hackett, 1983), 26 (534a). 〔プラトン「イオン」『プラトン全集一〇』森進一訳、岩波書店、二〇〇五年、一二八頁〕

＊86　Ibid. 〔同書、一二七－一二八頁〕

＊87　Ibid. 〔同書、一二八－一二九頁〕

＊88　Marcel Detienne, *Dionysos at Large*, trans. Arthur Goldhammer (Cam- bridge, Mass.: Harvard University Press, 1989), 55.

＊89　Plato, *Plato*, 535. 〔プラトン「イオン」、一三一－一三四頁〕

＊90　Ibid. 〔同書、一三三頁〕

＊91　Detienne, *Dionysos at Large*, 53.

＊92　きわめてアンビエントな実例はブルトンの次の文献を参照のこと。André Breton, "Intra-Uterine Life," from *The Immaculate Conception*, in *What Is Surrealism? Selected Writings*, ed. Franklin Rosemont (London: Pluto Press, 1978), 49–61 (49–50).

＊93　André Breton, “The Automatic Message,” in *What Is Surrealism?*, 97–109 (98).

＊94　Richardson, Mind, 39–65, 66–92.

＊95　William Wordsworth, *The Prelude* 1.1, in *The Thirteen Book Prelude*, ed. Mark Reed (Ithaca, N.Y.: Cornell University Press, 1991).〔ワーズワース『序曲』岡三郎訳、国文社、一九九一年〕

＊96　Friedrich Nietzsche, *The Birth of Tragedy*, in Albert Hofstadter and Richard Kuhns, eds., *Philosophies of Art and Beauty: Selected Readings in Aesthetics from Plato to Heidegger* (Chicago: University of Chicago Press, 1976), 513–514.〔フリードリッヒ・ニーチェ『悲劇の誕生』西尾幹二訳、中公クラシックス、二〇〇四年、四三頁〕

＊97　Ibid., 500–501.〔同書〕

＊98　Heidegger, “Origin,” 33–34.〔ハイデッガー『芸術作品の根源』、四二－四三頁〕

＊99　Ibid., 35.〔同書、四六頁〕

＊100　Ibid., 19, 32, 45, 42–43.〔同書、六一頁〕

＊101　Martin Heidegger, “Letter on Humanism,” in *Basic Writings*, ed. David Farrell Krell (New York: Harper and Row, 1977), 210.〔ハイデッガー『「ヒューマニズム」について――パリのジャン・ボーフレに宛てた書簡』渡邊二郎訳、ちくま学芸文庫、一九九七年〕

＊102　Aristotle, *Poetry*, 35.〔アリストテレス『詩学』〕

＊103　Weltarm, “poor in world”: “Plant and animal … have no world.” Heidegger, “Origin,” 43.〔ハイデッガー『芸術作品の根源』、六六頁〕

＊104　David Abram, “Speaking with Animal Tongues,” essay for the Acoustic Ecology Institute, *http://www.acousticecology.org/writings/animaltongues.html*.

＊105　Edward Thomas, *The Collected Poems of Edward Thomas*, ed. R. George Thomas (Oxford: Oxford University Press, 1981). By permission of Oxford University Press.〔エドワード・トマス「アドルストロップ」『英国鉄道文学傑作選』小池滋選、ちくま文庫、二〇〇〇年、二〇五－七頁〕

＊106　Martin Heidegger, “Time and Being,” in *On Time and Being*, trans. Joan Stambaugh (New York: Harper and Row, 1972), 18.〔マルティン・ハイデッガー『存在と時間（上）（下）』細谷貞雄訳、ちくま学芸文庫、一九九四年〕

＊107　Emmanuel Levinas, “There Is: Existence without Existents,” in Seán Hand, ed., *The Levinas Reader* (Oxford: Blackwell, 1989), 29–36 (30).〔エマニュエル・レヴィナス「ある」『超越・外傷・神曲』合田正人訳、国文社、一九八六年〕

*108 Ibid., 30, 30–31, 32.〔同書、一五七－一五八頁〕

*109 Allen Grossman with Mark Halliday, *The Sighted Singer; Two Works on Poetry for Readers and Writers* (Baltimore, Md.: Johns Hopkins University Press, 1992), 211.

*110 Denise Gigante, "After Taste: The Aesthetics of Romantic Eating" (Ph.D. dissertation, Princeton University, 2000). Samuel Taylor Coleridge, *The Rime of the Ancient Mariner*, in *Coleridge's Poetry and Prose*, ed. Nicholas Halmi, Paul Magnuson, and Raimonda Modiano (New York: Norton, 2004).〔サミュエル・テイラー・コウルリッジ「古老の船乗り」『コウルリッジ詩集』上島健吉編、岩波文庫、二〇〇二年、二〇五－八二頁〕

*111 *Coleridge's Poetry and Prose*, ed. Nicholas Halmi, Paul Magnuson, and Raimonda Modiano (New York: Norton, 2004).〔コウルリッジ「クーブラ・カーン」『コウルリッジ詩集』、二〇三頁〕

*112 Henry David Thoreau, *The Maine Woods* (Harmondsworth: Penguin, 1988), 93.〔ヘンリー・ソロー『メインの森——真の野性に向う旅』小野和人訳、金星堂、一九九二年、六九頁〕

*113 Ibid., 94.〔同書、六九－七〇頁〕

*114 *Oxford English Dictionary*, "handsel," n. 1–3.

*115 Thoreau, *The Maine Woods*, 95.〔ソロー『メインの森』、七〇－七一頁〕

*116 Stanley Allan Tag, "Growing Outward into the World: Henry David Thoreau and the Maine Woods Narrative Tradition 1804–1886" (Ph.D. dissertation, University of Iowa, 1994).

*117 John M. Meyer, *Political Nature: Environmentalism and the Interpretation of Western Thought* (Cambridge, Mass.: MIT Press, 2001), 41.

*118 Ibid., 34, 137–138.

*119 Val Plumwood, *Environmental Culture: The Ecological Crisis of Reason* (London: Routledge, 2002), 230.

*120 Ibid., 230–231.

*121 Toop, *Ocean of Sound*, 1–2.

*122 Slavoj Zizek, *Looking Awry: An Introduction to Jacques Lacan through Popular Culture* (Cambridge, Mass.: MIT Press, 1992), 132, 135–137;〔スラヴォイ・ジジェク『斜めから見る——大衆文化を通してラカン理論へ』鈴木晶訳、青土社、一九九五

年〕Slavoj Zizek, *The Sublime Object of Ideology* (London: Verso, 1989), 74– 75, 76–79.〔スラヴォイ・ジジェク『イデオロギーの崇高な対象』鈴木晶訳、河出文庫、二〇一五年〕概して、『斜めから見る』の第七章は、サントームの修辞と政治の分析である。この言葉は聖トマスと関連している。彼は復活したキリストの大きく開いた傷口の中へとその指を突っ込むのだが、するとキリストはトマスに彼の現実を納得させるべく戻ってくる。ラカンにとって、原固着は兆候でもなければ幻想でもなく、「主体のなかにある、その人を超えたなにものか」の次元を、さらには「その人自身のことよりも愛するもの」の次元を印す点である。(Zizek, *Looking Awry*, 132).

＊123　リドリー・スコットの『エイリアン』(*Sublime Object*, 79) についての議論を参照のこと。この議論はまた、リアルなものの「ほんのわずか」を除去することにより発生する、リアルなものにある穴として、ラカンが主体を考えていることと一致する（以下の文献を参照のこと。Jacques-Alain Miller' s explanation in Zizek, *Looking Awry*, 94–95)。

＊124　See Jacques Derrida, "There Is No One Narcissism (Autobiophotogra- phies)," in *Points: Interviews*, 1974–1994, ed. Elisabeth Weber, trans. Peggy Kamuf et al. (Stanford, Calif.: Stanford University Press, 1995), 196–215 (199).

＊125　Pink Floyd, "Echoes," *Meddle* (EMI, 1971); The Beatles, "I Am the Walrus," *Yellow Submarine* (EMI, 1967).

＊126　Maurice Merleau-Ponty, "The Intertwining—The Chiasm," in *The Visible and the Invisible*, ed. Claude Lefort, trans. Alfonso Lingis (Evanston, IL: Northwestern University Press, 1968), 130–155.〔モーリス・メルロ＝ポンティ『見えるものと見えないもの』滝浦静雄、木田元訳、みすず書房、二〇一七年〕

＊127　Slavoj Zizek, *For They Know Not What They Do: Enjoyment as a Political Factor* (1991; repr., London: Verso, 1994), 76.〔スラヴォイ・ジジェク『為すところを知らざればなり』鈴木一策訳、みすず書房、一九九六年〕

＊128　Gary Snyder, *Mountains and Rivers without End* (Washington, D.C.: Counterpoint, 1996).

＊129　J.B. Lamarck, "Preliminary Discourse," in *Zoological Philosophy* (Chicago: University of Chicago Press, 1984), 15.

＊130　Paul Ricoeur, *The Rule o fMetaphor: Multi-Disciplinary Studies of the Creation of Meaning in Language*, trans. Robert Czerny, with Kathleen McLaughlin and John

Costello (Toronto: University of Toronto Press, 1977), 43.〔ポール・リクール『生きた隠喩』久米博訳、岩波モダンクラシックス、二〇〇六年〕

*131 Lord George Gordon Byron, Letter to Annabella Milbanke, November 29, 1813, in *Byron's Letters and Journals*, ed. Leslie Marchand, 12 vols. (London: John Murray Publishers, 1973–1982), 3.179 (vol. 3, 1974).

*132 Ricoeur, *Rule of Metaphor*, 43.〔リクール『生きた隠喩』〕

*133 Theodor Adorno, *Aesthetic Theory*, trans. and ed. Robert Hullot-Kentor (Minneapolis: University of Minnesota Press, 1997), 63–64.〔アドルノ『美の理論』〕

*134 以下の文献を参照のこと。Douglas Khan, *Noise Water Meat: A History of Sound in the Arts* (Cambridge, Mass.: MIT Press, 2001), 161–199.

*135 Sigmund Freud, *Beyond the Pleasure Principle*, in *Standard Edition*, 18.62. In Hartman's haunting phrase, "we call peace what is really desolation" (*Culture*, 191). 以下の文献を参照のこと。Freud 30–31, 47, 67, 76 (on the "Nirvana" principle).〔ジークムント・フロイト「快感原則の彼岸」『自我論集』竹田青嗣編、中山元訳、ちくま学芸文庫、一九九六年、一一三–二〇〇頁〕

*136 Theodor W. Adorno, "Sur l'Eau," in *Minima Moralia: Reflections from Damaged Life*, trans. E.F.N. Jephcott (London: Verso, 1978), 155–157 (157).〔テオドール・アドルノ『ミニマ・モラリア——傷ついた生活裡の省察』三光長治訳、法政大学出版局、一九七九年、二三八頁〕

*137 Mary Shelley, *The Last Man: By the Author of "Frankenstein,"* 3 vols. (London: Henry Colburn, 1826), 3.1–3.〔メアリ・シェリー『最後のひとり』森道子他訳、英宝社、二〇〇七年〕

*138 William Wordsworth, "Note on The Thorn," in *William Wordsworth: The Major Works*, ed. Stephen Gill (Oxford: Oxford University Press, 1984), 594.

*139 残影の概念を理論化した最初の人はゲーテだった。Johann Wolfgang von Goethe, *Theory of Colours*, trans. Charles Lock Eastlake (London: Frank Cass, 1967), 16–28.〔ゲーテ『色彩論』木村直司訳、ちくま学芸文庫、二〇〇一年〕

*140 James A. Snead, "Repetition as a Figure of Black Culture," in Henry Louis Gates Jr., ed., *Black Literature and Literary Theory* (London: Routledge, 1984), 59–80.

＊141　William Wordsworth, "There Was a Boy," in *Lyrical Ballads*.〔ワーズワース「少年がいた」『抒情歌謡集』〕

＊142　Thomas De Quincey, *Recollections of the Lakes and the Lake Poets*, ed. David Wright (Harmondsworth: Penguin, 1970), 119–206 (160).〔トマス・ド・クインシー『トマス・ド・クインシー著作集四』藤巻明訳、国書刊行会、一九九七年、一七五頁〕

＊143　Ibid.〔同書、一七五－一七六頁〕

＊144　Wordsworth, preface to the *Lyrical Ballads*, 746.〔ワーズワース「序文」『抒情歌謡集』、二三五－五八頁〕

＊145　Kant, *Critique of Judgment*, 130.〔カント『判断力批判（上）』、一九〇頁〕

＊146　Ibid., 131.〔同書、一八九－一九〇頁〕

＊147　Julia Kristeva, *Revolution in Poetic Language*, trans. Margaret Waller, in Moi, *The Kristeva Reader*, 89–136 (120).〔ジュリア・クリステヴァ『詩的言語の革命（第一部：理論的前提）』原田邦夫訳、勁草書房、一九九一年、八七－八八頁〕

＊148　Ibid., 121.〔同書、八九頁〕

第二章

＊1　これは芭蕉の最も有名な俳句の一つである。次のものを参照のこと。Matsuo Basho, *The Essential Basho*, trans. Sam Hamill (Boston: Shambhala, 1999).

＊2　Leo Spitzer, "Milieu and Ambiance," in *Essays in Historical Semantics* (1948; repr., New York: Russell and Russell, 1968), 179, 183, 186–187, 201–207.

＊3　bid., 206–207.

＊4　Ursula K. Heise, "Sense of Place and Sense of Planet: A Polemic," paper given at the MLA Convention, Philadelphia, December 27–30, 2004.

＊5　William Shakespeare, *The Tempest*, in *The Complete Works*, ed. Peter Alexander (London: Collins, 1951).〔ウィリアム・シェイクスピア『テンペスト――シェイクスピア全集八』松尾和子訳、ちくま文庫、二〇〇〇年、一〇五－六頁〕

＊6　Timothy Morton, *The Poetics of Spice: Romantic Consumerism and the Exotic* (Cambridge: Cambridge University Press, 2000), 9–10, 90–104, 167–168, 234–235.

＊7　Raymond Williams, *Culture and Society: Coleridge to Orwell* (London: Chatto and Windus, 1958; repr., London: The

Hogarth Press, 1987), 234–238;〔レイモンド・ウィリアムズ『文化と社会――1780-1950』〕*Culture* (London: Fontana Press, 1989), 10–14. See David Simpson, "Raymond Williams: Feeling for Structures, Voicing 'History'," in Christopher Prendergast, ed., *Cultural Materialism on Raymond Williams* (Minneapolis: University of Minnesota Press, 1995), 29–49.

＊8　以下の文献を参照のこと。Tilottama Rajan, *Deconstruction and the Remainders of Phenomenology: Sartre, Derrida, Foucault, Baudrillard* (Stanford, Calif.: Stanford University Press, 2002).

＊9　Jacques Derrida, *Of Grammatology*, trans. Gayatri Chakravorty Spivak (Baltimore, Md.: Johns Hopkins University Press, 1987), 101-140〔ジャック・デリダ『グラマトロジーについて（上下）』足立和浩訳、現代思潮新社、二〇一二年〕; *Maureen McLane, Romanticism and the Human Sciences: Poetry, Population, and the Discourse of Species* (Cambridge: Cambridge University Press, 2000), 33-35, 48-62.

＊10　Karl Marx, *Selected Writings*, ed. David McLellan (Oxford: Oxford Uni- versity Press, 1977), 224-225.〔マルクス、エンゲルス『共産党宣言』大内兵衛・向坂逸郎訳、岩波文庫、一九五一年、四四頁〕

＊11　Alan Bewell, *Romanticism and Colonial Disease* (Baltimore, Md.: Johns Hopkins University Press, 2000), 30-31, 244-245.

＊12　Ulrich Beck, *Risk Society: Towards a New Modernity*, trans. Mark Ritter (London: Sage, 1992), 13-28.〔ウルリッヒ・ベック『危険社会――新しい近代への道』東廉他訳、法政大学出版局、一九九八年、二八頁〕

＊13　Ibid., 19.〔同書、二四頁〕

＊14　Ernst Bloch, quoted in Mike Davis, "The Flames of New York," *New Left Review* 12 (November–December 2001): 34-50 (41).〔エルネスト・ブロッホ「技術者の不安」『異化Ⅰ・Ⅱ』船戸満之他訳、白水社、一九八六年、一五九頁〕

＊15　David Harvey, *Justice, Nature and the Geography of Difference* (Oxford: Blackwell, 1996), 241.

＊16　Henri Lefebvre, *The Production of Space*, trans. Donald Nicholson-Smith (1974; repr., Oxford: Blackwell, 1991), 191, 346-347, 348-351, 359-360.〔アンリ・ルフェーブル『空間の生産』斎藤日出治訳、青木書店、二〇〇〇年〕

＊17　Rem Koolhaas, "Junkspace," *October* 100 (Spring 2002): 175-190.〔レム・コールハース「ジャンクスペース」『S,M,L,XL+: 現代都市をめぐるエッセイ』太田佳代子・渡

辺佐智江訳、ちくま学芸文庫、二〇一五年〕

＊18　Ibid., 177.〔同書〕

＊19　Marc Augé, *Non-Places: Introduction to an Anthropology of Supermodernity*, trans. John Howe (London: Verso, 1995), 111; see also 2–3, 31–32, 34, 44–45, 94, 97–98.〔マルク・オジェ『非‐場所――スーパーモダニティの人類学に向けて』中川真知子訳、水声社、二〇一七年〕

＊20　Karl Marx, *Capital*, trans. Ben Fowkes, 3 vols. (Harmondsworth: Penguin, 1990), 311.〔カール・マルクス『資本論（二）』向坂逸郎訳、岩波文庫、一九六九年、五〇頁〕

＊21　See Beck, *Risk Society*, 39.〔ベック『危険社会』〕

＊22　Peter Wollen, “Blue,” *New Left Review*, second series 6 (November–December 2000): 133. ケヴィン・マクラフリンは *Paperwork: Fiction and Mass Mediacy in the Paper Age* (Philadelphia: University of Pennsylvania Press, 2005), 6–11. のなかで、この潜在的なエネルギーを言い表す現代的な隠喩として、紙が果たすことになる役回りを探求している。

＊23　Marx, *Capital*, 556.〔マルクス『資本論（二）』、四一九頁〕

＊24　Ibid., 889.〔マルクス『資本論（三）』、三六三頁〕

＊25　Koolhaas, “Junkspace,” 186.〔コールハース「ジャンクスペース」、三五四頁〕

＊26　Gilles Deleuze and Félix Guattari, *Anti-Oedipus: Capitalism and Schizophrenia*, trans. R. Hurley, M. Seem, and H. Lane (Minneapolis: University of Minnesota Press, 1983), 17–18, 42.〔ジル・ドゥルーズ、フェリックス・ガタリ『アンチ・オイディプス（上）』宇野邦一訳、河出文庫、二〇〇六年〕

＊27　Ibid., 2.〔同書、一六頁〕

＊28　私はこの名〔「音の生産工場」〕を一九九〇年代のニューヨークにあった有名なサウンドファクトリークラブからとっている。

＊29　Lindsay Waters, “Come Softly, Darling, Hear What I Say: Listening in a State of Distraction—A Tribute to the Work of Walter Benjamin, Elvis Presley, and Robert Christgau,” *boundary* 2 30.1 (Spring 2003): 199–212.

＊30　Slavoj Zizek, “How Did Marx Invent the Social Symptom?” in *The Sublime Object of Ideology* (London: Verso, 1991), 11–53;〔ジジェク『イデオロギーの崇高な対象』〕Terry Eagelton, *Ideology: An Introduction* (London: Verso, 1991), 40.〔テリー・イーグルトン『イデオロギーとは何か』大橋洋一訳、平凡社ライブラリー、一九九九年〕

*31 Amiri Baraka, "Something in the Way of Things (in Town)," The Roots, *Phrenology* (MCA, 2002).

*32 Marx, *Capital*, 366–367.〔マルクス『資本論（二）』、一三六頁〕

*33 Friedrich Engels, *The Condition of the Working Class in England*, ed. Victor Kiernan (1845; repr., Harmondsworth: Penguin, 1987), 86.〔エンゲルス『イギリスにおける労働者階級の状態――19世紀のロンドンとマンチェスター（上下）』一條和生・杉山忠平訳、岩波文庫、一九九〇年〕

*34 Jonathan Bate, *Romantic Ecology: Wordsworth and the Environmental Tradition* (London: Routledge, 1991), 36–61.〔ベイト『ロマン派のエコロジー』〕

*35 Georges Teyssot's *The American Lawn* (New York: Princeton Architectural Press, 1999) は、芝生が産出する低俗なものと高度なモダニズムの震えを示唆している。さらに、芝生と画布の連関は、芝生の美学の一部であった。Alessandra Ponte, "Professional Pastoral: The Writing on the Lawn, 1850–1950," in *The American Lawn*, 89–115 (101–102).

*36 T. J. Clark, "In Defense of Abstract Expressionism," *October 69* (Summer 1994): 23–48.

*37 より包括的な議論としては次のものを参照のこと。Thomas Hothem, "The Picturesque and the Production of Space: Suburban Ideology in Austen," *European Romantic Review* 13.1 (March 2002): 49–62.

*38 Virginia Scott Jenkins, *The Lawn: A History of An American Obsession* (Washington, D.C.: Smithsonian Institution Press, 1994), 4.

*39 Tom Fort, *The Grass Is Greener: Our Love Affair with the Lawn* (London: HarperCollins, 2001), 149.

*40 Official Monticello website, *http://www.monticello.org/jefferson/planta tion/home.html*.

*41 Thorstein Veblen, *The Theory of the Leisure Class: An Economic Study of Institutions* (New York: Dover, 1994), 82.〔ソースティン・ヴェブレン『有閑階級の理論』高哲男訳、ちくま学芸文庫、一九九八年、一五三頁〕

*42 Ibid., 83.〔同書〕

*43 John Keats, *The Complete Poems*, ed. John Barnard (Harmondsworth: Penguin, 1987).〔ジョン・キーツ「非情の美女」『キーツ詩集』中村健二訳、岩波文庫、二〇一六年、四二八–三三頁〕

*44 Marx, *Capital*, 462.〔マルクス『資本論（二）』、二八二頁〕

＊45　Ibid., 532–533.〔同書、三八三－三八四頁〕

＊46　Marx, *The Communist Manifesto*, in *Selected Writings*, ed. David McLellan (Oxford: Oxford University Press, 1977), 227.〔マルクス、エンゲルス『共産党宣言』、四八頁〕

＊47　Marx, *Capital*, 365.〔マルクス『資本論（二）』、一三三頁〕

＊48　Charles Dickens, *Hard Times* (Oxford: Oxford University Press, 1998), 1.〔チャールズ・ディケンズ『ハード・タイムズ』山村元彦・田中孝信・竹村義和訳、英宝社、二〇〇〇年〕

＊49　Marx, *Capital*, 638.〔マルクス『資本論（二）』、五三四頁〕

＊50　Alfred W. Crosby, *Ecological Imperialism: The Biological Expansion of Europe, 900–1900* (Cambridge: Cambridge University Press, 1993), 77, 298–299.〔アルフレッド・W・クロスビー『ヨーロッパの帝国主義：生態学的視点から歴史を見る』佐々木昭夫訳、ちくま学芸文庫、二〇一七年〕

＊51　Peter Kitson, in Tim Fulford, Peter Kitson, and Debbie Lee, *Literature, Sci- ence and Exploration in the Romantic Era: Bodies of Knowledge* (Cam- bridge: Cambridge University Press, 2005), 171–175.

＊52　David Simpson, "How Marxism Reads 'The Rime of the Ancient Mariner,'" in Paul H. Fry, ed., *Samuel Taylor Coleridge: The Rime of the Ancient Mariner; Complete, Authoritative Texts of the 1798 and 1817 Versions with Biographical and Historical Contexts, Critical History, and Essays from Contemporary Critical Perspectives* (Boston: Bedford Books of St. Martin's Press, 1999), 148–167 (155–157).

＊53　Vandana Shiva, *Biopiracy: The Plunder of Nature and Knowledge* (Boston: South End Press, 1997).〔バンダナ・シバ『バイオパイラシー――グローバル化による生命と文化の略奪』松本丈二訳、緑風出版、二〇〇二年〕

＊54　USA Today, June 26, 2000, *http://www.usatoday.com/life/health/genetics/ lhgec068.html*.

＊55　Martin Heidegger, *Being and Time*, trans. Joan Stambaugh (Albany: State University of New York Press, 1996), 98.〔ハイデッガー『存在と時間』〕ハイデガーはこの無知を資本主義ではなくて「近代技術」の創出物と考えている。すなわち、全てを見て知り同時に全ての場所にいたいと思う尽きることのない欲望である。Martin Heidegger, *On Time and Being*, trans. Joan Stambaugh (New York: Harper and Row, 1972), 7.〔同書〕これに反対し、ハイデガーは不透明性と不明瞭さの哲学を主張する。近しさは知識とは同じではない。

＊56　Franco Moretti, "Graphs, Maps, Trees: Abstract Models

for Literary History 2," *New Left Review*, second series 26 (March–April 2004): 79–103.〔またはフランコ・モレッティ『遠読――〈世界文学システム〉への挑戦』秋草俊一郎他訳、みすず書房、二〇一六年、を参照のこと〕

＊57 Bruce R. Smith, *The Acoustic World of Early Modern England: Attending to the O-Factor* (Chicago: University of Chicago Press, 1999). 音響の文化研究は盛んである。次のものを参照されたい。Michael Bull and Les Back, eds., *The Auditory Culture Reader* (Oxford: Berg, 2003). さらにスミスの次の文献における見解も参照のこと。"Poetry and Theory: A Roundtable," *PMLA* 120.1 (January 2005): 97–107 (102–104).

＊58 CD作品で再販されている。次のものを参照のこと。*Songs of the Humpback Whale* (Living Music, 1998; vinyl, 1970); *Deep Voices: Recordings of Humpback, Blue and Right Whales* (Living Music, 1995).

＊59 David Toop, *Haunted Weather: Music, Silence and Memory* (London: Serpent's Tail, 2004), 191–192.

＊60 Marc Redfield, "Radio-Nation: Fichte and the Body of Germany," paper presented at the annual conference of the North American Society for Studies in Romanticism, Tempe, Arizona, September 14–17, 2000.

＊61 Heidegger, *Being and Time*, 53–54, 61–62, 94–105.〔ハイデッガー『存在と時間』〕

＊62 Ibid., 65–67.〔同書〕

＊63 Ibid., 96.〔同書〕

＊64 J. R. R. Tolkien, *The Hobbit* (1937; repr., London: Unwin, 1977), 249;〔トールキン『ホビットの冒険（上下）』瀬田貞二訳、岩波少年文庫、二〇〇〇年〕*The Lord of the Rings* (1954; repr., London: Unwin, 1977), 1.43.〔トールキン『指輪物語全九巻』瀬田貞二訳、評論社、一九九七年〕

＊65 Georg Wilhelm Friedrich Hegel, *Introductory Lectures on Aesthetics*, trans. Bernard Bosanquet, intro. and commentary Michael Inwood (1886; repr., Harmondsworth: Penguin, 1993), 70–75.〔G・W・F・ヘーゲル『ヘーゲル美学講義（上）（中）（下）』長谷川宏訳、作品社、一九九五―九六年〕

＊66 Dana Phillips, *The Truth of Ecology: Nature, Culture, and Literature in America* (Oxford: Oxford University Press, 2003), 71.

＊67 「動物の問題」は次の著書の副題である。Cary Wolfe, ed., *Zoontologies* (Minneapolis: University of Minnesota

Press, 2003). ウルフの序文はなにが問われているかを明瞭にしている。(ix–xxiii).

＊68　Giorgio Agamben, *The Open*, trans. Kevin Attell (Stanford, Calif.: Stanford University Press, 2004), 39–43.〔ジョルジョ・アガンベン『開かれ――人間と動物』岡田温司他訳、平凡社ライブラリー、二〇一一年〕

＊69　Edmund Husserl, *The Essential Husserl: Basic Writings in Transcendental Phenomenology*, ed. Donn Welton (Bloomington: Indiana University Press, 1999), 155.

＊70　Martin Heidegger, "The Origin of the Work of Art," in *Poetry, Language, Thought*, trans. Albert Hofstadter (New York: Harper and Row, 1971), 43.〔ハイデッガー『芸術作品の根源』〕次の文献の参照のこと。Jacques Derrida, *Of Spirit: Heidegger and the Question*, trans. Geoffrey Bennington and Rachel Bowlby (Chicago: University of Chicago Press, 1991), 47–57.〔ジャック・デリダ『精神について――ハイデッガーと問い』港道隆訳、平凡社ライブラリー、二〇一〇年〕

＊71　Jacques Derrida, "'Eating Well,' or, the Calculation of the Subject," in *Points: Interviews, 1974–1994*, ed. Elisabeth Weber, trans. Peggy Kamuf et al. (Stanford, Calif.: Standford University Press, 1995), 255–287 (277).

＊72　Denise Levertov, "Some Affinities of Content," in *New and Selected Essays* (New York: New Directions, 1992), 1–21; "The Poet in the World," *New and Selected Essays*, 129–138.

＊73　David Clark, "On Being 'the Last Kantian in Nazi Germany': Dwelling with Animals after Levinas," in Jennifer Ham and Matthew Senior, eds., *Animal Acts: Configuring the Human in Western History* (New York: Routledge, 1997), 165–198; これは次の論集に再掲されている。Barbara Gabriel and Susan Ilcan, eds., *Postmodernism and the Ethical Subject* (Kingston: McGill–Queen's University Press, 2004), 41–75.

＊74　Tolkien, *Lord of the Rings*, 2.254.〔トールキン『指輪物語』〕

＊75　Jacques Derrida, Givanna Borradori (interviewer), *Philosophy in a Time of Terror: Dialogues with Jürgen Habermas and Jacques Derrida* (Chicago: University of Chicago Press, 2003), 85–172 (129).〔ユルゲン・ハーバーマス、ジャック・デリダ、ジョヴァンナ・ボッラドリ『テロルの時代と哲学の使命』藤本一勇・澤里岳史訳、岩波書店、二〇〇四年〕デリダの「歓待」につ

いての重要な見解は次の文献を参照のこと。*Acts of Religion*, ed., trans., and intro. Gil Anidjar (London: Routledge, 2002), 356–420.

＊76 Timothy Morton, *Shelley and the Revolution in Taste: The Body and the Natural World* (Cambridge: Cambridge University Press, 1994), 155.

＊77 Paul Hamilton, *Metaromanticism: Aesthetics, Litertature, Theory* (Chicago: University of Chicago Press, 2003), 261–262.

＊78 Hegel, *Aesthetics*, 73.〔ヘーゲル『ヘーゲル美学講義』〕

＊79 *The Observer*, February 22, 2004.

＊80 Paul Virilio, *Popular Defense and Ecological Struggles*, trans. Mark Polizzotti (1978; repr., New York: Semiotext(e), 1990), 50, 72.〔ポール・ヴィリリオ『民衆防衛とエコロジー闘争』河村一郎他訳、月曜社、二〇〇七年、五〇頁〕

＊81 たとえば、以下の文献を参照のこと。Emily Thompson, *The Soundscape of Modernity* (Cambridge, Mass.: MIT Press, 2002).

＊82 David Simpson, *Romanticism, Nationalism and the Revolt against Theory* (Chicago: University of Chicago Press, 1993), 72.

＊83 Herbert Marcuse, *One-Dimensional Man: Studies in the Ideology of Advanced Industrial Society*, 2nd ed., intro. Douglas Kellner (1964; repr., Boston: Beacon Press, 1991), passim but especially 14, 26–27, 36–37, 59, 61, 80–83.〔ヘルベルト・マルクーゼ『一次元的人間』生松敬三訳、河出書房新社、一九八〇年。次のものを参照のこと。Timothy Luke, "Marcuse and the Politics of Radical Ecology," in *Ecocritique: Contesting the Politics of Nature, Economy, and Culture* (Minneapolis: University of Minnesota Press, 1997), 137–152.

＊84 Phillips, *Truth of Ecology*, 67.

＊85 Arne Naess, *Ecology, Community, and Lifestyle: A Philosophical Approach* (Oslo: University of Oslo Press, 1977), 56.〔アルネ・ネス『ディープ・エコロジーとは何か』斎藤直輔訳、文化書房博文社、一九九七年、九二頁〕

＊86 Blaise Pascal, *Pensées*, trans. A. J. Krailsheime (Harmondsworth: Penguin, 1995), 201.〔パスカル『パンセ（上）（中）（下）』塩川哲也訳、岩波文庫、二〇一五―一六年〕

＊87 Maurice Blanchot, *The Space of Literature*, trans. Ann Smock (1955; repr., Lincoln: University of Nebraska Press, 1982), 217.

〔ブランショ『文学空間』〕

＊88 *Oxford English Dictionary*, "field," n. III.17.a.

＊89 Roger Penrose, *The Emperor's New Mind: Concerning Computers, Minds, and the Laws of Physics* (Oxford: Oxford University Press, 1990), 185.〔ペンローズ『皇帝の新しい心』〕

＊90 Husserl, *The Essential Husserl*, 159.

＊91 Edward Casey, *The Fate of Place: A Philosophical History* (Berkeley: Uni- versity of California Press, 1997), 151–161.〔ケイシー『場所の運命』〕

＊92 Luc Ferry, *The New Ecological Order*, trans. Carol Volk (Chicago: University of Chicago Press, 1995), 21–24, 47–49, 53–54, 69, 70, 122, 140–141.〔リュック・フェリー『エコロジーの新秩序』〕

＊93 Michel Serres, *The Natural Contract*, trans. Elizabeth MacArthur and William Paulson (Ann Arbor: University of Michigan Press, 1998), 34.〔ミッシェル・セール『自然契約』及川馥他訳、法政大学出版局、一九九四年〕

＊94 Edmund Husserl, *Cartesian Meditations: An Introduction to Phenomenology*, trans. Dorion Cairns (The Hague: Martinus Nijhoff, 1973), 1.〔フッサール『デカルト的省察』浜渦辰二訳、岩波文庫、二〇〇一年〕以下からの引用。David Simpson, "Putting One's House in Order: The Career of the Self in Descartes' Method," *New Literary History* 9 (1977–1978): 101n10.

＊95 Dalia Judowitz, *Subjectivity and Representation in Descartes: The Origins of Modernity* (Cambridge: Cambridge University Press, 1988). デカルトのフィクションの使用は偽装に向かう深い傾向を反映するという可能性は次の文献に見いだされる。Louis E. Loeb, "Is There Radical Dissimulation in Descartes' *Meditations*?" in Amélie Oksenberg Rorty, ed., *Essays on Descartes' Meditations* (Berkeley: University of California Press, 1986), 243–270.

＊96 Simpson, *Theory*, 88.

＊97 *Oxford English Dictionary*, "field," n. III.17a–d.

＊98 Husserl, *Essential Husserl*, 166–170.

＊99 David Abram, *The Spell of the Sensuous: Perception and Language in a More-Than-Human World* (New York: Pantheon, 1996), 202–203.〔デイヴィッド・エイブラム『感応の呪文：〈人間以上の世界〉における知覚と言語』結城正美訳、論創社／水声社、二〇一七年〕

*100 Ibid., 203–210.〔エイブラム『感応の呪文』〕

*101 マーク・クラーゲスは、一九世紀に障害が感傷的に扱われたことは、コミュニケーションは障害を乗り越えるものだという見解に帰着したと論じた。Mary Klages, *Woeful Afflictions: Disability and Sentimentality in Victorian America* (Philadelphia: University of Pennsylvania Press, 1999).

*102 Rod Giblett, *Postmodern Wetlands: Culture, History, Ecology* (Edinburgh: Edinburgh University Press, 1996), 237.

*103 Donna Haraway, "A Cyborg Manifesto: Science, Technology, and Socialist-Feminism in the Late Twentieth Century," in *Simians, Cyborgs, and Women: The Reinvention of Nature* (London: Routledge, 1991), 149–181 (152).〔ダナ・ハラウェイ「第8章 サイボーグ宣言：二〇世紀後半の科学、技術、社会主義フェミニズム」『猿と女とサイボーグ――自然の再発明・新装版』青土社、二〇一七年、二八五–三四八頁〕

*104 Lynn Margulis, *Symbiosis in Cell Evolution* (New York: W. H. Freeman, 1981);〔リン・マーギュリス『細胞の共生進化（上下）』永井豊訳、学会出版センター、二〇〇三年〕Lynn Margulis and Dorion Sagan, *Microcosmos: Four Billion Years of Evolution from Our Microbial Ancestors* (Berkeley: University of California Press, 1997).

*105 Bruno Latour, *We Have Never Been Modern*, trans. Catherine Porter (Cambridge, Mass.: Harvard University Press, 2002), 49–55.〔ブルーノ・ラトゥール『虚構の近代――科学人類学は警告する』川村久美子訳、新評論、二〇〇八年〕次のものも参照のこと。Latour, *Politics of Nature: How to Bring the Sciences into Democracy* (Cambridge, Mass.: Harvard University Press, 2004), 22–25.

*106 Latour, *Politics of Nature*, 24. 次のものも参照のこと。Latour, *Pandora's Hope: Essays on the Reality of Science Studies* (Cambridge, Mass.: Harvard University Press, 1999), 174–215.〔ブルーノ・ラトゥール『科学論の実在』川崎勝他訳、産業図書、二〇〇七年〕

*107 Abram, *Spell of the Sensuous*, 66.〔エイブラム『感応の呪文』、九六頁〕

*108 Georges Bataille, *The Accursed Share: An Essay on General Economy*, vol. 1, trans. Robert Hurley (New York: Zone Books, 1988), 19–26.

*109 Ibid., 20.

*110 Paul Hawken, Amory Lovins, and L. Hunter Lovins,

Natural Capitalism: Creating the Next Industrial Revolution (Boston: Little, Brown, 1999).

*111 Peter Stallybrass and Allon White, *The Politics and Poetics of Transgresion* (London: Methuen, 1986), 23–25.

*112 Allen Ginsberg, *Collected Poems 1947–1980* (New York: Harper, 1988).

*113 Neil McKendrick, John Brewer, and J. H. Plumb, *The Birth of a Consumer Society: The Commercialization of Eighteenth-Century England* (Bloomington: Indiana University Press, 1982).

*114 Morton, *Shelley*, 13–21, 30–38.

*115 Morton, *Poetics of Spice*, 5, 9–11.

*116 Pierre Bourdieu, *Distinction: A Social Critique of the Judgement of Taste*, trans. Richard Nice (London: Routledge, 1989), 34–44.〔ピエール・ブルデュー『ディスタンクシオン』石井洋二郎訳、藤原書店、一九九〇年〕

*117 この用語を私は次の文献にもとづいて展開させている。Colin Campbell, *The Romantic Ethic and the Spirit of Modern Consumerism* (Oxford: Basil Blackwell, 1987); "Understanding Traditional and Modern Patterns of Consumption in Eighteenth- Century England: A Character-Action Approach," in John Brewer and Roy Porter, eds., *Consumption and the World of Goods* (London: Routledge, 1993), 40–57.

*118 Emily Jenkins, *Tongue First: Adventures in Physical Culture* (New York: Henry Holt, 1998).

*119 Timothy Murphy, "William Burroughs Between Indifference and Revalorization: Notes towards a Political Reading," *Angelaki* 1.1 (1993): 113–124.

*120 Morton, *Poetics of Spice*, 23.

*121 Sigmund Freud, *Civilization and Its Discontents*, in *The Standard Edition of the Complete Psychological Works of Sigmund Freud*, ed. and trans. James Strachey, 24 vols. (London: Hogarth, 1953), 11.64–65.〔ジークムント・フロイト『幻想の未来/文化への不満』中山元訳、光文社古典新訳文庫、二〇〇七年〕

*122 Percy Bysshe Shelley, "On Life," in *Shelley's Prose: Or The Trumpet of a Prophecy*, ed. David Lee Clark (London: Fourth Estate, 1988), 171–175 (174).

*123 John Keats, letter to Richard Woodhouse, October 27, 1818, in *Poetical Works and Other Writings of Keats*, 8 vols., ed. H. Buxton Forman (New York: Phaeton, 1970), 7.129.

＊124 John Keats, letter 159, in *The Letters of John Keats, 1814–1821*, 2 vols., ed. Hyder F. Rollins (Cambridge, Mass.: Harvard University Press, 1958); *Arabian Nights' Entertainments*, ed. Robert L. Mack (Oxford: Oxford University Press, 1995), 658–659.

＊125 Ludwig Feuerbach, *Gesammelte Werke II, Kleinere Schriften*, ed. Werner Schuffenhauer (Berlin: Akadamie-Verlag, 1972), 4.27; Jean-Anthelme Brillat-Savarin, *The Physiology of Taste*, trans. Anne Drayton (Harmondsworth: Penguin, 1970), 13.

＊126 Jack Turner, *The Abstract Wild* (Tucson: University of Arizona Press, 1997), 32.

＊127 Immanuel Kant, *Critique of Judgment*, trans. Werner S. Pluhar (Indianapolis, Ind.: Hackett, 1987), 108.〔カント『判断力批判』、一五七－一五八頁〕

＊128 Jean-Paul Sartre, *Being and Nothingness: An Essay on Phenomenological Ontology*, trans. and ed. Hazel Barnes (New York: The Philosophical Library, 1969), 341–345 (342).〔ジャン＝ポール・サルトル『存在と無（三）』松浪信三郎訳、ちくま学芸文庫、二〇〇七年〕

＊129 John Gatta, *Making Nature Sacred: Literature, Religion, and Environment in America from the Puritans to the Present* (Oxford: Oxford University Press, 2004), 15–33, 88–99.

＊130 Bate, *Romantic Ecology*, 14–16.〔ベイト『ロマン派のエコロジー』〕

＊131 John Carey, *What Good Are the Arts?* (London: Faber and Faber, 2005), 3–64.

＊132 Terry Eagleton, *Literary Theory: An Introduction* (Oxford: Basil Blackwell, 1993), 24–25, 28–29.

＊133 Charles Baudelaire, "Correspondences," in *The Poems and Prose Poems of Charles Baudelaire*, ed. James Huneker (New York: Brentano's, 1919).〔シャルル・ボードレール「照応」『ボードレール全集（一）悪の華』阿部良雄訳、筑摩書房、一九八三年〕

＊134 Thoreau, *Walden*, 156–168.〔ソロー『森の生活』〕

＊135 Toop, *Haunted Weather*, 45.〔アドルノ『美の理論』〕

＊136 Timothy Morton, "Consumption as Performance: The Emergence of the Consumer in the Romantic Period," in Timothy Morton, ed., *Cultures of Taste/Theories of Appetite: Eating Romanticism* (London: Palgrave, 2004), 1–17.

＊137 Theodor Adorno, *Aesthetic Theory*, trans. and ed. Robert Hullot-Kentor (Minneapolis: University of Minnesota Press, 1997), 140, 154, 159.

＊138 Karl Marx, "Toward a Critique of Hegel's Philosophy of Right: Introduction," in *Selected Writings*, ed. David McLellan (Oxford: Oxford University Press, 1977), 71.

＊139 Georg Wilhelm Friedrich Hegel, *Hegel's Phenomenology of Spirit*, trans. A. V. Miller, analysis and foreword by J. N. Findlay (Oxford: Oxford Uni- versity Press, 1977), 383–409. 〔ヘーゲル『精神現象学』〕

＊140 Moltke S. Gram, "Moral and Literary Ideals in Hegel's Critique of 'The Moral World-View,'" *Clio* 7.3 (1978): 375–402 (390).

＊141 David Icke, *It Doesn't Have to Be Like This: Green Politics Explained* (London: Green Print, 1990).

＊142 Timothy Morton, "Environmentalism," in Nicholas Roe, ed., *Romanticism: An Oxford Guide* (Oxford: Oxford University Press, forthcoming), 696–707.

＊143 Arthur Schopenhauer, *The World as Will and Representation*, 2 vols., trans. E. F. J. Payne (New York: Dover, 1969), 411. 〔ショーペンハウアー『意志と表象としての世界⑴⑵⑶』西尾幹二訳、中公クラシックス、二〇〇四年〕

＊144 Ibid., 412. 〔同書、⑶ 一二四四頁〕

＊145 Ibid., 390. 〔同書〕

＊146 Roland Emmerich (director), *The Day After Tomorrow* (20th Century Fox, 2004). 〔ローランド・エメリッヒ監督『デイ・アフター・トゥモロー』20世紀フォックス・ホームエンターテイメント・ジャパン、二〇〇四年〕

＊147 Malcolm Bull, "Where Is the Anti-Nietzsche?" *New Left Review*, second series 3 (May/June 2000): 121–145.

＊148 Ibid., 144–145.

＊149 In Marx, *Selected Writings*, 7–8.

＊150 James Treadwell, *Interpreting Wagner* (New Haven, Conn.: Yale University Press, 2003), 78–79.

＊151 Alan Gurganus, "Why We Fed the Bomber," *New York Times*, June 8, 2003; Jeffrey Gettleman, "Eric Rudolph: America's Terrorist, North Carolina's Folk Hero," *New York Times*, June 2, 2003.

＊152 次の文献を参照のこと。 Phillips, *Truth of Ecology*, 159–172.

＊153 Penrose, *Emperor's New Mind*, 250–251; see 231–236, 243, 248–250, 255–256. 〔ペンローズ『皇帝の新しい心』〕

＊154 Hegel, *Phenomenology*, 389–390. 〔ヘーゲル『精神現象

学（下）』、二三六頁〕
＊155 Ibid., 399.〔同書、二五二頁〕
＊156 Adorno, *Aesthetic Theory*, 64.〔アドルノ『美の理論』〕
＊157 Derrida, *Of Grammatology*, 162.〔デリダ『グラマトロジーについて』〕
＊158 James Boswell, *Boswell's Life of Johnson* (London: Oxford University Press, 1965), 333.
＊159 John McDowell, *Mind and World* (Cambridge, Mass.: Harvard University Press, 2003).
＊160 Ibid., 12–13.
＊161 Adorno, *Aesthetic Theory*, 179.〔アドルノ『美の理論』〕
＊162 Ibid., 219.〔同書〕
＊163 Don DeLillo, *White Noise* (Harmondsworth: Penguin, 1986), 258.〔ドン・デリーロ『ホワイト・ノイズ』森川展男訳、一九九三年、集英社〕
＊164 Stanley Donen (director), *Bedazzled* (20th Century Fox, 1967).〔ハロルド・ライミス監督『悪いことしましョ！』（一九六七年）』20世紀フォックス・ホームエンターテイメント・ジャパン、二〇一二年〕
＊165 Hegel, *Aesthetics*, 54–55.〔ヘーゲル『ヘーゲル美学講義』〕
＊166 Louis Althusser, "Ideology and the State," in *Lenin and Philosophy and Other Essays*, trans. Ben Brewster (New York: Monthly Review Press, 1971), 176.
＊167 Ibid., 173.
＊168 Marjorie Levinson, "The New Historicism: Back to the Future," in Marjorie Levinson et al., eds., *Rethinking Historicism—Critical Readings in Ro mantic History* (New York: Basil Blackwell, 1989), 18–63.
＊169 Theodor W. Adorno, *Kierkegaard: Construction of the Aesthetic*, trans. and ed. Robert Hullot-Kentor (Minneapolis: University of Minnesota Press, 1999, 40–46.〔T・W・アドルノ『キルケゴール――美的なものの構築』山本泰生訳、みすず書房、一九九八年〕
＊170 Pink Floyd, "Grantchester Meadows," *Ummagumma* (EMI, 1969). Words and Music by Roger Waters. © Copyright 1970 (Renewed) and 1980 Lupus Music Co. Ltd., London, England. TRO-Hampshire House Publishing Corp., New York, controls all publication rights for the U.S.A. and Canada. Used by Permission.

＊171　Samuel Taylor Coleridge, *Coleridge's Poetry and Prose*, ed. Nicholas Halmi, Paul Magnuson, and Raimonda Modiano (New York: Norton, 2004), 180.〔コウルリッジ「クーブラ・カーン」〕

＊172　Abram, *Spell of the Sensuous*, 266.〔エイブラム『感応の呪文』、二四三－四四頁〕

＊173　John Cage, "Composition as Process," in *Silence: Lectures and Writings* (Middletown, Conn.: Wesleyan University Press, 1961), 51.

＊174　Celeste Langan, "Understanding Media in 1805: Audiovisual Hallucination in *The Lay of the Last Minstrel*," *Studies in Romanticism* 40.1 (Spring 2001): 49–70.

＊175　Abram, *Spell of the Sensuous*, 282n2.〔エイブラム『感応の呪文』〕書くことにかんする不安は、自叙伝的な文章に共通のことである。プルーストによる内部と外部の反転についてのポール・ド・マンの解釈を参照のこと。"Reading," in *Allegories of Reading* (New Haven, Conn.: Yale University Press, 1979), 57–78.〔ポール・ド・マン『読むことのアレゴリー――ルソー、ニーチェ、リルケ、プルーストにおける比喩的言語』土田知則訳、岩波書店、二〇一二年〕

＊176　Edmund Burke, *A Philosophical Inquiry into the Origin of Our Ideas of the Sublime and the Beautiful*, ed. Adam Phillips (Oxford: Oxford University Press, 1998), 31.〔バーク『崇高と美の観念の起原』〕

＊177　Hegel, *Aesthetics*, 78.〔ヘーゲル『ヘーゲル美学講義』〕

＊178　この詩句はワーズワースのものである（「人に知られで住み行きし」）。Charlotte Turner Smith (*Beachy Head*, 349, in *The Poems of Charlotte Smith*, ed. Stuart Curran [Oxford: Oxford University Press, 1993]), and Robert Frost, respectively.

＊179　Georg Wilhelm Friedrich Hegel, *Lectures on the Philosophy of Religion*, ed. Peter C. Hodgson, trans. R.F. Brown, P.C. Hodgson, and J.M. Stewart, with the assistance of H.S. Harris (Berkeley: University of Cali- fornia Press, 1988), 253–254, 265nn183,185, 266n188, 504–505;〔ヘーゲル『宗教哲学講義』山崎純訳、創文社、二〇〇一年〕Georg Wilhelm Friedrich Hegel, *The Philosophy of History*, trans. J. Sibree, prefaces by Charles Hegel and J. Sibree, new introduction by C.J. Friedrich (1900; repr., New York: Dover Publications, 1956),

171;〔ヘーゲル『歴史哲学講義（上）（下）』長谷川宏訳、岩波文庫、一九九四年〕*Hegel's Logic*, 3rd ed., trans. William Wallace, foreword by J.N. Findlay (1873; repr., Oxford: Oxford University Press, 1975), 125, 127–128.

＊180 Hegel, *Phenomenology*, 395, 398–399.〔ヘーゲル『精神現象学』〕

＊181 以下の文献を参照のこと。David Simpson, "Romanticism, Criticism and Theory," in Stuart Curran, ed., *The Cambridge Companion to British Romanticism* (Cambridge: Cambridge University Press, 1993), 10.

＊182 Georg Wilhelm Friedrich Hegel, *Aesthetics: Lectures on Fine Art*, 2 vols., trans. T. M. Knox (Oxford: Clarendon Press, 1975), 1.527.〔ヘーゲル『ヘーゲル美学講義』〕

＊183 Hegel, *Phenomenology*, 400.〔ヘーゲル『精神現象学』、二五四頁〕

＊184 Adorno, *Aesthetic Theory*, 103.〔アドルノ『美の理論』〕

＊185 Bate, *Romantic Ecology*, 7–8.〔ベイト『ロマン派のエコロジー』〕

＊186 Abram, *Spell of the Sensuous*, 39.〔エイブラム『感応の呪文』〕

＊187 以下の文献を参照のこと。David Simpson, *Situatedness, or, Why We Keep Saying Where We're Coming From* (Durham, N.C.: Duke University Press, 2002), 234.

＊188 Heidegger, "Origin," 33.〔ハイデッガー『芸術作品の根源』〕

＊189 Sigmund Freud, "A Child Is Being Beaten," in *Standard Edition*, 17.179–204.〔フロイト「子供が叩かれる」『自我論集』、七一–一一一頁〕

＊190 Abram, *Spell of the Sensuous*, 31–32, 42–43, 78.〔エイブラム『感応の呪文』〕

＊191 Heidegger, *Being and Time*, 62, 83–94.〔ハイデッガー『存在と時間』〕

＊192 以下の文献を参照のこと。Jacques Derrida, "The Rhetoric of Drugs," in *Points*, 228–254 (234–235).

＊193 Carl G. Jung, "The Difference between Eastern and Western Thinking," in *The Portable Jung*, ed. and intro. Joseph Campbell, trans. R. F. C. Hull (Harmondsworth: Viking Penguin, 1971; repr., New York: Penguin, 1976), 487.

＊194 たとえば、以下の文献を参照のこと。Geoffrey Hartman, *The Fateful Question of Culture* (New York: Columbia University

Press, 1997), 70–71, 158.

＊195 "'Mont Blanc': Shelley's Sublime Allegory of the Real," in Steven Rosendale, ed., *The Greening of Literary Scholarship* (Iowa City: Univer- sity of Iowa Press, 2002), 207–223 (214, 221).

＊196 Herbert Marcuse, *The Aesthetic Dimension: Toward a Critique of Marxist Aesthetics*, trans. Herbert Marcuse and Erica Sherover (Basingstoke: Macmillan, 1986), 37–38. 〔マルクーゼ『美的次元』〕

＊197 Hegel, *History*, 171. 〔ヘーゲル『歴史哲学講義』〕

＊198 Hegel, *Religion*, 252–254. 〔ヘーゲル『宗教哲学講義』〕

＊199 Hegel, *History*, 171. 〔ヘーゲル『歴史哲学講義』〕

＊200 Chögyam Trungpa, *Training the Mind and Cultivating Loving-Kindness* (Boston: Shambhala, 1993), 35–36.

＊201 Laura Brown, *Alexander Pope* (Oxford: Basil Blackwell, 1985), 28–45.

＊202 Theodor Adorno and Max Horkheimer, *Dialectic of Enlightenment*, trans. John Cumming (London: Verso, 1979), 61. 3. 〔ホルクハイマー、アドルノ『啓蒙の弁証法』徳永恂訳、岩波文庫、二〇〇七年〕

第三章

＊1 Kristin Ross, *The Emergence of Social Space: Rimbaud and the Paris Commune* (Minneapolis: University of Minnesota Press, 1988), 47–74, 102.

＊2 Alain Badiou, *Ethics: An Essay on the Understanding of Evil*, trans. and intro. Peter Hallward (London: Verso, 2001), 40–57. 〔アラン・バディウ『倫理』長原豊他訳、河出書房新社、二〇〇四年〕

＊3 Scott Shershow, *The Work and the Gift* (Chicago: University of Chicago Press, 2005), 193–205. 次の文献を参照のこと。Jean- Luc Nancy, *The Inoperative Community*, trans. Peter Connor et al. (Min- neapolis: University of Minnesota Press, 1991). 〔ジャン＝リュック・ナンシー『無為の共同体』西谷修訳、以文社、二〇〇一年〕

＊4 Martin Heidegger, "Building Dwelling Thinking," in *Poetry, Language, Thought*, trans. Albert Hofstadter (New York: Harper and Row, 1971), 143–161 (153). 〔マルティン・ハイデッガー『ハイデッガーの建築論——建てる・住まう・考える』中村貴志訳、中央公論美術出版、二〇〇八年〕"The Thing," in

Poetry, Language, Thought, 163–186 (174). も参照のこと。これはラテン語の問題でもある。*res publica* の *res* は公的な「もの」、つまりは集まりにおける相互作用である。*Res* の響きには、「交友」だけでなく、「客体」と「情勢」の両方もある。(Ethan Allen Andrews, *A Latin Dictionary: Founded on Andrews' Edition of Freund's Latin Dictionary*, rev. and enl. Charlton T. Lewis [Oxford: Clarendon Press, 1984]). 次の文献も参照のこと。Bruno Latour, *Politics of Nature: How to Bring the Sciences into Democracy* (Cambridge, Mass.: Harvard University Press, 2004), 54.

＊5　たとえば次の文献を参照のこと。Emmanuel Levinas, "Ethics and Politics," in *The Levinas Reader* (Oxford: Blackwell, 1989), 289–297 (294); *Totality and Infinity: An Essay on Exteriority*, trans. Alphonso Lingis (Pittsburgh, Penn.: Duquesne University Press, 1969).〔エマニュエル・レヴィナス『全体性と無限（上下）』熊野純彦訳、岩波書店、二〇〇五年〕

＊6　Jacques Derrida, "Hostipitality," in *Acts of Religion*, ed., trans., and intro. Gil Anidjar (London: Routledge, 2002), 356–420.

＊7　Robert Bernasconi, "Hegel and Levinas: The Possibility of Forgiveness and Reconciliation," *Archivio di Filosofia* 54 (1986): 325–346; "Levinas Face to Face with Hegel," *Journal of the British Society for Phenomenology* 13 (1982): 267–276.

＊8　Christof Koch, *The Quest for Consciousness: A Neurobiological Approach* (Englewood, Colo.: Roberts & Co., 2004), 33, 35, 83–84, 140–144, 250–255, 264–268.

＊9　たとえば次の文献を参照のこと。John M. Meyer, *Political Nature: Environmentalism and the Interpretation of Western Thought* (Cambridge, Mass.: MIT Press, 2001), 47.

＊10　次の文献を参照のこと。Gary Polis, ed., *Food Webs at the Landscape Level* (Chicago: University of Chicago Press, 2004).

＊11　つまり、読むことにかかわる。次のものを参照のこと。David Abram, *The Spell of the Sensuous: Perception and Language in a More-Than-Human World* (New York: Pantheon, 1996), 131, 282n2.〔エイブラム『感応の呪文』〕

＊12　James Henry Leigh Hunt, "A Now, Descriptive of a Hot Day," *The Indicator* 1 (1820): 300–302.

＊13　たとえば以下の文献を参照のこと。David Robertson,

Ecohuman's Four Square Deck/Deal (Davis, Calif.: Printed for the author, 2002), トランプのような五二枚で一組のカードは、これをシャッフルするならば、ヨーロッパで始まりニューヨーク市で終わる旅についてのさまざまな教えと所見を与えてくれる。そして *Freakin Magic Playing Cards* (Davis, Calif.: Printed for the author, 2003) は、ユッカ山の巡礼にもとづいている。あるいは以下のウェブサイトを参照のこと。 *http://www.davidrobertson.org/*.

＊14　William Wordsworth, "*The Ruined Cottage*" and "*The Pedlar*," ed. James Butler (Ithaca, N.Y.: Cornell University Press, 1979).〔ワーズワース『逍遥』田中宏訳、成美堂、一九八九年、一二一－一三頁〕

＊15　Edward Thomas, *The Collected Poems of Edward Thomas*, ed. R. George Thomas (Oxford: Oxford University Press, 1981). By permission of Oxford University Press.〔エドワード・トマス「のっぽのイラクサ」『エドワード・トマス訳詩集』吉川朗子訳、春風社、二〇一五年、八四頁〕

＊16　Wilfred Owen, *The Complete Poems and Fragments*, ed. Jon Stallworthy, 2 vols. (London: Chatto & Windus, 1983).

＊17　W.G. Sebald, *On the Natural History of Destruction*, trans. Anthea Bell (1999; repr., New York: Random House, 2003.

＊18　William Blake, *The Complete Poetry and Prose of William Blake*, rev. ed., ed. D. V. Erdman (New York: Doubleday, 1988).〔ウィリアム・ブレイク「無心のまえぶれ」『ブレイク詩集』寿岳文章、岩波文庫、二〇一三年、一二二頁〕

＊19　Walter Benjamin, "Notes to the Theses on History," in *Gesammelte Schriften*, ed. Theodor Adorno and Gersshom Scholem, 7 vols. (Frankfurt am Main: Surkhamp, 1972–1989), 1.1232.〔ヴァルター・ベンヤミン「歴史哲学テーゼ」『ベンヤミンコレクション1』〕

＊20　Mary Favret, "War, the Everyday, and the Romantic Novel," これは次のシンポジウムでの配布物である。"New Approaches to the Romantic Novel, 1790–1848: A Symposium," the University of Colorado, Boulder, October 5–6, 2001.

＊21　William Blake, "Auguries of Innocence," in *The Complete Poetry and Prose of William Blake*.〔ブレイク「無心のまえぶれ」『ブレイク詩集』、一二九－一三〇頁〕

＊22　James E. Wilson, *Terroir* (Berkeley: University of California Press; San Francisco: Wine Appreciation Guild, 1998); Patrick Bartholomew Reuter, "Terroir: The Articulation of Viticultural Place" (Master、s Thesis, Univer- sity of California, Davis,

1999).

＊23　Theodor W. Adorno, *Negative Dialectics*, trans. E. B. Ashton (New York: Continuum, 1973), 200.〔アドルノ『否定弁証法』〕

＊24　明確な説明としては、次のものを参照のこと。Marjorie Levinson, "Pre- and Post-Dialectical Materialisms: Modeling Praxis without Subjects and Objects," *Cultural Critique* (Fall 1995): 111–120.

＊25　Clement Greenberg, "The Avant-Garde and Kitsch," in Gillo Dorfles, ed., *Kitsch: The World of Bad Taste* (New York: Bell, 1969), 116–126.

＊26　*Oxford English Dictionary*, ドイツの文献学は kitsh が英語の「sketch（スケッチ、概要、見取り図）」に由来すると考えているが、このことを証明するための証拠はほとんどないといっていい。『野生の歌が聞こえる』の最終版は、その土地倫理の素描においてはただ概要を示した以上のなにものでもない。*Kitsch* は「雑にひとまとめにする」を意味する同士に由来する。重要な分析としては次の文献を参照のこと (Winfried Schleiner, private communication)。 The modern edition bundles *A Sand County Almanac with Sketches Here and There*, which turn out to be anything but sketchy in their outlining of the land ethic. *Kitsch* stems from the verb meaning "to put together sloppily." For a decisive analysis see Susan Stewart, *On Longing: Narratives of the Miniature, the Gigantic, the Souvenir, the Collection* (Chapel Hill, N.C.: Duke University Press, 1993), 166–169.

＊27　Arjun Appadurai, ed., *The Social Life of Things: Commodities in Cultural Perspective* (Cambridge: Cambridge University Press, 1986), 13, 15–17; Susan Sontag, "Notes on 'Camp,'" in *Against Interpretation* (1966; repr., New York: Doubleday, 1990), 275–292; Andrew Ross, "Uses of Camp," in *No Respect: Intellectuals and Popular Culture* (London: Routledge, 1989), 135–170.

＊28　Theodor Adorno, *Aesthetic Theory*, trans. and ed. Robert Hullot-Kentor (Minneapolis: University of Minnesota Press, 1997), 67.〔アドルノ『美の理論』〕

＊29　Ibid., 66.〔同書〕

＊30　Yve-Alain Bois and Rosalind Kraus, *Formless: A User's Guide* (New York: Zone Books, 1997), 117–124.

＊31　Brian Eno, *Ambient 1: Music for Airports* (EG Records, 1978), sleeve note.

＊32　Adorno, *Aesthetic Theory*, 103.〔アドルノ『美の理論』〕

＊33　Nicholas Collins, sleeve note in Alvin Lucier, *I Am Sitting in a Room* (Lovely Music, 1990).

＊34　Paul Hamilton, *Metaromanticism: Aesthetics, Litertature, Theory* (Chi- cago: University of Chicago Press), 102–104.

＊35　Adorno, *Aesthetic Theory*, 67.〔アドルノ『美の理論』〕

＊36　Bois and Kraus, *Formless*, 118.

＊37　Terry Eagleton, *Literary Theory: An Introduction* (1983; repr., Oxford: Basil Blackwell, 1993), 82.〔テリー・イーグルトン『文学とは何か――現代批評理論への招待（上）（下）』大橋洋一訳、岩波文庫、二〇一四年〕

＊38　Georg Wilhelm Friedrich Hegel, *Hegel's Phenomenology of Spirit*, trans. A. V. Miller, analysis and foreword by J. N. Findlay (Oxford: Oxford University Press, 1977), 399.〔ヘーゲル『精神現象学』二五三頁〕

＊39　David V. Erdman, *Blake: Prophet Against Empire*, 2nd ed. (New York: Dover, 1991), 133; see also 123–124.

＊40　ゲルダ・ノルヴィックは『セルの書』を理論の象徴として読んでいる。"Female Subjectivity and the Desire of Reading in(to) Blake' s *Book of Thel*," *Studies in Romanticism* 34.2 (1995): 255–271.

＊41　William Galperin, *The Return of the Visible in British Romanticism* (Baltimore, Md.: Johns Hopkins University Press, 1993), 13, 53-55, 71; Jennifer Jones, "Virtual Sublime: Sensing Romantic Transcendence in the Twenty- First Century" (Ph.D. dissertation, University of California, Santa Barbara, 2002).

＊42　以下の文献を参照のこと。Timothy Morton, "Wordsworth Digs the Lawn," *European Romantic Review* 15.2 (March 2004): 317-327.

＊43　Adorno, *Aesthetic Theory*, 67.〔アドルノ『美の理論』〕

＊44　Samuel Taylor Coleridge, *Coleridge's Poetry and Prose*, ed. Nicholas Halmi, Paul Magnuson, and Raimonda Modiano (New York: Norton, 2004).〔コウルリッジ「古老の船乗り」『コウルリッジ詩集』、二〇五－八二頁〕

＊45　Jean-Paul Sartre, *Being and Nothingness: An Essay on Phenomenological Ontology*, trans. and ed. Hazel Barnes (New York: The Philosophical Library, 1969), 601-615.〔サルトル『存在と無』〕サルトルは女性および性を「穴」として考えているが、これは先に空間を陥入した原固着として論じたことと関係がある。ロマン主義と実存主義的な吐き気の並行性については次のものを参

照のこと。Denise Gigante, "The Endgame of Taste: Keats, Sartre, Beckett," *Romanticism on the Net* 24 (November 2001), *http://users.ox.ac.uk/~scat0385/24gigante.html.*

＊46 Stanley Cavell, *In Quest of the Ordinary: Lines of Skepticism and Romanticism* (Chicago: University of Chicago Press, 1988), 61.

＊47 Sartre, *Being and Nothingness*, 609.〔サルトル『存在と無』〕

＊48 Timothy Morton, "Blood Sugar," in Timothy Fulford and Peter Kitson, eds., *Romanticism and Colonialism: Writing and Empire, 1780–1830* (Cambridge: Cambridge University Press, 1998), 87–106.

＊49 Samuel Taylor Coleridge, *The Collected Works of Samuel Taylor Coleridge*, vol. 1 (Lectures 1795 on Politics and Religion), ed. L. Patton and P. Mann (London: Routledge and Kegan Paul; Princeton, N.J.: Princeton University Press, 1971), xxxviii, 235–237, 240, 246–248, 250–251.

＊50 Sartre, *Being and Nothingness*, 609.〔サルトル『存在と無』〕

＊51 Julia Kristeva, *Powers of Horror: An Essay on Abjection* (New York: Columbia University Press, 1982), 1-31.〔ジュリア・クリステヴァ『恐怖の権力――〈アブジェクシオン〉試論』枝川昌雄訳、法政大学出版局、一九八四年〕

＊52 次のウェブ・サイトを参照のこと。*http://www.joannamacy.net/html/nuclear.html.*

＊53 Milan Kundera, *The Unbearable Lightness of Being* (New York: Harper, 1999), 248.〔ミラン・クンデラ『存在の耐えられない軽さ』千野栄一訳、集英社文庫、一九九八年〕

＊54 Slavoj Zizek, *The Indivisible Remainder: An Essay on Schelling and Related Matters* (London: Verso, 1996), 218–220.〔ジジェク『仮想化しきれない残余』〕

＊55 たとえば、以下の文献を参照のこと。Kate Rigby, "Earth, World, Text: On the (Im)possibility of Ecopoiesis," *New Literary History* 35.3 (2004): 439.

＊56 Jacques Derrida, "How to Avoid Speaking: Denials," in *Derrida and Negative Philosophy*, ed. Harold Coward and Toby Foshay (Albany: State University of New York Press, 1992), 74.

＊57 Martin Jay, *Force Fields: Between Intellectual History and Cultural Critique* (New York: Routledge, 1993), 1–3, 8–9.〔マ

ーティン・ジェイ『力の場』今井道夫他訳、法政大学出版局、二〇一七年〕

＊58 Walter Benjamin, "Theses on the Philosophy of History," in *Illuminations*, ed. Hannah Arendt, trans. Harry Zohn (London: Harcourt, Brace and World, 1973), 253–264 (261). 〔ベンヤミン「歴史哲学テーゼ」〕

＊59 Karl Kroeber, *Ecological Literary Criticism: Romantic Imagining and the Biology of Mind* (New York: Columbia University Press, 1994), 42.

＊60 Joseph Carroll, *Evolution and Literary Theory* (Columbia: University of Missouri Press, 1995), 2.

＊61 Walter Benjamin, "The Work of Art in the Age of Mechanical Reproduction," in *Illuminations*, 222–223. 〔ベンヤミン「複製技術時代の芸術作品」、五九二頁〕

＊62 Ibid., 223. 〔同書、五九二－五九三頁〕

＊63 Slavoj Zizek, "The One Measure of True Love Is: You Can Insult the Other," interview with Sabine Reul and Thomas Deichmann, *Spiked Magazine*, November 15, 2001, *http://www.spiked-online.com/Articles/00000002D2C4.htm.*

＊64 Martin Heidegger, "The Origin of the Work of Art," in *Poetry, Language, Thought*, 34. 〔ハイデッガー『芸術作品の根源』〕

＊65 次の文献を参照のこと。David Simpson, *Situatedness, or, Why We Keep Saying Where We're Coming From* (Durham, N.C.: Duke University Press, 2002), 234. Simpson compares Heidegger's peasant with Malinowki's primitivist image of Pacific islanders.

＊66 Adorno, *Negative Dialectics*, 365. 〔アドルノ『否定弁証法』、四四四頁〕

＊67 以下の文献を参照のこと。Howard Eiland, "Reception in Distraction," *boundary* 2 30.1 (Spring 2003): 51–66.

＊68 Benjamin, "Work of Art," 239. 〔ベンヤミン「複製技術時代の芸術作品」、六二四頁〕

＊69 Eiland, "Reception in Distraction," 60–63.

＊70 Benjamin, "Work of Art," 240. 〔ベンヤミン「複製技術時代の芸術作品」、六二五－六二六頁〕

＊71 Gernot Böhme, *Atmosphäre: Essays zur neuen Ästhetik* (Frankfurt am Main: Suhrkamp, 1995), 66–84. 〔ゲルノート・ベーメ『雰囲気の美学――新しい現象学の挑戦』梶谷真司・野村文宏・斎藤渉訳、晃洋書房、二〇〇六年〕

＊72　Robert E. Norton, *The Beautiful Soul: Aesthetic Morality in the Eighteenth Century* (Ithaca, N.Y.: Cornell University Press, 1995), 1–8, 277–282.

＊73　Latour, *Politics of Nature*, 56.

＊74　Robert Kaufman, "Aura, Still," *October 99* (Winter 2002): 45–80 (49). Kaufman quotes Adorno, *Aesthetic Theory*, 269, 245.〔アドルノ『美の理論』〕

＊75　Adorno, *Aesthetic Theory*, 269, 245.〔同書〕

＊76　Maurice Blanchot, *The Space of Literature*, trans. Ann Smock (1955; repr., Lincoln: University of Nebraska Press, 1982), 224.〔ブランショ『文学空間』〕

＊77　David Harvey, *Justice, Nature and the Geography of Difference* (Oxford: Blackwell, 1996), 391–397, 403–438.

＊78　Raymond Williams, *The Country and the City* (Oxford: Oxford University Press, 1975), 233 and 233–247 passim.〔レイモンド・ウィリアムズ『田舎と都会』山本和平訳、晶文社、一九八五年〕

＊79　Luc Ferry, *The New Ecological Order*, trans. Carol Volk (Chicago: University of Chicago Press, 1995), 91–107.〔フェリ『エコロジーの新秩序』〕

＊80　Giorgio Agamben, *The Open: Man and Animal*, trans. Kevin Attell (Stanford, Calif.: Stanford University Press, 2004), 85–87.〔アガンベン『開かれ』〕

＊81　この言い回しは次の文献から借用している。Edward Casey, *Getting Back into Place: Toward a Renewed Understanding of the Place-World* (Bloomington: Indiana University Press, 1993).

＊82　Heidegger, "Origin," 41–42.〔ハイデッガー『芸術作品の根源』〕

＊83　Martin Heidegger, "Building Dwelling Thinking," in *Poetry, Language, Thought*, 143–161 (152–153).〔ハイデッガー『ハイデッガーの建築論――建てる・住まう・考える』〕

＊84　Ibid., 150.〔同書〕

＊85　Meyer Shapiro, "The Still Life as a Personal Object: A Note on Heidegger and Van Gogh," in Marianne L. Simmel, ed., *The Reach of Mind: Essays in Memory of Kurt Goldstein* (New York: Springer, 1968), 203–209.

＊86　Timothy Morton, "'Twinkle, Twinkle, Little Star' as an Ambient Poem; a Study of a Dialectical Image; with Some Remarks on Coleridge and Wordsworth," in James McKusick, ed., "Romanticism and Ecology," *Romantic Praxis* (November 2001), *http://www.rc.umd.edu/praxis/ecology/*.

＊87　Heidegger, "Building Dwelling Thinking," 154.〔ハイデッガー『ハイデッガーの建築論――建てる・住まう・考える』〕

＊88　Heidegger, "Origin," 54–55.〔ハイデッガー『芸術作品の根源』〕

＊89　Ibid., 49, 46–47.〔同書〕

＊90　Avital Ronell, *The Telephone Book: Technology, Schizophrenia, Electric Speech* (Lincoln: University of Nebraska Press, 1989), 26–83 (28).

＊91　私は「テキストマーク」という用語をジョナサン・ベイトの次の著書から借用している。*The Song of the Earth* (Cambridge, Mass.: Harvard University Press, 2000), 175.

＊92　Martin Heidegger, "Supplement," in *The Metaphysical Foundations of Logic*, trans. M. Heim (Bloomington: Indiana University Press, 1984), 221.

＊93　Edward Casey, The Fate of Place: A Philosophical History (Berkeley: Uni- versity of California Press, 1997), 259.〔ケイシー『場所の運命』〕

＊94　Jacques Lacan, "The Agency of the Letter in the Unconscious or Reason Since Freud," in *Ecrits: A Selection*, trans. Alan Sheridan (London: Tavistock Publications, 1977), 146–178 (166).〔ジャック・ラカン『エクリⅠ・Ⅱ・Ⅲ』宮本忠雄・竹内迪也・高橋徹・佐々木孝次訳、弘文堂、一九七二―八一年〕

＊95　René Descartes, *Meditations and Other Metaphysical Writings*, trans. and intro. Desmond M. Clarke (Harmondsworth: Penguin, 2000), 19.〔ルネ・デカルト『省察・情念論』井上庄七他訳、中公クラシックス、二〇〇二年、二五頁〕

＊96　以下の文献を参照のこと。Harvey, *Justice*, 167–168.

＊97　Sigmund Freud, "The Uncanny," in *The Standard Edition of the Complete Psychological Works of Sigmund Freud*, ed. and trans. James Strachey, 24 vols. (London: Hogarth, 1953), 17.218–252 (246, 252).〔ジークムント・フロイト「不気味なもの」『ドストエフスキーと父親殺し／不気味なもの』中山元訳、光文社古典新訳文庫、二〇一一年〕

＊98　ソローの言葉である。Henry David Thoreau, *Walden and Civil Disobedience*, intro. Michael Meyer (1854; repr., Harmondsworth: Penguin, 1986), 372.〔ソロー『森の生活』〕

＊99　以下の文献を参照のこと。Kenneth R. Johnston, "Wordsworth and *The Recluse*," in Stephen Gill, ed., *The Cambridge Companion to William Wordsworth* (Cambridge: Cambridge Univeristy Press, 2003), 70–89 (86).

＊100　このことを私に教えてくれたアンドリュー・ハーグマンに感謝する。

＊101　The Cure, "A Forest," Seventeen Seconds (Elektra/Asylum, 1980).

＊102　Freud, "The Uncanny," 17.237. For a comprehensive study see Robert Pogue Harrison, *Forests: The Shadow of Civilization* (Chicago: University of Chicago Press, 1993), especially 2, 5, 84, 186.〔ジークムント・フロイト「不気味なもの」『ドストエフスキーと父親殺し／不気味なもの』中山元訳、光文社古典新訳文庫、二〇一一年、一七〇頁〕

＊103　Blanchot, *Space of Literature*, 256–260.〔ブランショ『文学空間』〕

＊104　Johnston, "Wordsworth and *The Recluse*," 81.

＊105　Blake, *Complete Poetry and Prose*, 667.

＊106　私はアドルノとホルクハイマーの議論を踏まえている。Theodor Adorno and Max Horkheimer, *Dialectic of Enlightenment*, trans. John Cumming (London: Verso, 1979).〔ホルクハイマー、アドルノ『啓蒙の弁証法』〕

＊107　Keith Basso, *Wisdom Sits in Places: Landscape and Language among the Western Apache* (Albuquerque: University of New Mexico Press, 2000), 27.

＊108　Jacques Derrida, "Hostipitality."

＊109　Karl Marx, "Comments on Adolph Wagner," in *Selected Writings*, ed. David McLellan (Oxford: Oxford University Press, 1977), 581.

＊110　John McDowell, *Mind and World* (Cambridge, Mass.: Harvard University Press, 1994), 115–119.

＊111　Agamben, *The Open*, 83–84.〔アガンベン『開かれ』〕

＊112　John Carpenter (director), *The Thing* (Universal Studios, 1982).〔ジョン・カーペンター監督『遊星からの物体X』ジェネオン・ユニバーサル、二〇一二年〕

＊113　Thoreau, *Walden*, 135.〔ソロー『森の生活』〕

＊114　Søren Kierkegaard, *Either/Or: A Fragment of Life*, trans. and intro. Alastair Hannay (London: Penguin, 1992), 243–376.〔キルケゴール『キルケゴール著作集(1)〜(4)あれか、これか』浅井真男ほか訳、白水社、一九六三—九五年〕

＊115　Ibid., 373.〔同書〕

＊116　Ibid., 381–474.〔同書〕

＊117　Ibid., 540.〔同書〕

＊118　Theodor W. Adorno, *Kierkegaard: Construction of the Aesthetic*, trans. and ed. Robert Hullot-Kentor (Minneapolis: University of Minnesota Press, 1999), 10.〔アドルノ『キルケゴール』〕

＊119　Kierkegaard, *Either/Or*, 243–376.〔キルケゴール『あれか、これか』〕

＊120　Adorno, *Kierkegaard*, 40–46.〔アドルノ『キルケゴール』〕

＊121　Jacques Derrida, "There Is No One Narcissism (Autobiophotographies)," in *Points: Interviews*, 1974–1994, ed. Elisabeth Weber, trans. Peggy Kamuf et al. (Stanford, Calif.: Stanford University Press, 1995), 199.

＊122　Theodore Roszak, "Where Psyche Meets Gaia," in Theodore Roszak, Mary E. Gomes, and Allen D. Kanner, eds., *Ecopsychology: Restoring the Earth, Healing the Mind* (San Francisco: Sierra Club Books, 1995), 1–17 (17).

＊123　Joanna Macy, "Working through Environmental Despair," in Roszak, Gomes, and Kanner, Ecopsychology, 240–259; *Despairwork: Relating to the Peril and Promise of Our Time* (Philadelphia: Library Company of Philadelphia, 1982).

＊124　Slavoj Zizek, *Looking Awry: An Introduction to Jacques Lacan through Popular Culture* (Cambridge, Mass.: MIT Press, 1992), 35–39.〔ジジェク『斜めから見る』〕

＊125　Kierkegaard, in Adorno, *Kierkegaard*, 123–124.〔アドルノ『キルケゴール』〕

＊126　以下の文献を参照のこと。Jay Bernstein, "Confession and Forgiveness: Hegel's Poetics of Action," in Richard Eldridge, ed., *Beyond Representation: Philosophy and Poetic Imagination* (Cambridge: Cambridge University Press, 1996), 34–65.

＊127　Judith Butler, "Melancholy Gender/Refused Identification," in *The Psychic Life of Power: Theories in Subjection* (Stanford, Calif.: Stanford University Press, 1997), 132–150 (138–140).〔ジュディス・バトラー「メランコリー的ジェンダー／拒否される同一化」『権力の心的な生――主体化＝服従化に関する諸理論』佐藤嘉幸・清水知子訳、月曜社、二〇一二年〕

＊128　Ibid., 147.〔同書〕

＊129　Ferry, *The New Ecological Order*, 53–54.〔フェリ『エコロジーの新秩序』〕

＊130　Latour, *Politics of Nature*, 155.

＊131　Slavoj Zizek, *The Sublime Object of Ideology* (London: Verso, 1989), 217.〔ジジェク『イデオロギーの崇高な対象』〕

＊132　Ridley Scott (director), *Blade Runner* (Blade Runner Partnership, The ladd Company, Run Run Shaw, The Shaw Brothers, 1982).〔リドリー・スコット監督『ブレードランナー（ファイナル・カット）』ワーナーブラザーズ・ホームエンターテイメント、二〇一七年〕

＊133　Donna Haraway, "A Cyborg Manifesto: Science, Technology, and Socialist-Feminism in the Late Twentieth Century," in *Simians, Cyborgs, and Women: The Reinvention of Nature* (London: Routledge, 1991), 181.〔ハラウェイ「サイボーグ宣言」『猿と女とサイボーグ』〕

＊134　この観点は、次の文献により支持されている。Ursula K. Heise in "From Extinction to Electronics: Dead Frogs, Live Dinosaurs, and Electric Sheep," in Cary Wolfe, ed., *Zoontologies: The Question of the Animal* (Minneapolis: University of Minnesota Press, 2003), 59–81 (74–78); さらに、Louis H. Palmer III in "Articulating the Cyborg: An Impure Model for Environmental Revolution," in Steven Rosendale, ed., *The Greening of Literary Scholarship* (Iowa City: University of Iowa Press, 2002), 165–177.

＊135　Leslie Marmon Silko, *Almanac of the Dead: A Novel* (New York: Simon and Schuster, 1991).

＊136　私は憑在論の用語をジャック・デリダより借用している。Jacques Derrida, *Specters of Marx: The State of the Debt, the Work of Mourning, and the New International*, trans. Peggy Kamuf (London: Routledge, 1994), 161.〔ジャック・デリダ『マルクスの亡霊たち——負債状況＝国家、喪の作業、新しいインターナショナル』増田一夫訳、藤原書店、二〇〇七年〕

＊137　Karl Marx, *Capital*, 3 vols., trans. Ben Fowkes (Harmondsworth: Penguin, 1990), 452–453.〔マルクス『資本論（二）』、二六八－二六九頁〕

＊138　Ibid., 453.〔同書、二六九頁〕

＊139　E.O. Wilson, *Consilience: The Unity of Knowledge* (New York: Knopf, 1998).

＊140　James Gleick, *Chaos: MakingaNewScience*(NewYork:Viking,1987),152.〔ジェイムス・グリック『カオス——新しい科学をつくる』大貫昌子訳、新潮文庫、一九九一年〕

＊141　たとえば次の文献を参照のこと。Steven Johnson,

Emergence: The Connected Lives of Ants, Brains, Cities, and Software (New York: Scribner, 2001), 73–82.

＊142　Paul Hawken, Amory Lovins, and L. Hunter Lovins, *Natural Capitalism: Creating the Next Industrial Revolution* (Boston: Little, Brown, 1999).

＊143　Johnson, *Emergence*, 11–23.

＊144　Michael Hardt and Antonio Negri, *Empire* (Cambridge, Mass.: Harvard University Press, 2000), 413.〔マイケル・ハート、アントニオ・ネグリ『〈帝国〉』水島一憲他訳、以文社、二〇〇三年、五一二頁〕

＊145　以下の文献を参照のこと。Shershow, *Work and the Gift*, 56, 64, 220.

＊146　Peter Otto, "Literary Theory," in Iain McCalman, ed., *An Oxford Companion to the Romantic Age: British Culture 1776–1832* (Oxford: Oxford University Press, 1999), 378–385 (384).

＊147　La Monte Young, *Composition 1960 #5, in An Anthology* (New York: Heiner Friedrich, 1963). 創発的な形態とともに作動する音楽についてのさらなる議論としては次を参照のこと。David Toop, *Haunted Weather: Music, Silence and Memory* (London: Serpent、s Tail, 2004), 190–192.

＊148　Otto, "Literary Theory," 385.

＊149　以下の文献を参照のこと。Williams, *Culture and Society*, 256–257.〔ウィリアムズ『文化と社会』〕

＊150　たとえば、以下の文献を参照のこと。Cary Wolfe, *Critical Environments: Postmodern Theory and the Pragmatics of the "Outside"* (Minneapolis: University of Minnesota Press, 1998), 58, 67–68; および *Animal Rites: American Culture, the Discourse of the Species, and Posthumanist Theory* (Chicago: University of Chicago Press, 2003), 89.

＊151　Toop, *Haunted Weather*, 182–183.

＊152　Aldo Leopold, *A Sand County Almanac, and Sketches Here and There, intro. Robert Finch* (1949; repr., Oxford: Oxford University Press, 1989), 224–225.〔レオポルド『野生のうたが聞こえる』〕

＊153　Ibid., 129–137.〔同書〕

＊154　Leopold, "Conservation Esthetic," in *Sand County Almanac*, 165–177.〔同書〕

＊155　Ibid., 173.〔同書〕

＊156　Eve Kosofsky Sedgwick, *Between Men: English Literature and Homosocial Desire* (New York: Columbia University Press, 1985),

91–92, 116–117.

＊157 Elizabeth A. Bohls, "Standards of Taste, Discourses of 'Race', and the Aesthetic Education of a Monster: Critique of Empire in *Frankenstein*," *Eighteenth-Century Life* 18.3 (1994): 23–36.

＊158 Theodor Adorno, "Progress," *The Philosophical Forum* 15.1–2 (Fall–Winter 1983–1984): 55–70 (61–63, 62).

＊159 Ibid., 61.

＊160 たとえば次を参照のこと。M. H. Abrams, *Natural Supernaturalism: Tradition and Revolution in Romantic Literature* (New York: W. W. Norton, 1973), 225–252, especially 241: "a union between the disalienated mind and a rehumanized nature." 〔M.H. エイブラムズ『自然と超自然――ロマン主義理念の形成』吉村正和訳、平凡社、一九九三年〕

＊161 Derrida, "Hostipitality."

＊162 Walter Benjamin, *The Origin of German Tragic Drama* (London: NLB, 1977), 200–233. 〔ベンヤミン『ドイツ悲劇の根源（上）（下）』浅井健二郎訳、ちくま学芸文庫、一九九九年〕

＊163 Edmund Blunden and Alan Porter, eds., *John Clare: Poems Chiefly from Manuscript* (London: Richard Cobden-Sanderson, 1920). 〔ジョン・クレア「私は生きている」『イギリス名詩選』平井正穂編集、岩波文庫、一九九〇年、二〇七－九頁〕

＊164 *Anglo-Saxon Poetry*, trans. and ed. S. A. J. Bradley (London: Dent, 1982), 372.

＊165 Jonathan Bate, *Romantic Ecology: Wordsworth and the Environmental Tradition* (London: Routledge, 1991), 14–16. 〔ベイト『ロマン派のエコロジー』〕

＊166 この点を指摘してくれたティム・フルフォードに感謝する。

＊167 Jonathan Bate, *John Clare: A Biography* (London: Picador; New York: Farrar, Straus and Giroux, 2003), 91.

＊168 Ibid., 206.

＊169 James C.McKusick, *Green Writing: Romanticismand Ecology* (NewYork: St. Martin s Press, 2000), 77–94 (especially 89, 91). 〔マキューシック『グリーンライティング』〕

＊170 Bate, *Clare*, 563–575.

＊171 Ibid., 506.

＊172 John Clare, *John Clare*, ed. Eric Robinson and David Powell (Oxford: Ox- ford University Press, 1984).

＊173 ジョン・グッドリッジは私に「汚物入れ」が重要であることを指摘してくれた。

*174 Percy Bysshe Shelley, "On Love," in *Shelley's Prose: The Trumpet of a Prophecy*, ed. David Lee Clark (London: Fourth Estate, 1988), 169–171 (170).

*175 Robert Frost, *New Hampshire: A Poem with Notes and Grace Notes* (New York: Henry Holt, 1923).

*176 Adorno, "Progress," 62.

*177 Blake, *Complete Poetry and Prose*.〔ブレイク「蝿」『ブレイク詩集』六八–七〇頁〕

*178 Hamilton, *Metaromanticism*, 146–147.

*179 Benjamin C. Sax, "Active Individuality and the Language of Confession: The Figure of the Beautiful Soul in the *Lehrjahre* and the *Phänomenologie*," *Journal of the History of Philosophy* 11.4 (1983): 437–466.

*180 私はここで *Begriff* を「notion」と訳さないが、というのも、この言葉は、ヘーゲルがここで探求する内向きで意識的でもある概念の本質の要素に的確に応じるものではないからだ。"concept."Notions are inherently suspect—we view them from the outside.

*181 Lacan, "Agency," 165.〔ラカン『エクリ』〕

*182 Blake, "The Little Girl Lost," in *The Complete Poetry and Prose*.〔ブレイク「失われた少女」『ブレイク詩集』五七頁〕

*183 Percy Bysshe Shelley, *The Poems of Shelley*, ed. Kelvin Everest, K. Matthews, and Geoffrey Matthews (London: Longman, 1989).

*184 Jaques Lacan, "The Direction of the Treatment and the Principles of Its Power," in *Ecrits*, 226–280 (236).〔ラカン『エクリ』〕

*185 Ibid., 256.〔同書〕

*186 Georg Wilhelm Friedrich Hegel, *Lectures on the History of Philosophy: The Lectures of 1825–1826*, 3 vols., ed. Robert F. Brown, trans. R.F. Brown and J.M. Stewart, with H.S. Harris (Berkeley: University of Cali- fornia Press, 1990), 3.131.〔ヘーゲル『歴史哲学講義』〕

*187 René Descartes, *Discourse on Method and Meditations on First Philosophy*, 4th ed., trans. Donald Cress (Indianapolis, Ind.: Hackett, 1999), 33.〔デカルト『省察・情念論』〕

*188 Ibid., 35.〔同書〕

*189 Zizek, *Looking Awry*, 35–39.〔ジジェク『斜めから見る』〕

訳者あとがき

本書は、*Ecology without Nature*（Harvard University Press, 2007）の日本語訳である。本書は二〇〇七年に刊行された。このときは、環境をめぐる総合的な人文学はまだ本格化していなかった。マサオ・ミヨシのように、今後の文系学問は環境学として再編されることになるという予見もあったとはいえ、環境の汚染や温暖化が人間存在を根底から揺さぶるといった洞察を徹底的に示すほどのものではなかった。モートンの著書は、哲学的で思想的な環境人文学の先駆であり、他の追随を許さないほどの遠大な射程をもつものであった。

ティモシー・モートンは一九六八年ロンドン生まれ。現在はライス大学教授。文学、哲学、環境学を中心とするが、芸術学、食、映画などにも造詣が深い。モートンはとりわけ、音楽を愛している。ノイズ音楽、アンビエント・ミュージック、テクノ、ロックなどを好んでいる。こちらにこそ、現代人を心穏やかにする美的なものがあると考えている。本書でも、ピンク・フロイドやソニック・ユースなどの名称がでてくる。他の本ではマイ・ブラッディ・バレンタインやPMドーン、ローリー・アンダーソン、ジョン・レノンなどが論じられる。

モートンは、ビョークを絶賛する。MoMAでの展示のためのカタログに、モートンとビョークの往復メールが掲載されているのだが、そこでモートンはビョークに、次のように書く。

私は、アートは未来からやってくる（そんなこと、私に証明できるだろうか？）と論じている。だから、アートはどんなものであれ、いつも考えるよりも先に存在していると考えている。私のつとめは、それを現在において言葉へと導き入れていくことである。あなたのアートはどう考えてもあきらかに未来へと開かれているし、未来からやってきている。

ただしモートンの言うアートは、現実がそもそもどうなっているかということへと感覚を合わせていくことである。だから、現実をより深く、徹底的に感覚することからこそ、未来志向のアートが可能になる。この場合、未来志向は、よりよい未来像を現在において描き出し目標にしてその達成に邁進するということではなく、今後どうなるかわからない、完全に偶然のなりゆきにゆだねられてしまっているこの世界がどうなるかを、現在において潜伏しているが、感覚するのが難しい次元への感度を手がかりにして想像し、考え、行動することである。モートンが、アートは未来からやってくるというのは、アートが未来への予見を提示するからである。なぜそれが可能になるのか。モートンは言う。

アーティストは、物事がどうなっているかへと、感度を合わせていく。それはつまり、未来を

聴くということである。

ではモートンは、ビョークの音楽に、いかなる未来を聴き出すのか。それが彼の言うエコロジカルな文化的転換である。

彼のブログにはこう書かれている。

ビョークと私は、世界のいたるところで、重大な文化的転換が起こっていると考えている。それはシニカルな理性とニヒリズムを超えたものへの転換だが、それは私たちがしているあらゆることにおいて人間ならざるものを考慮にいれないでいるのがますます不可能になっていくのと歩調をあわせて起きている。（*http://ecologywithoutnature.blogspot.jp/2015/01/bjork.html* より）

＊＊＊＊＊

モートンが本書でこころみたのは、エコロジーの概念から「自然」を取り除くことであり、それにより、エコロジーの概念を新しく作り直そうとすることである。

つまりエコロジーを、自然環境という客体的な対象としてとらえるのではなく、「とりまくもの」としてとらえること、人間にかぎらないさまざまな「もの」をとりまき存在させる「とりまくもの」として概念化することが主要課題である。

それは、自然を宗教的な対象物のようにして崇め奉るか、もしくは自然を産業化により喪われたものとして懐古する、ディープエコロジーのような立場と異なる。モートンの主要な標的はまさにディープエコロジーなのだが、ただし彼の場合、それを真正面から批判し切り捨てるのではなく、より深いところまでいくという形でそれを乗り越えようとする。乗り越えた先では、彼の言う「ダークエコロジー」、核廃棄物などが捨てられているが見て見ぬふりされる現実の暗さを徹底的に見ていこうとする立場と出会うことになるだろう。そして、「とりまくもの」を宗教的な想念のようなものとして仮想するのではなく、あくまでも人間の想念から自立したなにものかとしてとらえようとするものであり、そのかぎりでは、唯物論的な立場に立つということもできる。

実際、本書でもたびたびマルクスへの言及が見られるが、モートンの隠れたテーマは、マルクスの思想のエコロジー化であると考えることもできる。それは二〇一七年の著書『人類（*Humankind*）』でいっそう深化されることになる。

本書は、序章、一章、二章、三章からなる。

序章では、「とりまくもの」としてのエコロジーをどうとらえるのか、どう概念化するかをめぐる問題状況が素描される。そこで特筆すべきは、まずは本書が「芸術」に力点を置くこと、それも、ワーズワースやシェリーなどイギリス・ロマン派の詩人だけでなく、ソニック・ユースやピンクフロイド、ノイズ・ミュージック、テクノといった音楽を重視していることだろう。それは、モートンが「とりまくもの」を、場所のような定まったものとしてではなく、揺れ動くなにものかを含みもつ雰囲気のようなものとして、そこで音響が人びとの情動と共鳴する場のようなものとしてとらえようとしているからだ。「とりまくもの」が「共にいること（being-with）」の条件であるとモートンが言うとき、それは場所の記憶を同じくする同質的な共同体とは異なるし、あるいは、国家が定める抽象的な制度的枠組みとも異なる。そのかぎりでは、「とりまくもの」を考えることは、従来の政治学や社会学が課題としてきた「共にいること」をめぐる諸問題を新しい角度から考え直すことにつながるとも言えるだろう。

第一章は、「とりまくもの」をとらえるための概念を、哲学や美学や文学や音楽学など多様な領域を参照しながら収集し、体系化しようとこころみる。それは、絵画にとっての額縁や音楽にとってのコンサートホールなど、作品にとってはさして重要と思われないがじつはそれらを成り立たせるには重要ななにものかとしてとらえることができるだろうと示唆され、あるいは、ブライアン・イーノの音楽を評する言葉である ambience の含意について考えるところから、その「ものならぬもの」として「とりまくもの」をとらえようとするなど、かなり実験的な思考が展開される。「空間」と「場所」の違い、*margin*（余白）の概念についての考察が行われ、あるいは、レヴィナスのいう *il y a* など、現代哲学の概念についての考察など、要約するのは大変なほどに多岐に渡るが、「とりまくもの」を「自然」とは違うこととしてとらえようとする知的格闘がそこで一貫している。それは、私を外からとりまくものでありながら、私の内的空間で抱かれる思考や想像と明確に区別されるともかぎらず、そのあわいにおいて生じている。モートンの思考は一貫してここに向けられている。

第二章は、「とりまくもの」が、現実の歴史においていかにして現れてきたかを議論する。それは、資本主義化、産業化のもとで、重要課題となった。ロマン派の詩人はそれにより喪われ、変わってしまうものがなにかをとらえようとし、あるいはマルクスも、「世界」という概念で、それをとらえようとした。この章でまずモートンは、この「とりまくもの」が資本主義化の進展にともないどうとらえられたかを提示する。そこで鍵概念となるのは、「世界」「国家」「システム」「場」「身体」であるが、モートンの関心は、「疎外」「喪失」「自然との分離」といったとらえ方への批判へと向けられており、なによりも、ハイデガーの議論が主要な敵であることが、予示されている。そのため、第二章の後半でモートンは、資本主義化のもとでの「とりまくもの」の変容を疎外や故郷喪失のようなこととしてとらえ、そこからの回復を志向する姿勢を「美しき魂症候群」とみなし、徹底的な批判を行う。それは現実の環境危機に対して無力であるというだけでなく、消費主義の一部分として組み込まれてしまうこともある。

第三章は、表題（「自然なきエコロジーを想像する」）に明らかなように、来るべきエコロジーがどのようなものかを展望しようとする。そこではまず、「場所」のような、すでに確定された歴史的自然といった世界像の解体が試みられ、ambient という、感覚的で確定されない次元においてエコロジー的なものを見いだすことが試みられる。確定された場所というものはそもそも存在せず、

「雰囲気の振動的なリズム」しかないということ、「ここ」(here)は確固としたものではなく、絶え間なく解体し、消滅していくところであり、そこに私たちは深く関与しているということ、そうなると私たちと世界との二元的対立などはそもそもありえず、一つの振動しかないことになるが、これこそが、自然なきエコロジーではないか、ということ。こういったことを、ベンヤミンの著作や、『フランケンシュタイン』『ブレードランナー』などの作品に即して論じられていく。最終的に示されるのは、「ダークエコロジー」である。そしてこの立場は、二〇一六年刊行の著書『ダークエコロジー』で一層掘り下げて論じられることになる。

本書の訳に際しては、何人もの人から貴重なご教示をいただいた。とりわけ、イギリス文学研究者の三原芳秋さんには、大切なことをいくつも教えていただいた。のみならず、ゲラの修正作業でもひとかたならずお世話になった。また、ジュディス・バトラーの研究書を上梓された藤高和輝さんからは、バトラーのゲイ男性メランコリーについての議論について教えていただいた。ジャック・デリダのre-markの訳語については荒金直人さんからのご教示を参考にした。記して感謝する。また、本書のカバーの装画制作を快諾してくれた石井七歩さんに感謝する。さらに、ティモシー・モートンさんとは二〇一六年に会ったのだが、そのときの会話のことを思い出しつつ本書を訳した。記して感謝する。そして、以文社の大野真さんには、訳文のチェックを綿密に行っていただいた。それだけでなく、この本が訳される過程では、ただ訳者と編集者の関係にとどまらない諸々の交流が発生し、翻訳作業にかかわらぬ面でも多くのことを学ばせていただき、助けていただいた。

ところで、本書は私にとって、思い入れのある本である。なので、最後に少しだけ述べさせていただきたい。二〇一二年、私は『全‐生活論』という本を刊行した。これも本書と同じ版元の以文社から出した本で、編集者は前瀬宗祐さんであった。前瀬さんとの濃密な共同作業ののち、「さて、これから自分はどうしたらいいのか、なにをどう考えたらいいのか」と思い悩んだ。考えたかったのは、生活するということがまさに起きているそのところで、多分、「環境」としか言いようのないなにかなんだろうとは考えたものの、それをどうやって論じたらいいのか、全然わからなかった。モートンの『自然なきエコロジー』と出会ったのは、まさにこのタイミングだった。二〇一二年七月、次女が生まれる予定日のちょうど一カ月前、本書を手に取り、最初の頁をめくった。「環境」という言葉で言われるなにものかを考えることの難しさが語られ、しかもその手がかりは芸術であると書かれている。一読してもなんのことやらわからないのだが、何度も読むうちに、なにかが自分の中にとどまり、積み重なり、それにともない、自分の思考が感覚の水準で、深いところで変えられていく。アドルノやソローを環境的に読み解いてしまうその独創性に驚きつつ、その読みを、エレクトロミュージックのこれまた独自な解釈へとつなげてしまう想像力の大胆さに魅了され、ぜひとも訳したいと考えるようになった。その頃は、モートンのことなど日本では知られておらず、思弁的実在論の周辺にいるマイナーな人としか思われていなかっただろうが、これを訳す中で見えてきたのは、モートンは、思弁的実在論やOOO（オブジェクト指向存在論）とは関係のないところで始まりつつある独創的なエコロジー思考の持ち主である、ということであった。

二〇一二年といえば、まだ東日本大震災の余波もあり、原発事故後の不穏な空気感もあって、エコロジカルな意識が高まりつつあったように思う。ここで求められるのは、「人間などどうなってもいいから自然を大切にしましょう」などという二〇世紀型の自然保護思想の延長ではなく、「自然との関わりにおいて人間をどう考え直すか、人間を自然へと向けて開き、拡散させていくとはどのようなことか」という思想的問い直しであった。私たちはどこにいるのか。私たちは、どのようなところにおいて存在し、生きているのか。このような素朴な問いが問われ始めた。あれから六年。大阪北摂では地震があり、西日本豪雨は街を水没させ、台風二一号は関西国際空港を麻痺させ、北海道の地震は山を崩壊させ人家を破壊した。インドのケララ州はモンスーンの余波で水浸しになり、カリフォルニアでは山火事が発生し、日本では熱中症で多くの人が命を落とした。自分をも含めた人間が生きているところを、共有される空間として、ふるまいの場として、脆くも壊れうる空間として考えることが大切だったということを意識化せざるをえない状況にいることを、あらためて自覚した人も多いだろう。本書が、かくして生じつつあるエコロジカルな目覚めをうながし、問いを深めていくことの一助となることを切に願う。

二〇一八年一〇月

篠原　雅武

著者紹介

ティモシー・モートン
(Timothy Morton)

1968年，英国・ロンドン生まれ．ライス大学英語学科「リタ・シーア・ガフェイ」名誉教授．イギリス文学研究が専門ながら，その関心領域は，エコロジー，哲学，文学，生命科学，物理学，エコクリティシズム，音楽，アート，建築，デザイン，資本主義，詩学，食と多岐にわたる．主な著書に『エコロジカルになること』（ペンギン社，2018年），『ヒューマンカインド』（ヴァーソ社，2017年），『ダークエコロジー』（コロンビア大学出版，2016年），『ハイパーオブジェクト』（ミネソタ大学出版，2013年），『エコロジーの思想』（ハーバード大学出版，2010年）ほか多数．本書が初の邦訳単著となる．

訳者紹介

篠原雅武
（しのはら まさたけ）

1975年生．哲学，環境学専攻．1999年京都大学総合人間学部卒業．2007年京都大学大学院人間・環境学研究科博士課程修了．博士（人間・環境学）．著書に，『公共空間の政治理論』（人文書院，2007年），『空間のために』（以文社，2011年），『全-生活論』（以文社，2012年），『生きられたニュータウン――未来空間の哲学』（青土社，2015），『複数性のエコロジー――人間ならざるものの環境哲学』（以文社，2016年），『人新世の哲学――思弁的実在論以後の「人間の条件」』（人文書院，2017年）．訳書に，M•デランダ『新たな社会の哲学』（人文書院，2015）などがある．

自然なきエコロジー

来たるべき環境哲学に向けて

2018年11月20日　初版第1刷発行
2022年　8月　5日　初版第3刷発行

著　者　ティモシー・モートン

訳　者　篠原雅武

発行者　大　野　真

発行所　以　文　社

〒101-0051 東京都千代田区神田神保町2-12
TEL 03-6272-6536　　FAX 03-6272-6538
http://www.ibunsha.co.jp/

印刷・製本：中央精版印刷

ISBN978-4-7531-0350-8

――篠原雅武の仕事（以文社既刊）

全‐生活論――転形期の公共空間

私たちは，なぜ自らの〈痛み〉を言葉にすることをやめてしまったのか？

新進気鋭の思想家が，自身の感覚を研ぎ澄まし，「生活の哲学」の蘇生に賭けた，渾身の書下ろし．

四六判・232 頁　本体価格 2400 円

空間のために

――遍在化するスラム的世界のなかで

「商店街のシャッター通り化」に象徴される生活世界のスラム化は，貧困国に特有の局所的現象ではない．グローバル資本に包摂された空間から生活の質感を提示できる空間論へ．
四六判・222 頁 本体価格 2200 円